生物化学实验指导

张 蕾 刘 昱 蒋达和 杨明园 曹志贱／编

WUHAN UNIVERSITY PRESS
武汉大学出版社

图书在版编目(CIP)数据

生物化学实验指导/张蕾,刘昱,蒋达和,杨明园,曹志贱编.—武汉:武汉大学出版社,2011.8
ISBN 978-7-307-08832-0

Ⅰ.生…　Ⅱ.①张…　②刘…　③蒋…　④杨…　⑤曹…
Ⅲ.生物化学—化学实验—高等学校—教学参考资料　Ⅳ.Q5-33

中国版本图书馆 CIP 数据核字(2011)第 108747 号

责任编辑:黄汉平　　责任校对:黄添生　　版式设计:马　佳

出版发行:**武汉大学出版社**　(430072　武昌　珞珈山)
　　　　　(电子邮件:wdp4@whu.edu.cn 网址:www.wdp.com.cn)
印刷:武汉珞珈山学苑印刷有限公司
开本:880×1230　1/32　印张:10　字数:260 千字　插页:1
版次:2011 年 8 月第 1 版　　2011 年 8 月第 1 次印刷
ISBN 978-7-307-08832-0/Q·100　　　定价:18.00 元

前　言

　　生物学在 20 世纪取得了惊人的进展,其中生物化学研究领域的飞速发展为生物学其他学科如细胞生物学、分子生物学、微生物学以及病毒学等的发展提供了必要的前提和条件。

　　为了紧跟科技发展的脚步,为国内外生物学研究和应用领域培养创新型高技术人才,我们在生物化学实验教学中进行了大量改革,既体现生化基本原理、基础知识和基本技能的训练,同时融入科学性、启发性和先进性的新技术,顺应学科发展的需要。鉴于免疫学实验课单独开设并有独立的实验课教材,所以在生化实验教材中删除了免疫学实验部分。蛋白质、脂类和糖类是组成生物体的重要的三大物质,新版生物化学教材中在原有蛋白质研究方法的基础上,添加了脂类和糖类分析鉴定的实验方法。新版教材总共分为六章,内容以生物大分子的鉴定分析为线索,包括糖、脂类、蛋白质、酶学、代谢产物和核酸六部分,此外本书最后单独设立一章专门介绍生物化学实验过程中的基本常识,包括实验室安全规则介绍、常规仪器使用方法、常用试剂配制等,方便学生在实验过程中进行查阅。

　　希望通过本教材的学习,学生能够顺利完成生物化学实验,了解现代生物化学实验最基本的技术,掌握实验设计、综合运用、宏观思维以及逻辑分析问题的基本实验素质,并在今后的学习和工作中灵活应用。本教材中涉及的技术和方法比较广泛,可供理科、农林类及医学专业学生参考使用。

　　本教材的第一章、第五章和第六章由蒋达和曹志贱协作完成;

第三章蛋白质部分由刘昱撰写;第二章脂类和第四章酶学实验由张蕾编写。教材中的附录部分即实验室安全知识、溶液配制等由杨明园完成。尽管我们在编写的过程中尽力做到完善,但是疏忽或者考虑不周的地方在所难免,希望学生在使用过程中提出宝贵意见和建议,以便再版时更好地完善教材。

编　者
2011 年 3 月于珞珈山

目　录

第一章　糖类鉴定和定量测定

　　糖类物质是由碳、氢、氧三种元素组成的一大类多羟基醛类（aldehyde）或多羟基酮类（ketone）化合物。其化学式$(CH_2O)n$类似于"碳"与"水"聚合，故又称为碳水化合物。它是构成机体的重要物质，供给人体生命活动 $60\% \sim 70\%$ 的热能，参与细胞的多种代谢过程。

　　糖类物质包括单糖、低聚糖（蔗糖、乳糖和麦芽低聚糖和异麦芽低聚糖、低聚果糖、低聚半乳糖、低聚木糖等）和多糖（如糖原、淀粉、纤维素等）。单糖是糖的最基本组成单位，低聚糖和多糖是由单糖组成的。在这些糖类物质中，人体能消化利用的是单糖、普通低聚糖和多糖中的淀粉，称为有效碳水化合物；纤维素、半纤维素、果胶等由于不能被人体消化利用，称为无效碳水化合物。这些无效碳水化合物能促进肠道蠕动，改善消化系统的机能，对维持人体健康有重要作用，是人们膳食中不可缺少的成分。

　　糖类物质在自然界中分布很广，存在的形式和含量各不相同。因而糖类物质的分析测定具有十分重要的意义。

　　分析和检测糖类物质的方法很多，可分为直接法和间接法两大类。间接法是根据测定的水分、粗脂肪、粗蛋白质、灰分等含量，利用差减法计算出来，常以总碳水化合物或无氮抽提物来表示。直接法是根据糖的一些理化性质作为分析原理进行的各种分析方法，包括物理法、化学分析法、酶法、色谱法、电泳法、生物传感器及各种仪器分析法。间接法多用于测定样品中糖类化合物的总量，而样品中各种糖的含量则采用直接法来测定。

物理法包括相对密度法、折光法、旋光法和重量法等,可用于测定糖液浓度、糖品的糖分、谷物中淀粉及粗纤维含量等。化学分析法是应用最广泛的常规分析方法,包括直接滴定法、高锰酸钾法、铁氰化钾法、碘量法、蒽酮法等。在许多分析和检测方法中常常将物理法(如光学)和化学分析法(如显色反应)结合起来。样品中还原糖、蔗糖、总糖、淀粉和果胶物质等的测定多采用化学分析法,但所测得的多是糖类物质的总量,不能确定混合糖的组分及其每种糖的含量。利用纸色谱法、薄层色谱法、气相色谱法、高效液相色谱法和糖离子色谱法等可以对混合糖中各种糖分进行分离和定量测定,纸色谱法和薄层色谱法不需特殊的试剂和仪器,薄层色谱法和高效液相色谱法已被确定为异麦芽低聚糖测定的国家标准方法。电泳法可对样品中各种可溶性糖分进行分离和定量测定,如葡萄糖、果糖、乳糖、棉子糖等常用纸上电泳法和薄层电泳法进行检验。近年来毛细管电泳法在一些低聚糖和活性多糖方面的测定越来越广泛。生物传感器简单、快速,可实现在线分析,如用葡萄糖生物传感器可在线检测混合样品中葡萄糖的含量,是一种具有很大潜力的检测方法。

在糖类分子中含有游离醛基或酮基的单糖和含有游离的半缩醛羟基的双糖都具有还原性。不具还原性的双糖(如蔗糖)、三糖乃至多糖(如糊精、淀粉等)都可以通过水解而生成相应的还原性单糖,测定水解液的还原糖含量就可以求得样品中相应糖类的总含量。因此,还原糖的测定是糖类化学定量检测的基础。

在糖的化学分析法之中,直接滴定法由于反应复杂,影响因素较多,所以不如铁氰化钾法准确,但其操作简单迅速,试剂稳定,故被广泛采用。高锰酸钾滴定法准确度和重现性都优于直接滴定法,适用于各类食品中还原糖的测定,但操作复杂、费时。碘量法广泛用于醛糖的测定,与直接滴定法结合,也可做果糖含量的测定。3,5-二硝基水杨酸法(简称 DNS 法)也具有操作简便、快速、灵敏度高、杂

2

质干扰较小等优点,近年来逐渐被应用于生物药中糖含量的测定。蒽铜比色法要求比色时糖液浓度在一定范围内,同时要求检测液澄清,此外,在大多数情况下,测定要求不包括淀粉和糊精,这就要在测定前将淀粉和糊精去掉,使操作复杂化,因而其应用受到一定限制。

糖链是继蛋白质、核酸之后的第三条生命之链。糖链作为生物信息分子参与细胞生物几乎所有的生命过程,特别是在细胞分化、发育、免疫、老化、癌变、信息传递等生命和疾病过程中起着特异性的识别、介导与调控作用。由于糖链的结构极为复杂,加之糖链结构测定和糖链合成等关键技术尚未突破,糖链所蕴涵的生命奥秘远未被揭示。对糖链结构与生物学作用的研究,不仅可揭示基因功能等生命本质,还将阐明众多疾病机制,已成为21世纪生命科学的前沿和热点领域。因此,本章中也收录和介绍了糖链的结构鉴定方法。

第一节　糖类的鉴定和分析方法

实验一　糖的呈色反应和定性鉴定

【实验目的】

1. 学习鉴定糖类及区分酮糖和醛糖的方法。

2. 了解鉴定还原糖的方法及其原理。

【实验原理】

Molish 反应——α-萘酚反应:糖在浓硫酸或浓盐酸的作用下脱水形成糠醛及其衍生物与α-萘酚作用形成紫红色复合物,在糖液和浓硫酸的液面间形成紫环,因此又称紫环反应。自由存在和结合存在的糖在 Molish 反应中均呈现阳性反应。此外,各种糠醛衍生物、葡萄糖醛酸以及丙酮、甲酸和乳酸均呈颜色近似的阳性反应。因此,阴性反应证明没有糖类物质的存在;而阳性反应,则说明有糖存在的可能性,需要进一步通过其他糖的定性试验才能确定是否有糖存在。

蒽酮反应:糖与浓酸作用后生成的糠醛及其衍生物与蒽酮(10-酮-9,10-二氢蒽)作用生成蓝绿色复合物。

酮糖的 Seliwanoff 反应:该反应是鉴定酮糖的特殊反应。酮糖在酸的作用下较醛糖更易生成羟甲基糠醛。后者与间苯二酚作用生成鲜红色复合物,反应仅需 20~30 秒。醛糖在浓度较高或长时间煮沸时,才产生微弱的阳性反应。

Fehling(费林)试验:费林试剂是含有硫酸铜和酒石酸钾钠的氢氧化钠溶液。硫酸铜与碱溶液混合加热,则生成黑色的氧化铜沉淀。若同时有还原糖存在,则产生黄色或砖红色的氧化亚铜沉淀。为防止铜离子和碱反应生成氢氧化铜或碱性碳酸铜沉淀,费林试剂中加入酒石酸钾钠,它与 Cu^{2+} 形成的酒石酸钾钠络合铜离子是可溶性的络合物,该反应是可逆的。平衡后溶液内保持一定浓度的氢氧化铜。费林试剂是一种弱的氧化剂,它不与酮和芳香醛发生反应。

Benedict 试验:Benedict 试剂是费林试剂的改良。Benedict 试剂利用柠檬酸作为 Cu^{2+} 的络合剂,其碱性较 Fehling 试剂弱,灵敏度高,干扰因素少。

Barfoed 试验:在酸性溶液中,单糖和还原二糖的还原速度有明显差异。Barfoed 试剂为弱酸性。单糖在 Barfoed 试剂的作用下能将 Cu^{2+} 还原成砖红色的氧化亚铜,时间约为 3 分钟,而还原二糖则需 20 分钟左右。所以,该反应可用于区别单糖和还原二糖。当加热时间过长,非还原性二糖经水解后也能呈现阳性反应。

【药品试剂】

1. Molish 试剂:取 5 g α-萘酚用 95% 乙醇溶解至 100 ml,临用前配制,棕色瓶保存。

2.1% 葡萄糖溶液。

3.1% 蔗糖溶液。

4.1% 淀粉溶液。

5. 蒽酮试剂:取 0.2 g 蒽酮溶于 100 ml 浓硫酸中,当日配制。

6. Sediwanoff 试剂:0.5 g 间苯二酚溶于 1 L 盐酸(H$_2$O:HCl = 2:1)(V/V)中,临用前配制。

7. 费林试剂:试剂甲:称取 34.5 g 硫酸铜溶于蒸馏水中,定容至 500 ml。试剂乙:称取 125 g NaOH 和 137 g 酒石酸钾钠,溶于蒸馏水中,定容至 500 ml,储存在具橡皮塞玻璃瓶中。临用前,将试剂甲和试剂乙等量混合。

8. Benedict 试剂:将 170 g 柠檬酸钠和 100 g 无水碳酸钠溶于 800 ml 水中;另将 17 g 硫酸铜溶于 100 ml 热水中。将硫酸铜溶液缓缓倾入柠檬酸钠-碳酸钠溶液中,边加边搅,最后定容到 1000 ml。该试剂可长期使用。

9. Barfoed 试剂:16.7 g 乙酸铜溶于近 200 ml 水中,加 1.5 ml 冰醋酸,定容到 250 ml。

【实验方法】

1. Molish 反应:取试管,编号,分别加入各待测糖溶液 1 ml,然后加两滴 Molish 试剂,摇匀。倾斜试管,沿管壁小心加入约 1 ml 浓硫酸,切勿摇动,小心竖直后仔细观察两层液面交界处的颜色变化。用水代替糖溶液,重复一遍,观察并记录实验结果。

2. 蒽酮反应:取试管,编号,均加入 1 ml 蒽酮溶液,再向各管滴加 2~3 滴待测糖溶液,充分混匀,观察各管颜色变化并记录。

3. 酮糖的 Seliwanoff 反应:取试管,编号,各加入 Seliwanoff 试剂 1 ml,再依次分别加入待测糖溶液各 4 滴,混匀,同时放入沸水浴中,比较各管颜色的变化过程。

4. Fehling 试验:取试管,编号,各加入 Fehling 试剂甲和试剂乙 1ml。摇匀后,分别加入 4 滴待测糖溶液,置沸水浴中加热 2~3 分钟,取出冷却,观察沉淀和颜色变化。

5. Benedict 试验:取试管,编号,分别加入 2 ml Benedict 试剂和 4 滴待测糖溶液,沸水浴中加热 5 分钟,取出后冷却,观察各管中的颜色变化。

6. Barfoed 试验:取试管,编号,分别加入 2 ml Barfoed 试剂和 2~3 滴待测糖溶液,煮沸 2~3 分钟,放置 20 分钟以上,比较各管的颜色变化。

【注意事项】

1. Molish 反应非常灵敏,0.001% 葡萄糖和 0.0001% 蔗糖即能呈现阳性反应。因此,不可在样品中混入纸屑等杂物。当果糖浓度过高时,由于浓硫酸对它的焦化作用,将呈现红色及褐色而不呈紫色,需稀释后再做。

2. 果糖与 Seliwanoff 试剂反应非常迅速,呈鲜红色,而葡萄糖所需时间较长,且只能产生黄色至淡黄色。戊糖亦与 Seliwanoff 试剂反应,戊糖经酸脱水生成糠醛,与间苯二酚缩合,生成绿色至蓝色产物。

3. 酮基本身没有还原性,只有在变成烯醇式后,才显示还原作用。

4. 糖的还原作用生成氧化亚铜沉淀的颜色决定于颗粒的大小,Cu_2O 颗粒的大小又决定于反应速度。反应速度快时,生成的 Cu_2O 颗粒较小,呈黄绿色;反应速度慢时,生成的 Cu_2O 颗粒较大,呈红色。溶液中还原糖的浓度可以从生成沉淀的多少来估计,而不能依据沉淀的颜色来判断。

5. Barfoed 反应产生的 Cu_2O 沉淀聚集在试管底部,溶液仍为深蓝色。应注意观察试管底部红色的出现。

【思考题】

1. 列表总结和比较本实验六种颜色反应的原理和应用。

2. 运用本实验的方法,设计一个鉴定未知糖的方案。

实验二　糖类的薄层层析鉴定

【实验目的】

1. 了解并掌握糖类的薄层层析分析原理。
2. 学习薄层层析的一般操作及定性与定量鉴定的方法。

【实验原理】

薄层层析是一种广泛应用于氨基酸、多肽、核苷酸、脂肪类、糖类和生物碱等多种物质的分离和鉴定的层析方法。由于层析是在吸附剂或支持介质均匀涂布的薄层上进行的,所以称为薄层层析。

薄层层析的主要原理是根据样品组分与吸附剂的吸附力及其在展层剂中的分配系数的不同而使混合物分离。当展层剂移动时,会带着混合样品中的各组分一起移动,并不断发生吸附与解吸作用以及反复分配作用。根据各组分在溶剂中溶解度的不同和吸附剂对样品各组分吸附能力的差异,最终将混合物分离成一系列的斑点。如果把标准样品在同一层析薄板上一起展开,便可通过在同一薄板上的已知标准样品的 Rf 值和未知样品各组分的 Rf 值进行对照,就可初步鉴定未知样品各组分的成分。

薄层层析根据支持物的性质和分离机制的不同分为吸附层析、离子交换层析和凝胶过滤等。糖的分离鉴定可在吸附剂或支持剂中添加适宜的黏合剂后再涂布于支持板上,这样可使薄层粘牢在玻璃板(或涤纶片基)这类基底上。

硅胶 G 是一种已添加了黏合剂石膏($CaSO_4$)的硅胶粉,糖在硅胶 G 薄层上的移动速度与糖的相对分子质量和羟基数等有关,经适当的溶剂展开后,糖在硅胶 G 薄层上的移动距离为戊糖 > 己糖 > 双糖 > 三糖。采用硼酸溶液代替水调制硅胶 G 制成的薄板可提高糖的分离效果。如对已分开的斑点显色,而将与它位置相当的另一个未显色的斑点从薄层上与硅胶 G 一起刮下,以适当的溶液将糖从硅胶 G 上洗脱下来,就可用糖的定量测定方法测出样品中各组分的糖含量。

薄层层析的展层方式有上行、下行和近水平等。一般采用上行法,即在具有密闭盖子的玻璃缸(即层析缸)中进行,将适量的展层剂倒于缸底,把点有样品的薄层板放入缸中即可。保证层析缸内有充分展层剂的饱和蒸气是实验成功的关键。与纸层析、柱层析等方法比较,薄层层析有明显的优点:操作方便、层析时间短、可分离各种化合物、样品用量少(0.1 至几十微克的样品均可分离)、比纸层析灵敏度高 10～100 倍、显色和观察结果方便,如薄层由无机物制成,可用浓硫酸、浓盐酸等腐蚀性显色剂。因此,薄层层析是一项常用的分离技术。

【药品试剂】

1. 木糖(或棉子糖)、葡萄糖、果糖、蔗糖、混合样品、硅胶 G。

2. 1% 糖标准溶液:取木糖(或棉子糖)、葡萄糖、蔗糖各 1 g,分别用 75% 乙醇溶解并定容到 100 ml。

3. 1% 糖标准混合溶剂:取上述各种糖各 1 g,混合后用 75% 乙醇溶解并定容至 100 ml。

4. 0.1 mol/L 硼酸溶液。

5. 展层剂:将氯仿和甲醇按照下面比例混合,氯仿: 甲醇 = 60: 40 (V/V)。

6. 苯胺-二苯胺-磷酸显色剂:1 g 二苯胺溶于由 1 ml 苯胺、5 ml 85% 磷酸和 50 ml 丙酮组成的混合溶液中。

【实验器材】

烧杯、玻璃板(8 cm × 12 cm)、层析缸(15 cm × 30 cm)、毛细管(0.5 mm)、玻棒、喷雾器、烘箱、尺、铅笔、干燥器。

【实验方法】

1. 硅胶 G 薄层板的制备:将制备薄层用的玻璃板预先用洗液洗干净并烘干,玻璃板要求表面光滑。称取硅胶 G 粉 6 g,加入 12 ml

0.1 mol/L 硼酸溶液,用玻棒在烧杯中慢慢搅拌至硅胶浆液分散均匀,黏稠度适中,然后倾倒在干净、干燥的玻璃板上,倾斜玻璃或用玻棒将硅胶 G 由一端向另一端推动,使硅胶 G 铺成厚薄均匀的薄层。待薄板表面水分干燥后置于烘箱内,待温度升至110℃后活化30分钟。冷却至室温后取出,置于干燥器中备用(避免薄板骤热或骤冷,否则容易使薄层断裂或在展层过程中脱落)。制成的薄层板,要求表面平整,厚薄均匀。

手工涂布薄板的方法:

(1)玻棒涂布:选用一根直径为 1～1.2 cm 的玻璃棒或玻璃管在两端绕几圈胶布,胶布的圈数视薄层的厚度而定,常用厚度为0.56～1 mm,把吸附剂倒在玻璃板上,用这根玻璃棒在玻璃上将吸附剂向一个方向推动,即成薄板。

(2)倾斜涂布:将吸附剂浆液倒在玻璃上,然后倾斜适当角度使吸附剂漫布于玻板上面成薄层。

2.点样:取制备好的薄板一块,在距底边1.5 cm 处画一条直线,在直线上每隔1.5～2 cm 做一记号(用铅笔轻点一下,切记不可将薄层刺破),共 4 个点。用 0.5 mm 直径的毛细管吸取糖样品量约5～50 μg,点样体积约 1～1.5 μl,可分次滴加,控制点样斑点直径不超过2 mm。在点样过程中可用吹风机冷热风交替吹干样品,也可以让其自然干燥。

3.展层:将已点样薄板的点样一端放入盛有展层剂的层析缸中,展层液面不得超过点样线,层析缸密闭,自下向上展层,当展层剂到达距薄层板顶端约 1 cm 处时取出薄板,前沿用铅笔或小针作一记号。60℃烘箱内烘干或晾干。

4.显色:将苯胺-二苯胺磷酸显色剂均匀喷雾在薄层上,置85℃烘箱内加热至层析斑点显现,此显色剂可使各种单糖显现出不同的颜色(表1-1)。

表1-1   单糖在苯胺-二苯胺磷酸显色剂作用下的显色结果

单糖种类	木糖	葡萄糖	果糖	蔗糖
呈色	黄绿色	灰蓝绿色	棕红色	蓝褐色

5.结果分析:样品中单糖定性鉴定薄层显色后,记下各斑点的位置、颜色,绘出层析图谱。根据各显色斑点的相对位置,计算 Rf 值。

$$Rf\ 值 = \frac{薄层色谱法中原点到斑点中心的距离(cm)}{原点到溶剂前沿的距离(cm)}$$

将混合样品图谱与标准样品图谱相比较或通过混合样品与标准样品 Rf 值和呈现颜色的比较,确定混合样品中所分离的各个斑点分别为何种糖。

6.影响 Rf 值的因素:①展层溶剂的样品组分的性质:样品组分若在固定相中溶解度较大,在流动相中溶解度小,则 Rf 值小;反之,Rf 值大。②吸附剂的性质和质量:不同批号和厂家的产品,其性质和质量不尽相同。③吸附剂的活度。④薄层的厚度。⑤层析槽的形状、大小和饱和度。⑥展层方式。⑦杂质的存在和量。⑧展层的距离。⑨样品量。⑩温度。

由于影响 Rf 值的因素很多,故不能仅根据 Rf 值来鉴定未知样品组分。一般采用几种薄层层析法来确证样品的未知组分,如一种用吸附薄层层析,另一种用聚酰胺薄层层析等。实践中,也可把未知样品与标准品混合点样,然后进行薄层层析。如果在几个不同类型的薄层层析中,两者都不发生分离,则可证明这两个化合物是相同的。

【注意事项】

1.制备薄板时,薄板的厚度及均一性对样品的分离效果和 Rf 值的重复性影响很大,普通薄层厚度以 250 μm 为宜。若用薄层层析法制备少量的纯物质时,厚度可稍增大到 500 ~ 700 μm,甚至 1 ~ 2 mm。

10

2. 活化后的薄层析在空气中久置会因为吸潮而导致活性降低。

3. 用于薄层层析的样品溶液的质量要求非常高。样品中含有盐分会引起拖尾现象，甚至有时得不到正确的分离效果。

4. 样品溶液应具有一定的浓度，一般为 1～5 g/L，若样品太稀，点样次数太多，就会影响分离效果，所以必须进行浓缩处理。

5. 样品的溶剂最好使用挥发性的有机溶液(如乙醇、氯仿等)，不宜用水溶液，因为水分子与吸附剂的相互作用力较弱，当它占据了吸附剂表面上的活性位置时，就使吸附剂的活性降低，从而使斑点扩散。

6. 样品点样量不宜太多，若点样量超载(即超过该吸附剂负载能力)，则会降低 Rf 值，层析斑点的形状被破坏。点样量一般为几到几十微克，体积为 1～2 μl。

7. 展层必须在装闭的器皿中进行，器皿事先应用展层剂饱和，把薄板的点样端浸入展层剂中，深度为 0.5～1 cm。千万勿使点样斑点浸入展层剂中。

8. 展层剂的选择：

(1)根据溶剂的结构、性质的不同而定，主要以溶剂的极性大小为依据。在同一吸附剂上，溶剂极性越大，对同一性质的化合物的洗脱能力也越强，即在薄层板上把这一化合物推进得越远，Rf 值也越大。如果发现用一种溶液只展开某一化合物，并且 Rf 值太小，则可考虑换用另一种极性较大的溶剂，或在原来的溶剂中加入一定量极性较大的溶液进行展层。溶液极性大小次序如下：水＞甲醇＞正丙醇＞丙酮＞乙酸甲酯＞乙酸乙酯＞乙醚＞氯仿＞三氯甲烷＞苯＞三氯乙烯＞四氯化碳＞二硫化碳＞石油醚。

(2)根据被分离物质的极性和吸附剂的性质而定。在同一吸附剂上，不同化合物的吸附规律是：①饱和碳氢化合物不易吸附或吸附不牢。②不饱和碳氢化合物被吸附，含双键越多，吸附得越牢。③碳氢化合物被一个功能基取代后，其吸附性增大。在薄层上，对于吸附性较大的化合物,一般需用极性较大的溶剂(展层剂)才能推动它。

(3)若样品组分具有酸碱性,则可将展层剂的 pH 值作适当调整。若样品组分为碱性,则调节展层剂 pH 值为碱性,以增加展层溶液的分辨率,使样品在薄板上展层后,斑点圆而集中,避免拖尾现象。当样品组分具有酸性时,调节展层剂 pH 值为酸性,可得到圆而集中的斑点。

9. 在薄层层析时,层析缸溶剂饱和度对分离效果影响较大。在不饱和层析缸中,展层易引起边缘效应,因为极性较弱的溶液和沸点较低的溶剂在边缘挥发得快,从而使样品组分在边缘的 Rf 值高于中部的 Rf 值,用饱和的层析缸可以消除边缘效应。

10. 为了获得更好的薄层层析效果,也可采用双向展层、多次展层和连续展层。

11. 薄层层析展开后,对被分离的样品组分进行定性或定量分析,要用不同的显色方法先确定它们的位置。有的物质在紫外灯下可显示出荧光斑点,如核苷酸等;对于在紫处光下不显荧光的样品,可用荧光薄层检出,该薄层的制法是将荧光物质(1.5%硅酸镉粉)加入吸附剂中,或在薄板上喷0.04%荧光钠水溶液、0.5%硫酸奎宁醇溶液及1%磺基水杨酸的丙酮溶液;有的有色物质在展层后可显示有颜色的斑点;对无色化合物的显色,主要采用两种方法,即物理方法和化学方法。物理方法如用紫外灯照射,属非破坏性显色方法。化学方法如用茚三酮显色剂喷雾显色可使氨基酸类化合物显色;对于无机吸附剂制成的薄层,可用强腐蚀性显色剂如硫酸、硝酸或其他混合溶液,因为这些显色剂几乎可使所有有机化合物转变成碳,为破坏性显色方法,此类显色剂称为万能显色剂,但它们不适用于定量测定或制备用的薄层上。

【思考题】

1. 硅胶 G 薄层层析鉴定糖类的原理是什么?

2. 本实验在操作过程中有哪些方面是实验成功的关键?

3. 分析本实验的层析图谱。

实验三 Smith 降解法测定糖链的序列

【实验目的】

学习和掌握 Smith 降解法测定糖链序列的原理和方法。

【实验原理】

Smith 降解是将高碘酸氧化产物用硼氢化合物(如硼氢化钾或硼氢化钠)还原成稳定的多羟基化合物,然后进行适度的酸水解,用纸层析鉴定水解产物,由水解产物可以推断多糖各组分的连接方式及次序。以葡聚糖为例:

1. 以 $1 \rightarrow 2$ 位键结合的糖基经高碘酸氧化,平均每个糖基仅消耗一分子高碘酸,并且无甲酸释放;Smith 降解后产生甘油。

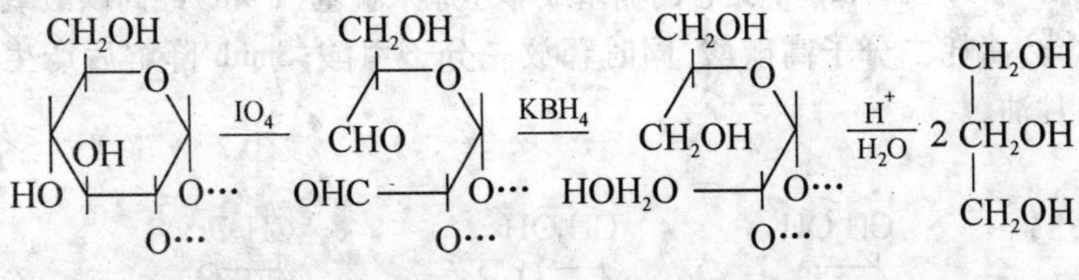

2. 以 $1 \rightarrow 3$ 位键结合的糖基不被高碘酸氧化;Smith 降解后仍为原来的糖。

葡萄糖

3. 以 1→4 位键结合的糖基经高碘酸氧化,平均每个糖基仅消耗一分子高碘酸,并且无甲酸释放;Smith 降解后产生赤藓醇。

$$\cdots O \xrightarrow{IO_4} \text{(CHO CHO)} \xrightarrow{KBH_4} \text{(CHOH}_2 \text{ CH}_2\text{OH)}$$

$$\xrightarrow[H_2O]{H^+} \begin{matrix} CH_2OH \\ (CHOH)_2 \\ CH_2OH \end{matrix} + \begin{matrix} CH_2OH \\ | \\ CH_2OH \end{matrix}$$

赤藓醇　　乙二醇

4. 以 1→6 位键结合的糖基或非还原末端基(1→6)经高碘酸氧化,消耗二分子高碘酸,同时释放一分子甲酸;Smith 降解后产生甘油。

$$\xrightarrow{2IO_4} \begin{matrix} CHO \\ OHC \end{matrix} \cdots + HCOOH \text{ 甲酸} \xrightarrow{KBH_4} \begin{matrix} CH_2OH \\ HOH_2C \end{matrix} O \cdots$$

$$\xrightarrow[H_2O]{H^+} \begin{matrix} CH_2OH \\ CH_2OH \\ CH_2OH \end{matrix} + \begin{matrix} CH_2OH \\ | \\ CH_2OH \end{matrix}$$

甘油　　乙二醇

本实验通过纸层析检测终产物中的甘油、赤藓醇和糖。在降解产物中若有赤藓糖生成,则提示多糖具有 1→4 结合的糖苷键;若有甘油生成,则提示有 1→6、1→2 结合的糖苷键或有还原末端葡萄糖残基;若能检出单糖,如葡萄糖、半乳糖、甘露糖等,则有 1→3 糖苷键结合的存在。

多糖在浓硫酸中保温一定时间可完全水解为单糖,通过纸层析分离,特定试剂显色后与已知糖的标准混合物作对比,可以鉴定多糖水解产物中单糖的组成。

【药品试剂】

1. 0.1 mol/L 醋酸。

2. 2 mol/L 硫酸、1 mol/L 硫酸。

3. 硼氢化钾。

4. 纸层析试剂:

(1)标准糖溶液:称取一定量的半乳糖、葡萄糖、甘露糖、阿拉伯糖,用蒸馏水溶解,得标准糖混合溶液(每种糖的点样量为 20~30 μg)。

(2)展层剂:正丁醇:乙酸:水 = 4:1:5。

(3)显色剂:苯胺-邻苯二甲酸-正丁醇饱和水溶液(邻苯二甲酸 1.6 g 溶于水饱和的正丁醇 100 ml,加苯胺 0.93 g,相当于苯胺 0.9 ml)。

5. $BaCO_3$。

6. 硝酸银显色剂:

(1)16% 硝酸银水溶液:丙酮为 1:9(V/V)。

(2)1% NaOH 乙醇溶液(W/V)。

(3)6 mol/L 氢氧化铵。

【实验器材】

水解管、滤纸、玻璃毛细管、层析缸、喷雾器。

【实验方法】

1. 还原和水解:将高碘酸氧化后经乙二醇处理的溶液用对流水透析 48 小时,然后用蒸馏水透析 24 小时,于 40℃ 以下减压浓缩至

10 ml 左右,加入 70 mg 硼氢化钾,于室温、暗处搅拌 18~24 小时以还原多糖醛。用 0.1 mol/L 醋酸中和至 pH6~7,用对流水透析 48 小时,然后用蒸馏水透析 24 小时,减压蒸干,加 1 mol/L 硫酸 2 ml,封管,100℃水解 8 小时,用碳酸钡(BaCO₃)粉末中和,定量滤纸过滤,滤液减压浓缩后,通过纸层析方法检测。

2. 纸层析:将层析滤纸剪成 7 cm×40 cm 的纸条,距层析滤纸一端 2 cm 处画一横线作为点样线,在点样线上画两个点分别作为标准糖溶液和多糖水解液的点样位置。用玻璃毛细管点样,斑点尽可能小,而且每点一滴,待点样点干燥后,在同一位置再点第二滴。然后将滤纸条悬挂于层析缸中进行层析,展层时间约为 36 小时。

展层后,将滤纸取出,干燥,喷上硝酸银显色试剂(1),自然干燥,将滤纸浸入硝酸银显色试剂(2)中,待斑点显出后,再浸入硝酸银显色试剂(3)中以洗去滤纸上的氧化银,然后用水冲洗 1 小时左右,风干。

3. 纸层析结果分析:记录各斑点的位置,绘出层析图谱。根据各显色斑点的颜色相对位置,测算 Rf 值。以正丁醇:乙酸:水 = 4:1:5 为展层剂时,甘油的 Rf 值为 0.48,赤藓醇的 Rf 值为 0.35。

$$Rf\ 值 = \frac{薄层色谱法中原点到斑点中心的距离(cm)}{原点到溶剂前沿的距离(cm)}$$

【思考题】

Smith 降解法测定糖链序列的原理是什么?

第二节　糖类定量测定方法

实验四　总糖和还原糖的测定(一)
——费林试剂热滴定法

【实验目的】

掌握还原糖和总糖的测定原理,学习用直接滴定法测定还原糖的含量。

【实验原理】

还原糖是指含有自由醛基(如葡萄糖)或酮基(如果糖)的单糖和某些二糖(如乳糖和麦芽糖)。在碱性溶液中,还原糖能将 Cu^{2+}、Hg^{2+}、Fe^{3+}、Ag^+ 等金属离子还原,而糖本身被氧化成糖酸及其他产物。糖类的这种性质常被用于糖的定性和定量测定。

直接滴定法即费林试剂热滴定法。费林试剂由甲溶液和乙溶液组成。甲溶液含硫酸铜和亚甲基蓝(氧化还原指示剂);乙溶液含氢氧化钠、酒石酸钾钠和亚铁氰化钾。将一定量的甲溶液和乙溶液等体积混合时,硫酸铜与氢氧化钠反应,生成氢氧化铜沉淀:$2NaOH + CuSO_4 = Cu(OH)_2 + Na_2SO_4$。在碱性溶液中,所生成的氢氧化铜沉淀与酒石酸钠反应,生成可溶性的酒石酸钾钠铜络合物:

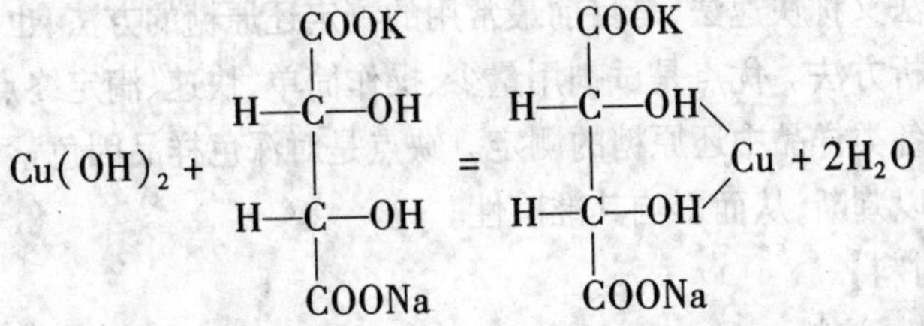

在加热条件下,用样液滴定,样液中的还原糖与酒石酸钾钠铜反应,酒石酸钾钠铜被还原糖还原,产生红色氧化亚铜沉淀,其反应如下:

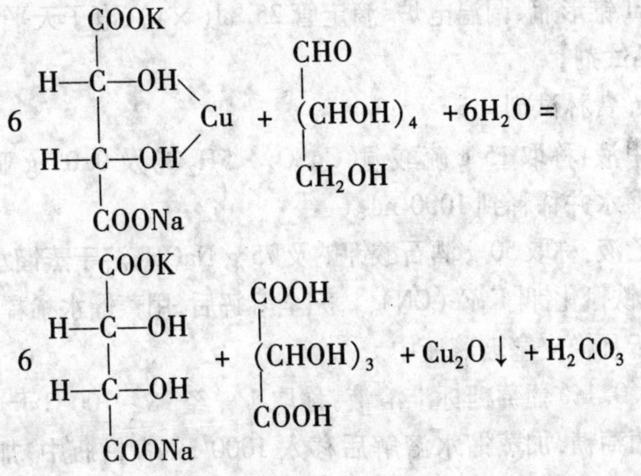

反应生成的氧化亚铜沉淀与费林试剂中的亚铁氰化钾(黄血盐)反应生成可溶性复盐,便于观察滴定终点。

$$Cu_2O + K_4Fe(CN)_6 + H_2O$$

$$\longrightarrow Cu_2O + K_4Fe(CN)_6 + H_2OK_2Cu_2Fe(CN)_6 + 2KOH$$

滴定时以亚甲基蓝为氧化-还原指示剂。因为亚甲基蓝氧化能力比二价铜弱,待二价铜离子全部被还原后,稍过量的还原糖可使蓝色的氧化型亚甲基蓝还原为无色的还原型的亚甲基蓝,即达滴定终点。根据样液量可计算出还原糖含量。

本方法测定的是一大类具有还原性的糖,包括葡萄糖、果糖、乳糖、麦芽糖等,只是结果用葡萄糖或转化糖表示而已。

本法又称快速法,是目前最常用的测定还原糖的方法,也是国家标准分析方法。优点是试剂用量少、操作简单、快速、滴定终点明显,适用于各类样品中还原糖的测定。缺点是对深色样品因色素干扰使终点难以判断,从而影响其准确性。

【实验材料】

藕粉、淀粉。

【实验器材】

试管 3.0×20 cm($\times 1$)、移液管 5 ml($\times 2$)、烧杯 100 ml($\times 1$)、250 ml 锥形瓶、调温电炉、滴定管 25 ml($\times 1$)、电子天平等。

【药品试剂】

1. 费林试剂:

甲液:称取 15 g 硫酸铜($CuSO_4 \cdot 5H_2O$)及 0.05 g 亚甲基蓝,溶于蒸馏水并稀释到 1000 ml。

乙液:称取 50 g 酒石酸钾钠及 75 g NaOH,溶于蒸馏水中,再加入 4 g 亚铁氰化钾[$K_4Fe(CN)_6$],完全溶解后,用蒸馏水稀释到 1000 ml,储存于具橡皮塞玻璃瓶中。

2. 0.1% 葡萄糖标准溶液:称取 1 g 经 98 ~ 100℃ 干燥至恒重的无水葡萄糖,加蒸馏水溶解后移入 1000 ml 容量瓶中,加入 5 ml 浓

HCl(防止微生物生长),用蒸馏水稀释到 1000 ml。

3. 6 mol/L HCl:取 250 ml 浓 HCl(35% ~38%)用蒸馏水稀释到 500 ml。

4. 碘-碘化钾溶液:称取 5 g 碘和 10 g 碘化钾,溶于蒸馏水中,定容至 100 ml。

5. 6 mol/L NaOH:称取 120 g NaOH,溶于蒸馏水中,定容至 500 ml。

6. 0.1% 酚酞指示剂。

【实验方法】

1. 样品中还原糖的提取:准确称取 1 g 藕粉,放入 100 ml 烧杯中,先以少量蒸馏水调成糊状,然后加入约 40 ml 蒸馏水,混匀,于 50℃恒温水浴中保温 20 分钟,不时搅拌,使还原糖浸出。过滤,将滤液全部收集到 50 ml 的容量瓶中,用蒸馏水定容至刻度,即为还原糖提取液。

2. 样品中总糖的水解及提取:准确称取 1 g 淀粉,放入大试管中,然后加入 10 ml 6 mol/L HCl 和 15 ml 蒸馏水,在沸水浴中加热 0.5 小时,取出 1 ~2 滴置于白瓷板上,加 1 滴 I-KI 溶液检查水解是否完全。如已水解完全,则不呈现蓝色。水解毕。冷却至室温后加入 1 滴酚酞指示剂,以 6 mol/L NaOH 溶液中和至溶液呈微红色,然后定容到 100 ml,过滤取滤液 10 ml 于 100 ml 容量瓶中,定容至刻度,混匀,即为稀释 1000 倍的总糖水解液,用于总糖测定。

3. 空白滴定:准确吸取费林试剂甲液和乙液各 5 ml,置于 250 ml 锥形瓶中,加蒸馏水 10 ml。从滴定管滴加约 9 ml 葡萄糖标准溶液,加热使其在 2 分钟内沸腾,准确沸腾 30 秒,趁热以每 2 秒 1 滴的速度继续滴加葡萄糖标准溶液,直至溶液蓝色刚好褪去为终点。记录消耗葡萄糖标准溶液的总体积。平行操作 3 次,取其平均值,按下式计算:

$$F = C \times V$$

式中：

F——10 ml 费林试剂(甲液和乙液各 5 ml)相当于葡萄糖的量(mg)；

C——葡萄糖标准溶液的浓度(mg/ml)；

V——标定时消耗葡萄糖标准溶液的总体积(ml)。

4. 样品糖的定量测定：

(1)样品溶液预测定：吸取费林试剂甲液及乙液各 5 ml，置于 250 ml 锥形瓶中，加蒸馏水 10 ml，加热使其在 2 分钟内沸腾，准确沸腾 30 秒，趁热以先快后慢的速度从滴定管中滴加样品溶液，滴定时要保持溶液呈沸腾状态。待溶液由蓝色变浅时，以每 2 秒 1 滴的速度滴定，直至溶液的蓝色刚好褪去为终点。记录样品溶液消耗的体积。

(2)样品溶液测定：吸取费林试剂甲液及乙液各 5 ml，置于锥形瓶中，加蒸馏水 10 ml，加玻璃珠 3 粒，从滴定管中加入比与测试样品溶液消耗的总体积少 1 ml 的样品溶液，加热使其在 2 分钟内沸腾，准确沸腾 30 秒，趁热以每 2 秒 1 滴的速度继续滴加样液，直至蓝色刚好褪去为终点。记录消耗样品溶液的总体积。平行操作 3 次，取其平均值。

5. 结果处理

$$还原糖(以葡萄糖计)\% = \frac{F \times V_1}{m \times V \times 1000} \times 100$$

$$总糖(以葡萄糖计)\% = \frac{F \times V_1}{m \times V \times 1000} \times 100$$

式中：

M——样品重量(g)；

F——10 ml 费林试剂(甲液和乙液各 5 ml)相当于葡萄糖的量(mg)；

V——标定时平均消耗还原糖或总糖样品溶液的总体积(ml)；

V_1——还原糖或总糖样品溶液的总体积(ml)；

1000—— mg 换算成 g 的系数。

【注意事项】

1. 费林试剂甲液和乙液应分别储存,用时才混合,否则酒石酸钾钠铜络合物长期在碱性条件下会慢慢分解析出氧化亚铜沉淀,使试剂有效浓度降低。

2. 滴定必须是在沸腾条件下进行,其原因一是加快还原糖与Cu^{2+}的反应速度;二是亚甲基蓝的变色反应是可逆的,还原型的亚甲基蓝会被空气中的氧氧化为氧化型。此外,氧化亚铜也极不稳定,易被空气中的氧所氧化。保持反应液沸腾可防止空气进入,避免亚甲基蓝和氧化亚铜被氧化而增加消耗量。

3. 滴定时不能随意摇动锥形瓶,更不能把锥形瓶从热源上取下来滴定,以防止空气进入反应溶液中。

【思考题】

1. 在费林试剂热滴定法中为什么用亚甲基蓝作为滴定终点的指示剂?

2. 用费林试剂热滴定法测定还原糖,为什么整个滴定过程必须使溶液处于沸腾状态?

3. 在费林试剂热滴定法中样品溶液预测定有何作用?

实验五　总糖和还原糖的测定(二)

——3,5-二硝基水杨酸法

【实验目的】

1. 了解和掌握 3,5-二硝基水杨酸法测定还原糖的基本原理。

2. 区分还原糖和总糖测定过程的异同,掌握具体的操作方法。

【实验原理】

还原糖是指含有自由基醛基或酮基、具有还原性的糖类。单糖都是还原糖。3,5-二硝基水杨酸与还原糖共热后可生成棕红色氨基化合物。在一定范围内,该棕红色化合物颜色的深浅与还原糖的量呈正比关系,可用分光光度计进行比色测定。因此3,5-二硝基水杨酸法可用于还原糖的测定,且具有简便、快速、灵敏度高、杂质干扰小的优点。

不具还原性的部分双糖或多糖经酸水解后可彻底分解为具有还原性的单糖。通过对样品中的总糖进行酸水解,测定水解后还原糖的含量,可计算出样品的总糖含量。

【实验材料】

甘薯淀粉。

【实验器材】

恒温水浴锅、分光光度计、试管及试管架、玻璃漏斗、100 ml 容量瓶、10 ml 和 100ml 量筒。

【药品试剂】

1.3,5-二硝基水杨酸试剂(DNS):6.3 g DNS 和 262 ml 2 mol/L NaOH 加入到 500 ml 含有 182 g 酒石酸钾钠的热水溶液中,再加入 5 g 亚硫酸钠和 5 g 重蒸酚,搅拌溶解,冷却后加水定容至 1000 ml,储存于棕色瓶中,7～10 天后使用。

2.1000 μg/ml 葡萄糖标准溶液:准确称取干燥恒重的葡萄糖 1 g,加入少量水溶解后再加入 8 ml 12 mol/L 的浓盐酸,以蒸馏水定容至 1000 ml。

3.6 mol/L HCl。

4.10% NaOH。

5.6 mol/L NaOH。

6.碘试剂:称取 5 g 碘和 10 g 碘化钾,溶于蒸馏水中,定容于 100 ml。

7.酚酞试剂:称取 0.1 g 酚酞,溶于 250 ml 70% 乙醇中。

【实验方法】

1. 标准曲线的制作：

（1）标准葡萄糖梯度溶液的配制：取 5 支大试管，分别按表 1-2 加入试剂。

表 1-2　　　　　　　　标准葡萄糖浓度曲线的制备

试剂	1	2	3	4	5
葡萄糖标准溶液 1000 μg/ml	1	2	4	6	8
蒸馏水加入量　ml	9	8	6	4	2
葡萄糖最终浓度 μg/ml	100	200	400	600	800

（2）绘制标准曲线：另取 6 支试管，前 5 支分别加入上述不同梯度葡萄糖溶液 1 ml，第 6 管加入蒸馏水 1 ml。然后各管再加入 DNS 试剂 1 ml。沸水浴加热 5 分钟，取出冷却后再加入蒸馏水 8 ml。摇匀，以第 6 管作为空白，分光光度计 540 nm 处测定吸光值。以吸光值为纵坐标，葡萄糖含量为横坐标，绘制标准曲线。

2. 样品中还原糖和总糖的测定：

（1）样品中还原糖的提取：称取甘薯粉 1 g 放入小烧杯中，先加入少量水调成糊状，再加入约 50 ml 水摇匀，煮沸约数分钟，使还原糖浸出，然后转移至 100 ml 容量瓶中定容，经过滤的上清液用于还原糖的测定。

（2）样品中总糖的水解和提取：称取甘薯粉 1 g 放入小烧杯中，加入 6 mol/L HCl 10 ml，再加入水 15 ml，搅匀后放入沸水浴中加热水解 30 分钟，冷却后用 6 mol/L NaOH 调 pH 值到中性（1 滴酚酞试剂检测呈微红色），然后转移至 100 ml 容量瓶中定容，过滤后，取 10 ml 上清液稀释至 100 ml 即为稀释 1000 倍的总糖水解液。

（3）还原糖和总糖的测定：分别吸取上述还原糖溶液和总糖溶液水解液 1 ml 于试管中，以制作标准曲线相同的方法加入 DNS 试剂

1 ml,沸水浴加热5分钟,取出冷却后再加入蒸馏水8 ml,摇匀,分光光度计540 nm处测定吸光值。还原糖和总糖各做3个平行实验。

3.根据测定的吸光值,在标准曲线上查出相应的还原糖含量,并折算成样品中还原糖和总糖含量。

含糖量 = 糖量(mg) × 样品稀释倍数 × 100/样品量(mg)(%)

【思考题】

1. 糖类物质包括哪些化合物?

2. 为保证实验中糖测定的准确性,应注意哪些操作事项?

实验六　还原糖的测定(三)
——铁氰化钾法

【实验目的】

掌握铁氰化钾测定还原糖的原理和方法。

【实验原理】

待测样品中原有的和水解后产生的转化糖都具有还原性质,在碱性溶液中能将铁氰化钾还原,根据铁氰化钾的浓度和检验滴定量可计算出含糖量。其反应式如下:

$$C_6H_{12}O_6 + 6K_3Fe(CN)_6 + 6KOH$$
$$\rightarrow (CHOH)_4 \cdot (COOH)_2 + 6K_4Fe(CN)_6 + 4H_2O$$

滴定终点时,稍过量的转化糖即将指示剂次甲基蓝还原为无色的隐色体。此时颜色消失。反应如下:

蓝色　　　　　　　　　　　　无色

【药品试剂】

1.1%的次甲基蓝指示剂。

2.盐酸(水解作用)。

3.10%和30%的 NaOH 溶液。

4.1%铁氰化钾:置棕色瓶中保存。每次使用前按下述方法标定铁氰化钾的浓度。准确称取经 105℃ 烘干并冷却之后的蔗糖 1 g,用少量水溶解并移入 500 ml 容量瓶中,用水稀释至刻度,摇匀。取出此液 50 ml 于 100 ml 容量瓶中,加盐酸 5 ml 摇匀,置 65～70℃ 水浴上加温 30 分钟,取出,迅速冷却至室温。用 30% 氢氧化钠溶液中和,加水至刻度,摇匀,倒入滴定管中。

吸取已配制好的铁氰化钾溶液 5 ml 于 150 ml 三角瓶中,加入 2.5 ml 10% 氢氧化钠溶液、12.5 ml 水和洁净的玻璃珠数个,于石棉网上加热至沸腾,保持 1 分钟。然后加入次甲基蓝指示剂 1 滴,立即以糖液滴定至蓝色消失为止,记录用量。正式滴定时,先加入比预实验少 0.5 ml 的糖液,煮沸 1 分钟,加入次甲基蓝指示剂 1 滴,再用糖液滴定至无色。

按下述公式计算铁氰化钾的浓度:

$$C = \frac{W \times V}{1000 \times 0.95}$$

式中:

C——相当于 5 ml 铁氰化钾溶液的转化糖的重量(g);

V——滴定时消耗糖液的体积(ml);

W——称取的蔗糖重量(g);

1000——稀释比;

0.95——换算系数(1 g 蔗糖可转化为 0.95 g 转化糖)。

【实验器材】

滴定管、容量瓶、三角瓶等。

【实验方法】

1. 称取样品 5 ~ 10 g(视含糖量多少而增减),用 200 ml 左右的水洗入 250 ml 容量瓶内(样品中如含有较多的蛋白质、色素、胶体等可逐渐加入 20% 醋酸铅溶液 10 ~ 15 ml,至沉淀完全为止,并加入 10 ~ 15 ml 10%磷酸二氢钠溶液,至不再产生沉淀为止)。加水至刻度,摇匀过滤。

2. 吸取滤液 50 ml 于 100 ml 容量瓶中,按上述铁氰化钾标定方法进行转化、中和及滴定(以样液代替糖液,其余操作相同)。

按下述公式计算总糖含量:

$$总糖(以转化糖计,\%) = \frac{A}{(W/250) \times (50/100) \times V} \times 100$$

式中:

A——相当于 5 ml 铁氰化钾溶液的转化糖的重量(g)。

V——滴定试样液消耗体积(ml)。

W——样品的重量(g)。

250——定容体积(ml)。

50/100——滤液 50 ml 稀释成 100 ml。

【注意事项】

1. 当滴定到达终点时,过量的转化糖将指示剂次甲基蓝还原为无色的隐色体,这种隐色体容易受空气中氧所氧化,很快又变成指示剂的颜色。

2. 整个过程应在低温电炉上进行,这样重现性好、准确、误差小。滴定要迅速,否则终点不明显。

【思考题】

用铁氰化钾法测定食品中的还原糖时,向样品中加入铁氰化钾溶液后再加热,是否会引起还原糖水解?为什么?

实验七 还原糖的测定(四)

——高锰酸钾滴定法(Bertrand 法)

【实验目的】

1. 了解并掌握高锰酸钾滴定法测定还原糖的原理。

2. 掌握测定和计算结果的方法。

【实验原理】

试样除去蛋白质后,将一定量的样液与过量的碱性酒石酸铜溶液反应,在加热条件下,还原糖把二价的铜盐还原为氧化亚铜,加入酸性硫酸铁,氧化亚铜被氧化为亚铁盐而溶解,用高锰酸钾标准溶液滴定氧化作用后生成的亚铁盐,根据高锰酸钾标准溶液的消耗量,计算氧化亚铜含量,再查表得还原糖含量。

本法是还原糖测定方法的经典的方法,为国家标准 GB/T5009·7 中的第一法。它适用于各类样品中还原糖的测定,对于深色样液也同样适用。这种方法的主要特点是准确度高,重现性好,这两方面都优于直接滴定法。缺点是操作较复杂、费时、需使用专用的检索表(详情请查阅相关资料,相当于氧化亚铜质量的葡萄糖、果糖、乳糖、转化糖质量表)。

【药品试剂】

1. 碱性酒石酸铜-甲液:称取 34.64 g 硫酸铜($CuSO_4 \cdot 5H_2O$),加适量水溶解,加 0.5 ml 硫酸,再加水稀释至 500 ml,用精制石棉过滤。

2. 碱性酒石酸铜-乙液:称取 173 g 酒石酸钾钠与 50 g 氢氧化钠,加适量水溶解并稀释至 500 ml。用精制石棉过滤,储存于橡胶塞玻璃瓶内。

3. 精制石棉:取石棉用 3 mol/L 盐酸浸泡 2~3 天,用水洗净,加 400 g/L 氢氧化钠溶液浸泡 2~3 天,倾去溶液后用热碱性酒石酸铜乙液浸泡数小时,用水洗净。再以 3 mol/L 盐酸浸泡数小时,以水洗至不呈酸性。然后加水振动,使之成细嫩的浆状软纤维,用水浸泡并储存于玻璃瓶中,即可作填充古氏坩埚用。

4.0.1 mol/L 高锰酸钾标准溶液。

5.5 mol/L 氢氧化钠溶液:称取 20 g 氢氧化钠,加水溶解并稀释至 100 ml。

6. 硫酸铁溶液:称取 50 g 硫酸铁,加入 200 ml 水溶解,再缓慢加入 100 ml 硫酸,冷却后加水稀释至 1000 ml。

7.3 mol/L 盐酸:量取 30 ml 浓盐酸,加水稀释至 120 ml。

8.6 mol/L 盐酸:量取 50 ml 盐酸加水稀释至 100 ml。

9. 甲基红指示剂:称取 10 mg 甲基红,用 100 ml 乙醇溶解。

【实验器材】

滴定管、25 ml 古氏坩埚或 G4 垂融坩埚、真空泵、水浴锅等。

【实验方法】

1. 样品处理:不同样品进行处理的方法有所不同。

(1)乳类、乳制品及其他含蛋白质的冷食类:称取 2~5 g 固体试样(吸取 25~50 ml 液体试样),置于 250 ml 容量瓶中,加水 50 ml,摇匀后加 10 ml 碱性酒石酸铜-甲液和 4 ml 氢氧化钠溶液(40 g/L),加水至刻度并混匀。静置 30 分钟,用干燥滤纸过滤,滤液备用。

(2)酒精性饮料:吸取 100 ml 试样,置于蒸发皿中,用 40 g/L 氢氧化钠溶液中和至中性,在水浴上蒸发至原体积的四分之一后,移入 250 ml 容量瓶中,加 50 ml 水混匀。加 10 ml 碱性酒石酸铜-甲液和 4 ml 40 g/L 氢氧化钠溶液,加水定容。静置 30 分钟后过滤。

(3)含多量淀粉的食品:称取 10~20 g 试样,置于 250 ml 容量瓶中,加 200 ml 水,在 45℃水浴中加热 1 小时,并不断摇匀。冷却后加水定容并混匀、静置。吸取 200 ml 上清液于另一 250 ml 容量瓶,加入 10 ml 碱性酒石酸铜-甲液和 4 ml 氢氧化钠溶液(40g/L),加水定容,混匀后静置 30 分钟过滤。

(4)汽水等含有二氧化碳的饮料:吸取 100 ml 试样于蒸发皿中,在水浴上除去二氧化碳后,移入 250 ml 容量瓶中,并用水洗涤蒸发皿,洗涤液并入容量瓶中,再用水定容。

2.样品测定:

吸取 50 ml 处理后的样品溶液,于 400 ml 烧杯中,加入 25ml 碱性酒石酸铜-甲液和 25 ml 乙液,于烧杯上盖一表面皿,加热,控制在 4 分钟内沸腾,再准确煮沸 2 分钟,趁热用铺好石棉的古氏坩埚或 G4 垂融坩埚抽滤,并用 60℃热水洗涤烧杯及沉淀,至洗液不呈碱性为止。

将古氏坩埚或垂融坩埚放回原 400 ml 烧杯中,加 25 ml 硫酸铁溶液及 25 ml 水,用玻棒搅拌使氧化亚铜完全溶解,以 0.1 mol/L 高锰酸钾标准液滴定至微红色为终点。

同时吸取 50 ml 水,加与测样品时相同量的碱性酒石酸铜甲、乙液、硫酸铁溶液及水,按同一方法做试剂空白实验。同时平行操作三份,求平均值按下式计算。

3.结果计算:试样中还原糖质量相当于氧化亚铜的质量按下式计算。

$$X_1 = (V - V_0) \times C \times 71.54$$

式中:

X_1——试样中还原糖质量相当于氧化亚铜的质量(mg);

V——测定用试样消耗高锰酸钾标准溶液的体积(ml);

V_0——试剂空白消耗高锰酸钾标准溶液的体积(ml);

C——高锰酸钾标准溶液的实际浓度(mol/L);

71.54——1 ml 高锰酸钾标准溶液($KMnO_4 = 1$ mol/L)相当于氧化亚铜的质量(mg)。

根据上式计算所得氧化亚铜质量,查表《氧化亚铜质量相当于葡萄糖、果糖、乳糖、转化糖的质量表》,再按下式计算样品中还原糖的含量：

$$X_2 = (m_1 \times V_2) / (m_2 \times V_1) \times (100 / 1000)$$

式中：

X——每百克样品中还原糖的含量(g)；

m_1——查表得还原糖质量(mg)；

m_2——样品质量或体积(g 或 ml)；

V——测定用样品溶液的体积(ml)；

250——样品处理后的总体积(ml)。

【注意事项】

1.还原糖与碱性酒石酸铜试剂的反应一定要在沸腾状态下进行,沸腾时间需严格控制。煮沸的溶液应保持蓝色,如果蓝色消失,说明还原糖含量过高,应将样品溶液稀释后重做。

2.本法以测定过程中产生的铁离子为计算依据,因此在样品处理时,不能用乙酸锌和亚铁氰化钾作为澄清剂。另外所用碱性酒石酸铜溶液是过量的,即保证把所有的还原糖全部氧化后,还有过量的铜离子存在。所以煮沸后的反应液应呈蓝色,如不呈蓝色,说明样液糖浓度过高,应调整样液浓度。

3.测定时必须严格按规定的操作条件进行,保证在 4 分钟内待测样液加热至沸腾,否则误差较大。

4.在过滤及洗涤氧化亚铜沉淀的过程中,应使沉淀始终在液面以下,以避免氧化亚铜暴露于空气中而被氧化。

【思考题】

1.比较直接滴定法及高锰酸钾滴定法测定糖的适用范围及特点。

2.可采用什么方法调控好加热源,以保证样液在检测时 4 分钟内加热至沸腾?

3.样品测定时,为何要用水洗涤处理样品用过的烧杯及沉淀,至洗涤液不呈碱性为止?

实验八 碘量法测定葡萄糖的含量

【实验目的】

了解和掌握碘量法测定葡萄糖含量的原理和方法。

【实验原理】

碘与 NaOH 作用可生成次碘酸钠(NaIO),葡萄糖($C_6H_{12}O_6$)能定量地被次碘酸钠(NaIO)氧化成葡萄糖酸($C_6H_{12}O_7$)。在酸性条件下,未与葡萄糖作用的次碘酸钠可转变成碘(I_2)析出,因此只要用 $Na_2S_2O_3$ 标准溶液滴定析出的 I_2,便可计算出 $C_6H_{12}O_6$ 的含量。其反应如下:

(1)I_2 与 NaOH 作用:$I_2 + 2NaOH = NaIO + NaI + H_2O$

(2)$C_6H_{12}O_6$ 和 NaIO 定量作用:$C_6H_{12}O_6 + NaIO = C_6H_{12}O_7 + NaI$

(3)总反应式:$I_2 + C_6H_{12}O_6 + 2NaOH = C_6H_{12}O_7 + NaI + H_2O$

(4)$C_6H_{12}O_6$ 作用完后,剩下未作用的 NaIO 在碱性条件下发生歧化反应:

$$3NaIO = NaIO_3 + 2NaI$$

(5)在酸性条件下:$NaIO_3 + 5NaI + 6HCl = 3I_2 + 6NaCl + 3H_2O$

(6)析出过量的 I_2 可用标准 $Na_2S_2O_3$ 溶液滴定:$I_2 + 2Na_2S_2O_3 = Na_2S_4O_6 + 2NaI$

由以上反应可以看出一分子葡萄糖与一分子 NaIO 作用,而一分子 I_2 产生一分子 NaIO,也就是一分子葡萄糖与一分子 I_2 相当。本法可用于葡萄糖注射液葡萄糖含量的测定。

【药品试剂】

1. 2 mol/L HCl。

2. 0.2 mol/L NaOH 溶液。

3. 0.05 mol/L $Na_2S_2O_3$ 标准溶液。

4. 0.05 mol/L I_2 溶液。称取 3.2 g I_2 于小烧杯中,加 6 g KI,先

用约 30 ml 水溶解,待 I_2 完全溶解后,稀释至 250 ml,摇匀。储于棕色瓶中,放置暗处。

5.0.5% 淀粉溶液。

6. 固体 KI。

【实验方法】

1. I_2 溶液的标定:

(1)0.1 mol/L $Na_2S_2O_3$ 溶液的配制和标定:称取 6.5 g $Na_2S_2O_3$·$5H_2O$ 溶于刚煮沸并冷却后的 250 ml 蒸馏水中,加约 0.1 g Na_2CO_3,于暗处放置待标定。

首先配制 0.02 mol/L $K_2Cr_2O_7$ 标准溶液:准确称取 1.4 g 已烘干的 $K_2Cr_2O_7$ 于 100 ml 小烧杯中,加约 30 ml 去离子水溶液,定量转移至 250 ml 容量瓶中,用去离子水稀释至刻度,充分摇匀,计算其准确浓度。然后标定 $Na_2S_2O_3$ 溶液:移取 25 ml $K_2Cr_2O_7$ 标准溶液于 250 ml 锥形瓶中,加入 10 ml 100 g/L KI 和 5 ml 6 mol/L HCl,加盖摇匀,在暗处放置 5 分钟,待反应完全,加入 50 ml 水稀释,用待标定的 $Na_2S_2O_3$ 溶液滴定至呈浅黄绿色,加入 3 ml 0.5% 淀粉溶液,继续滴定至蓝色变为亮绿色即为终点。记下消耗的 $Na_2S_2O_3$ 溶液的体积,计算 $Na_2S_2O_3$ 标准溶液的浓度。平行测定三次。

(2)I_2 溶液与 $Na_2S_2O_3$ 标准溶液的比较滴定:吸取 25 ml I_2 溶液于 250 ml 锥形瓶中,加 100 ml 蒸馏水稀释,用已标定好的 $Na_2S_2O_3$ 标准溶液滴定至草黄色,加入 2 ml 淀粉溶液,继续滴定至蓝色刚好消失,即为终点。平行测定三次,根据 $Na_2S_2O_3$ 的浓度和 I_2 与 $Na_2S_2O_3$ 溶液的体积比,计算出 I_2 溶液的浓度。

2. 葡萄糖含量测定:取 5% 葡萄糖注射液准确稀释 100 倍,摇匀后移取 25 ml 于锥形瓶中,准确加入 I_2 标准溶液 25 ml,慢慢滴加 0.2 mol/L NaOH,边加边摇,直至溶液呈淡黄色。加碱的速度不能过快,否则生成的 NaIO 来不及氧化 $C_6H_{12}O_6$,使测定结果偏低。将锥形瓶盖好小表皿,放置 10~15 分钟,加 2 mol/L HCl 6 ml 使之呈酸性,立即用 $Na_2S_2O_3$ 溶液滴定,至溶液呈浅黄色时,加入淀粉指示剂 3 ml,继续滴至蓝色消失,即为终点。记下 $Na_2S_2O_3$ 溶液滴定的读数。平行测定三次,计算试样中葡萄糖的含量,要求相对平均偏差小于0.3%。

3. 结果计算:葡萄糖的质量浓度 $\rho(C_6H_{12}O_6)$,数值以克每升表示(g/L),按下式计算。

$$\rho(C_6H_{12}O_6) = \frac{\left[c(I_2)\cdot V(I_2) - \frac{1}{2}c(Na_2S_2O_3)\cdot V(Na_2S_2O_3)\right] \times \frac{M(C_6H_{12}O_6)}{1000}}{V} \times 1000$$

式中:

$c(I_2)$——碘标准滴定溶液浓度的准确数值(mol/L);

$V(I_2)$——碘溶液的体积的准确数值(ml);

$c(Na_2S_2O_3)$——硫代硫酸钠标准滴定溶液浓度的准确数值(mol/L);

$V(Na_2S_2O_3)$——硫代硫酸钠标准滴定溶液体积的准确数值(ml);

V——试样体积的数值(ml);

M——葡萄糖的摩尔质量的数值(g/mol)($M = 180.16$)。

【思考题】

1. 配制 I_2 溶液时为何要加 KI?为何要先用少量水溶解后再稀释至所需体积?

2. 碘量法主要误差有哪些?如何避免?

实验九 蒽酮比色法测定可溶性糖含量

【实验目的】

1. 掌握蒽酮法测定可溶性糖含量的原理和方法。

2.学习植物可溶性糖的提取方法。

【实验原理】

糖在浓硫酸作用下,可经脱水反应生成糠醛或羟甲基糠醛,生成的糠醛或羟甲基糠醛可与蒽酮反应生成蓝绿色糠醛衍生物,在一定范围内,颜色的深浅与糖的含量成正比,因此可以用于糖的定量测定。糖类与蒽酮反应生成的有色物质在可见光区的吸收峰为620 nm,故在此波长下进行比色。

该实验方法简便,但没有专一性,绝大部分的碳水化合物都能与蒽酮反应,产生颜色。该方法灵敏度很高,糖含量在30 μg 左右就能进行测定,所以可作为微量测糖之用。一般在样品少的情况下,采用这一方法比较合适。

【实验材料】

任何植物鲜样或干样。

【药品试剂】

1.80%乙醇。

2.葡萄糖标准溶液(100 μg/ml):准确称取100 mg 分析纯无水葡萄糖,溶于蒸馏水并定容至100 ml,使用时再稀释10 倍(100 μg/ml)。

3.蒽酮试剂:称取1 g 蒽酮,溶于80% 浓硫酸(将98% 浓硫酸稀释,把浓硫酸缓缓加入到蒸馏水中)1000 ml 中,冷却至室温,储于具塞棕色瓶内,冰箱保存,可使用2~3 周。

【实验器材】

分光光度计、分析天平、离心管、离心机、恒温水浴、试管、三角瓶、移液管(5 ml、1 ml、0.5 ml)、剪刀、瓷盘、玻棒、水浴锅、电炉、漏斗、滤纸。

【实验方法】

1.样品中可溶性糖的提取:称取剪碎混匀的新鲜样品0.5~1 g (或干样粉末5~100 mg),放入大试管中,加入15 ml 蒸馏水,在沸水浴中煮沸20 分钟,取出冷却,过滤入100 ml 容量瓶中,用蒸馏水冲洗残渣数次,定容至刻度。

2. 标准曲线制作:取6支大试管,从0~5分别编号,按表1-3加入各试剂。

表1-3　　　　　蒽酮法测可溶性糖制作标准曲线的试剂量

试　剂	管　号					
	0	1	2	3	4	5
100 μg/mL 葡萄糖(ml)	0	0.2	0.4	0.6	0.8	1.0
蒸馏水(ml)	1.0	0.8	0.6	0.4	0.2	0
蒽酮试剂(ml)	5.0	5.0	5.0	5.0	5.0	5.0
葡萄糖量(μg)	0	20	40	60	80	100

将各管快速摇动混匀后,在沸水浴中煮10分钟,取出冷却,在620 nm 波长下,用空白调零测定光密度,以光密度为纵坐标,葡萄糖含量(μg)为横坐标绘制标准曲线。

3. 样品测定:取待测样品提取液1 ml,加蒽酮试剂5 ml,同以上操作显色测定光密度。重复3次。

4. 结果计算

$$可溶性糖含量(\%) = \frac{C \times V_T}{W \times V_1 \times 10^6} \times 100\%$$

式中:

C——从标准曲线查得葡萄糖量(μg)。

V_T——样品提取液总体积(ml)。

V_1——显色时取样品液量(ml)。

W——样品重(g)。

【注意事项】

1. 蒽酮试剂含有浓硫酸,使用时应小心。

2. 蒽酮要全部取自同一瓶,以保证条件一致性。

3. 该法的特点是几乎可以测定所有的碳水化合物,不但可以测定戊糖与己糖含量,而且可以测所有寡糖类和多糖类,其中包括淀粉、纤维素等(因为反应液中的浓硫酸可以把多糖水解成单糖而发生反应),所以用蒽酮法测出的碳水化合物含量,实际上是溶液中全部可溶性碳水化合物总量。在没有必要细致划分各种碳水化合物的情况下,用蒽酮法可以一次测出总量,省去许多麻烦,因此,有特殊的应用价值。但在测定水溶性碳水化合物时,应注意切勿将样品的未溶解残渣加入反应液中,不然会因为细胞壁中的纤维素、半纤维素等与蒽酮试剂发生反应而增加了测定误差。

4. 不同的糖类与蒽酮试剂的显色深度不同,果糖显色最深,葡萄糖次之,半乳糖、甘露糖较浅,五碳糖显色更浅,故测定糖的混合物时,常因不同糖类的比例不同造成误差,但测定单一糖类时,则可避免此种误差。

【思考题】

1. 运用蒽酮法测得的糖包括哪几类?

2. 制作标准曲线时应注意哪些问题?

实验十 邻甲苯胺法测定血糖的含量

【实验目的】

学习和掌握利用邻甲苯胺法测定血液中葡萄糖含量的方法和原理。

【实验原理】

血液中所含的葡萄糖称为血糖。血糖是糖在体内的运输形式。目前国内医院多采用葡萄糖氧化酶法和邻甲苯胺法测定血糖。前者特异性强、价廉、方法简单,其正常值:空腹全血为 3.6 ~ 5.3 mmol/L,血浆为 3.9 ~ 6.1 mmol/L。后者由于血中绝大部分非糖物质及抗凝剂中的氧化物同时被沉淀下来,因而不易出现假性过高或过低,结果较可靠,其正常值:空腹全血为 3.3～5.6 mmol/L,血浆为 3.9～6.4 mmol/L。本实验采用邻甲苯胺法测定血糖。其原理是葡萄糖在酸性介质中加热脱水反应生成 5-羟甲基-2-呋喃甲醛,分子中的醛基与邻甲苯胺缩合成青色的薛夫氏碱,通过比色可以定量测定。

【实验材料】

人血清。

【实验器材】

具塞试管 1.5×15cm(×8)、分光光度计。

【药品试剂】

1. 邻甲苯胺试剂:称取硫脲 1.5 g 溶于 750 ml 冰醋酸中,加邻甲苯胺 150 ml 及饱和硼酸 40 ml,混匀后加冰醋酸至 1000 ml,置棕色瓶中,冰箱保存。

2. 葡萄糖标准溶液:5 mg/ml,临用时稀释成 1 mg/ml。

【实验方法】

1. 制作标准曲线:取 6 支试管编号后,按表 1-4 顺序加入试剂。加毕,温和混匀,于沸水浴中煮沸 4 分钟取下,冷却,放置 30 分钟,用 1cm 比色杯,试剂空白为参比,测定 630 nm 处吸光值,绘制标准曲线。

表 1-4　　　　　　　　　　　**葡萄糖标准曲线的制备**

管号	0	1	2	3	4	5
标准葡萄糖液(ml)	0	0.02	0.04	0.06	0.08	0.1
蒸馏水(ml)	0.1	0.08	0.06	0.04	0.02	0
邻甲苯胺试剂(ml)	5	5	5	5	5	5
A_{630}						

2.样品测定:取 3 支试管编号后,按照表 1-5 所示分别加入试剂,与标准曲线同时作比色测定。加毕,温和混匀,于沸水浴中煮沸 4 分钟取下,冷却,放置 30 分钟,用 1 cm 比色杯,试剂空白为参比,测定 630 nm 处吸光值,从标准曲线中可查出样品中血糖的含量。

表 1-5 　　　　　　　　　血清中葡萄糖含量的测定

管号	对照	样品①	样品②
稀释的未知血清样品(ml)	0	0.10	0.1
蒸馏水(ml)	0.1	0	0
邻甲苯胺试剂(ml)	5	5	5
A_{630}			

【注意事项】

邻苯甲胺法测定血糖具有操作简单,特异性较高的优点,试剂成本也较低,但该法一般在浓酸高温条件下进行反应,且组成单一试剂的某些有机化合物具有一定毒性,对健康不利,又易损仪器,这是该法的缺点,因此在用该法做血糖测定时须注意安全。

【思考题】

1. 制备样品时应注意什么?
2. 血糖的检测为什么要空腹采血?

实验十一　　糖原的测定

【实验目的】

掌握糖原的测定原理及方法。

【实验原理】

正常肝糖原的含量约占肝重的 5%。许多因素可影响肝糖原的含量,如饱食、饥饿、糖皮质激素及肾上腺素等。

糖原在浓酸中可水解为葡萄糖,浓硫酸能使后者进一步脱水生成糖醛衍生物——5-羟甲基呋喃甲醛。此化合物再和蒽酮作用生成蓝色化合物,与用同法处理的标准葡萄糖溶液比色,即可推算出糖原含量。糖原在浓碱溶液中非常稳定,故在显色之前肝组织先放在浓碱中加热,破坏其他成分,而保留肝糖原。

【药品试剂】

1. 生理盐水:0.9% NaCl 溶液。

2. 30% KOH。

3. 0.05 mg/ml 葡萄糖标准液。

4. 0.05% 蒽酮试剂:取重结晶蒽酮 0.05 g 及硫脲 1 g,溶于 66% 硫酸 100 ml 中,加热溶解,置棕色瓶中,放冰箱中可保存两周。

5. 蒽酮的重结晶方法:蒽酮 6 g 溶于 300 ml 无水乙醇中,加热至完全溶解,加蒸馏水至不再析出结晶,放入冰箱过夜,抽滤得淡黄色结晶,置棕色瓶内,放入干燥器备用。

【实验器材】

100 ml 容量瓶、721 分光光度计、水浴箱、试管若干。

【实验方法】

1. 肝糖原的提取:取体重在 25 g 以上的健康小白鼠 1 只,断头处死,剖腹取出肝脏,用生理盐水冲洗后,再用滤纸吸干水分,准确称取肝组织 0.5 g,放入盛有 30% KOH 溶液 1.5 ml 的试管中,置沸水浴煮 20 分钟(肝组织必须全部溶解,否则影响比色),取出后冷却,将试管内容物全部移入 100 ml 的容量瓶(用蒸馏水多次洗涤试管,一并收入容量瓶内),加蒸馏水至刻度,仔细混匀。

2. 糖原的测定:取干净试管 3 支,编号后按表 1-6 加样,混匀后,置于沸水浴中 10 分钟,冷却后选用 620 nm 的单色光,用空白管调零,测定 2.3 管的吸光度。

表 1-6　　　　　　　　　　　肝糖原的测定

试管号 试剂（ml）	1 （空白管）	2 （标准管）	3 （测定管）
糖原提取液	0	0	0.5
0.05 mg/ml 葡萄糖标准液	0	2	0
蒸馏水	2	0	1.5
0.05% 蒽酮试剂	4	4	4

3. 计算：

$$肝糖原(g/100g_{肝组织}) = \frac{测定管吸光度}{标准管吸光度} \times 0.1 \times \frac{100}{0.5} \times \frac{100}{0.5} \times \frac{1}{1000} \times 1.11$$

$$= \frac{测定管吸光度}{标准管吸光度} \times 4.44$$

【注意事项】

1. 此法测定值宜在肝糖原含量为 1.5～9% 之间。若肝糖原小于 1% 时，由于蛋白质的干扰测定结果不准确，须改用间接法测定，即在肝组织消化后用 95% 乙醇沉淀肝糖原(1:1.25)，离心分离，用蒸馏水 2 ml 溶解肝糖原，再按表 1-6 操作。

2. 公式中的 1.11 为此法测得葡萄糖含量换算成糖原含量的常数，即 100 μg 葡萄糖用蒽酮试剂显色相当于 111 μg 糖原用蒽酮试剂所显之色。

【思考题】

肝糖原的制备和测定原理是什么？

第二章　脂　类

脂类(lipid)是一类不溶于(或难溶于)水、而易溶于非极性溶剂的生物有机分子。对大多数的脂类物质而言,它们的化学本质是脂肪酸和醇所形成的酯及其衍生物。脂类物质根据存在的状态分为脂和油。其中脂在室温下以固体形式存在,通常称为脂肪、真脂或中性脂;油是指在室温下以液体形式存在的脂类物质,准确地称为脂性油。一般脂中含有较多的饱和脂肪酸,而油含有较多的不饱和脂肪酸和低分子脂肪酸。

脂类广泛存在于动物和植物中。人们食用的动物油脂、植物油以及工业、医药上用的蓖麻油和麻仁油等都属于脂类物质。脂类是生物膜的重要组成部分,也是动物和植物的能量储存物质。在动物的脂肪组织、肝组织和神经组织以及油料作物的种子中,脂类含量非常丰富。已有的研究结果表明,脂类与细胞识别、种属特异性、组织免疫等密切相关,同时具有营养、代谢及调节功能,并且在生物体中具有保护和保温的功能。

本章主要介绍常见脂类的提取和测定方法、油脂化学性质的鉴定以及血清中脂类的测定方法。

第一节　脂肪提取和测定

常用的测定脂类的方法有索氏提取法、酸水解法、罗紫-哥特里法、巴布科克氏法、盖勃氏法和氯仿-甲醇提取法等。鉴于不同样品中脂肪的含量及其存在形式不同,提取和测定其所含脂肪的方法也就不同。索氏提取法是常用的测定多种食品中脂类含量的具有代表性的方法,但对于某些样品测定结果往往偏低。酸水解法可定量测定包括结合态脂类在内的全部脂类。罗紫-哥特里法主要用于乳及乳制品中脂类的测定。

索氏提取法的原理在第一个实验中有所介绍,这里只简单介绍其他几种抽提脂肪方法的原理和基本步骤。

酸水解法抽提脂肪的原理是将试样与盐酸溶液一同加热进行水解,使结合或包藏在组织里的脂肪游离出来,再用乙醚和石油醚提取脂肪,回收溶剂,干燥后称量,提取物的重量即为脂肪含量。这种方法适用于各类食品中脂肪的测定,对固体、半固体、黏稠液体或液体食品,特别是加工后的混合食品,容易吸湿、结块,对于不易烘干的食品不能采用索氏提取法时,用此法效果较好。此法不适于含糖高的食品,因糖类遇强酸易碳化而影响测定结果。酸水解法测定的是食品中的总脂肪,包括游离脂肪和结合脂肪。

罗紫-哥特里法的原理是利用氨-乙醇溶液破坏乳的胶体性状及脂肪球膜,使非脂成分溶解于氨-乙醇溶液中,而脂肪游离出来,再用乙醚-石油醚提取出脂肪,蒸馏去除溶剂后,残留物即为乳脂肪。本法适用于各种液状乳(生乳、加工乳、部分脱脂乳、脱脂乳等),各种炼乳、奶粉、奶油及冰淇淋等能在碱性溶液中溶解的乳制品,也适用于豆乳或加水呈乳状的食品。本法为国际标准化组织(ISO)和联合国粮农组织/世界卫生组织(FAO/WHO)等采用,为乳及乳制品脂类定量的国际标准法。

用溶剂提取样品中的脂类时,要根据样品的种类、性状及所选取的分析方法,在测定之前对样品进行预处理。有时需将样品粉碎、切碎、碾磨等;有时需将样品烘干;有的样品易结块,可加入 4 ~ 6 倍量的海砂;有的样品含水量较高,可加入适量无水硫酸钠,使样品成粒状。以上处理的目的都是为了增加样品的表面积,减少样品含水量,使有机溶剂更有效地提取出脂类。

在含脂肪的食品中,脂肪的含量是食品质量管理中的一项重要指标。测定食品的脂肪含量,可以用来评价食品的品质,衡量食品的营养价值。

实验一 粗脂肪的提取和测定

【实验目的】

学习和掌握索氏提取器提取脂肪的原理和方法。

【实验原理】

索氏提取法的原理是将经前处理的样品用无水乙醚或石油醚回流提取,使样品中的脂肪进入溶剂中,蒸去溶剂后所得到的残留物即为脂肪(或粗脂肪)。由于索氏提取法提取的脂溶性物质为脂肪类物质的混合物,除含有脂肪外还含有磷脂、色素、树脂、固醇和芳香油等醚溶性物质。因此,用索氏提取法测得的脂肪也称为粗脂肪。此法适用于脂类含量较高、结合态的脂类含量较少、能烘干磨细,并且不易吸湿结块的样品中脂肪含量的测定。

食品中的游离脂肪一般都能直接被乙醚、石油醚等有机溶剂抽提,而结合态脂肪不能直接被乙醚、石油醚提取,需在一定条件下进行水解等处理,使之转变为游离脂肪后方能提取,故索氏提取法测得的只是游离态脂肪,而结合态脂肪测不出来。

索氏提取法是抽提脂肪的经典方法,对大多数样品结果比较可靠,但费时间,溶剂使用量大,且需专门的索氏抽提器(图2-1)。

索氏提取器由提取瓶、提取管、冷凝器三部分组成的,提取管两侧分别有虹吸管和连接管。各部分连接处要严密不能漏气。提取时,将待测样品包在脱脂滤纸内,放入提取管内。提取管内加入无水乙醚。加热提取瓶,无水乙醚气化,由连接管上升进入冷凝器,凝成液体滴入提取管内,浸提样品中的脂类物质。待提取管内的无水乙

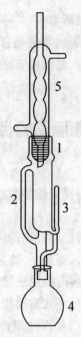

图 2-1 索氏抽提器示意图
1.浸提管 2.通气管 3.虹吸管 4.小烧瓶 5.冷凝管

醚液面达到一定高度,溶有粗脂肪的无水乙醚经虹吸管流入提取瓶。流入提取瓶的无水乙醚继续被加热气化、上升、冷凝,滴入提取管内,如此循环往复,直到抽提完全为止。

【实验材料】

花生仁。

【实验器材】

索氏提取器(50 ml)、分析天平、烘箱、电加热板、脱脂滤纸、脱脂棉、镊子、烧杯等。

【药品试剂】

无水乙醚。

【实验方法】

1. 样品处理:将干净的花生仁放在 80～100℃烘箱中烘 4 小时。待冷却后,称取 2 g,置于研钵中研磨细,将样品及擦净研钵的脱脂棉一并用脱脂滤纸包扎好,勿使样品漏出。

2. 抽提:

(1)将洗净的索氏提取瓶在 105℃烘箱内烘干至恒重,记录重量。

(2)将无水乙醚加到提取瓶内约为瓶容积的 1/2～2/3。将样品包放入提取管内。把提取器各部分连接后,接口处不能漏气。用电热板加热回馏 2～4 小时。控制电热板的温度,每小时回馏 3～5 次为宜。直到用滤纸检验提取管中的乙醚液无油迹为止。

(3)提取完毕,取出滤纸包,再回馏一次,洗涤提取管。当提取管中的无水乙醚液面接近虹吸管口时,倒出无水乙醚。若提取瓶中仍有乙醚,继续蒸馏,直至提取瓶中无水乙醚完全蒸完。

(4)取下提取瓶,用吹风机在通风橱中将剩下的乙醚吹尽,再置入 105℃烘箱中烘干、恒重,记录重量。

3. 计算:按下式计算样品中粗脂肪的百分含量。

$$粗脂肪的含量(\%) = \frac{(W - W_0)}{样品重量} \times 100$$

式中:

W_0——接收瓶重;

W——提取脂肪干燥后接收瓶重。

【注意事项】

1. 乙醚易燃、易爆,应注意规范操作,加热时不能用明火。

2. 待测样品若是液体,应将一定体积的样品滴在脱脂滤纸上,在 60～80℃烘箱中烘干后,放入提取管内。

3. 本法采用沸点低于 60℃的有机溶剂,不能提取出样品中结合状态的脂类,故此法又称为游离脂类定量测定法。

4. 待测样品若是液体,应将一定体积的样品滴在脱脂滤纸上在 60～80℃烘箱中烘干后放入提取管内。

【思考题】

1. 做好本实验应注意哪些事项?

2. 索氏提取法为什么又称游离脂肪酸定量测定法?

【附录】

1. 酸水解法提取粗脂肪:样品经酸水解后用乙醚提取,除去溶剂即得游离及结合脂肪总量。

(1)精密称取 2 g 固体样品,置于 50 ml 大试管内,加 8 ml 水,混匀后再加 10 ml 盐酸(或者称取 10 g 液体样品,置于 50 ml 大试管内,加 10 ml 盐酸)。

(2)将试管放入 70～80℃水浴中,每隔 5～10 分钟用玻璃棒搅拌一次,至样品消化完全为止(40～50 分钟)。

(3)取出试管,加入 10 ml 乙醇,混合。冷却后将混合物移于 100 ml 带盖的量筒中,以 25 ml 乙醚分次洗试管,一并倒入量筒中。待乙醚全部倒入量筒后,加塞振摇 1 分钟,小心开塞,放出气体,再塞好,静置 12 分钟。小心开塞,并用石油醚-乙醚等量混合液冲洗塞及筒口附着的脂肪。

(4)静置 10～20 分钟,待上部液体清晰,吸出上清液于已恒量的锥形瓶内,再加 5 ml 乙醚于带有盖子的量筒内,振摇,静置后,仍将上层乙醚吸出,放入原锥形瓶内。将锥形瓶置水浴上蒸干,置 95～105℃烘箱中干燥 2 小时,取出放干燥器内冷却 0.5 小时后称量。

2. 罗紫-哥特里法:

(1)取一定量样品(牛奶吸取 10 ml;乳粉精密称取 1 g,用 10 ml 60℃水分数次溶解)于抽脂瓶中。

(2)加入 1.25 ml 氨水,充分混匀,置 60℃水浴中加热 5 分钟,再振摇 2 分钟。

（3）加入 10 ml 乙醇,充分摇匀,于冷水中冷却。

（4）加入 25 ml 乙醚,振摇半分钟。

（5）加入 25 ml 石油醚,再振摇 0.5 分钟,静置 30 分钟。

（6）待上层液澄清时,读取醚层体积,放出一定体积醚层于一已恒重的烧瓶中,蒸馏回收乙醚和石油醚,挥干残余醚后,放入 100 ~ 105℃烘箱中干燥 1.5 小时,取出放入干燥器中冷却至室温后称重,重复操作直至恒重。

$$脂肪(\%) = \frac{m_2 - m_1}{m \times V_1 V} \times 100$$

式中:

m_2——烧瓶和脂肪质量(g);

m_1——空烧瓶的质量(g);

m——样品的质量(g 或 ml 数×相对密度);

V——读取醚层总体积(ml);

V_1——放出醚层体积(ml)。

实验二　卵磷脂的提取及鉴定

【实验目的】

1. 加深了解磷脂类物质的结构和性质。

2. 掌握卵磷脂的提取鉴定的原理和方法。

【实验原理】

磷脂是生物体组织细胞的重要成分,主要存在于大豆等植物组织以及动物的肝、脑、脾、心等组织中,尤其在蛋黄中含量较多(10%左右)。卵磷脂和脑磷脂均溶于乙醚而不溶于丙酮,利用此性质可将其与中性脂肪分离开。此外,卵磷脂能溶于乙醇而脑磷脂不溶,利用此性质又可将卵磷脂和脑磷脂分离。

新提取的卵磷脂为白色,当与空气接触后,其所含不饱和脂肪酸会被氧化而使卵磷脂呈黄褐色。卵磷脂被碱水解后可分解为脂肪酸盐、甘油、胆碱和磷酸盐。甘油与硫酸氢钾共热,可生成具有特殊臭味的丙烯醛;磷酸盐在酸性条件下与钼酸铵作用,生成黄色的磷钼酸沉淀;胆碱在碱的进一步作用下生成无色且具有氨和鱼腥气味的三甲胺。这样通过对分解产物的检验可以对卵磷脂进行鉴定。

【实验材料】

鸡蛋黄。

【实验器材】

小烧杯、试管等。

【药品试剂】

1. 红色石蕊试纸。

2. 95% 乙醇。

3. 10% 氢氧化钠溶液。

4. 钼酸铵试剂:将 6 g 钼酸铵溶于 15 ml 蒸馏水中,加入 5 ml 浓氨水,另外将 24 ml 浓硝酸溶于 46 ml 的蒸馏水中,两者混合静置一天后再用。

5. 丙酮。

6. 乙醚。

7. 3% 溴的四氯化碳溶液。

8. 硫酸氢钾。

【实验方法】

1. 卵磷脂的提取:称取约 10 g 蛋黄于小烧杯中,加入温热的 95% 乙醇 30 ml,边加边搅拌均匀,冷却后过滤。如滤液仍然混浊,可重新过滤直至完全透明。将滤液置于蒸发皿内,水浴锅中蒸干,所得干燥后的物质即为卵磷脂粗提取物。

2. 卵磷脂的溶解性:取干燥试管,加入少许卵磷脂,再加入 5 ml 乙醚,用玻棒搅动使卵磷脂溶解,逐滴加入丙酮 3 ~ 5 ml,观察实验现象。

3. 卵磷脂的鉴定：

(1)三甲胺的检验:取干燥试管一支,加入少量提取的卵磷脂以及 2~5 ml 氢氧化钠溶液,放入水浴中加热 15 分钟,在管口放一片红色石蕊试纸,观察颜色有无变化,并嗅其气味。将加热过的溶液过滤,滤液供下面检验。

(2)不饱和性检验:取干净试管一支,加入 10 滴上述滤液,再加入 1~2 滴 3% 溴的四氯化碳溶液,振摇试管,观察有何现象产生。

(3)磷酸的检验:取干净试管一支,加入 10 滴上述滤液和 5~10 滴 95% 乙醇溶液,然后再加入 5~10 滴钼酸铵试剂,观察现象,最后将试管放入热水浴中加热 5~10 分钟,观察有何变化。

(4)甘油的检验:取干净试管一支,加入少许卵磷脂和 0.2 g 硫酸氢钾,用试管夹夹住并先在小火上略微加热,使卵磷脂和硫酸氢钾混熔,然后再集中加热,待有水蒸气放出时,嗅有何气味产生。

【思考题】

1. 写出卵磷脂的化学结构,为什么卵磷脂是一种良好的乳化剂?

2. 怎样分离卵磷脂和中性脂肪? 怎样分离卵磷脂和脑磷脂?

第二节　脂类的鉴定方法

实验三　薄层层析法分析膜磷脂

【实验目的】

1. 掌握薄层层析法的原理和操作步骤。

2. 掌握膜磷脂的分析方法。

【实验原理】

膜中脂类的主要组分是磷脂和胆固醇。本实验用甲醇-氯仿可将膜中的脂类组分提取出来,同时破坏疏水作用,使膜蛋白变性,再采用薄层层析法进行磷脂的定性分析及定量测定。

　　薄层层析是将吸附剂或者支持剂(有时加入固化剂)均匀地铺在一块玻璃上,形成薄层。把欲分离的样品点在薄层上,然后用适宜的溶剂展开,使混合物得以分离的方法。由于层析在薄层上进行故而得名。薄层层析是快速分离和定性分析少量物质的一种很重要的实验技术,属于固-液吸附色谱,它兼备了柱色谱和纸色谱的优点,它不仅可以用于纯物质的鉴定,也可用于混合物的分离、提纯及含量的测定。还可以通过薄层层析来摸索和确定柱层析时的洗脱条件。

　　根据分离的原理不同,薄层层析可以分为用吸附剂铺成的吸附薄层层析和用纤维素粉、硅胶、硅藻土为支持剂铺成的分配薄层层析。薄层层析中以吸附薄层为多用,吸附薄层中常用的吸附剂为氧化铝和硅胶。吸附薄层主要是利用吸附剂对样品中各成分吸附能力不同以及展开剂对它们的解吸附能力的不同,使各成分达到分离。吸附作用主要由于物体表面作用力、氢键、络合、静电引力、范德华力等产生。吸附强度决定于吸附剂的吸附能力,还受被吸附成分的性质影响,更与展开剂的性质有关。分配薄层层析是用极性溶剂吸附在固体支持剂上所形成的混合物,铺成薄层(或装柱),然后活化、点样(或上样),再用极性较弱的展开剂(或洗脱剂)进行展开。在展开过程中,各成分在固定相和流动相之间作连续不断的分配。由于各成分在两相间的分配系数不同,因而可以达到相互分离的目的。

【实验器材】

　　具塞试管、普通离心机、15 cm × 15 cm 玻璃板、薄层层析展层缸、定磷用的全套器材。

【药品试剂】

　　1. 硅胶 H-碱性碳酸镁混合物:称取 97 g 硅胶 H,3 g 碱性碳酸镁,置研钵中研磨,并混合均匀。

　　2. 硅胶 H-碱性硅酸镁混合物:称取 98 g 硅胶 H,2 g 碱性硅酸镁,置研钵中研磨,并混合均匀。

　　3. 磷脂标准样品混合液:称取磷脂酰乙醇胺、磷脂酰丝氨酸、神经鞘磷脂和卵磷脂等各 5 mg,溶于 10 ml 氯仿:甲醇(1:1,*V/V*)中。

4. 氯仿、甲醇、乙酸、氨水、碘和高氯酸。

5. 定磷试剂:临用时将下述三溶液与水按如下比例混合,17% 硫酸:2.5% 钼酸铵溶液:10% 抗坏血酸溶液:水 = 1:1:1:2。

A. 17% 硫酸:17 ml 浓硫酸(比重 1.84)缓缓加入 83 ml 水中。

B. 2.5% 钼酸铵溶液:2.5 g 钼酸铵溶于 100 ml 水。

C. 10% 抗坏血酸溶液:10 g 抗坏血酸溶于 100 ml 水。储棕色瓶中。溶液呈淡黄色尚可用,呈深黄甚至棕色即失效。

【实验方法】

1. 膜脂的提取:

(1)将冰凉干燥的膜制品总重量的一半悬浮于 0.8 ml 等渗的磷酸盐缓冲液中,加 3 ml 氯仿:甲醇(1:2,*V/V*),盖上试管塞,剧烈振荡至少 1 分钟,另外再加 1 ml 氯仿振荡 1 分钟,最后加 1 ml 水振荡 1 分钟。

(2)用台式离心机低速离心 5 分钟,使样品在离心管里分相,缓缓地吸去上相,用细滴管穿过两相界面处变性蛋白的薄层,吸出下相液(膜脂类),转移到一个小烧杯内,置真空干燥器内蒸发至干。

2. 磷脂的分析:

(1)硅胶板的规格及制作方法:准备几块 15 cm × 15 cm 的玻璃板,洗净,烘干或滴上几滴乙醇,用清洁的纱布擦干。取 3 g 硅胶 H-碱性碳酸镁混合物或硅胶 H-碱性硅酸镁混合物,置小研钵。加 14 ml 0.5% pH 7 羧甲基纤维素溶液,研磨数分钟,将研磨好的浆液倒在一块备好的玻璃板上。用玻棒将其铺开,然后轻轻颠动玻璃板,使浆液均匀分布。置于水平台面上,使其自然干燥,然后放在 110℃ 烘箱内活化 30 分钟,储于真空干燥器内备用。

(2)点样:用 200 ml 氯仿-甲醇(1:1,*V/V*)溶解 2 mg 干燥的脂类。取 100 μl 溶解的样品溶液,点在薄层板的一个角上距板的边缘约 2 mm 处,点样的面积直径不超过 5 mm,点样一次待样品干燥后再点,重复数次。另取一块薄层板,在同样位置点上磷脂的标准样品混合液(内含每种标准磷脂各 20 ~ 50 μg)。

(3)展层:采用倾斜上行法展层。展层缸内用新配制的溶剂系统平衡,进行双相层析,即在第一相展层后,将薄层板取出,调转 90 度,再进第二相展层。

第一相溶剂系统:氯仿:甲醇:氨水(25%):水 = 90:54:5.5:5.5(体积比);

第二相溶剂系统:氯仿:甲醇:乙酸:水 = 9:40:12:2(体积比);

每相层析约需 2 小时,当溶剂前沿距板的顶端 2 ~ 3 cm 时,取出薄层板,用铅笔画出溶剂的前沿位置。第一相展层后,取出,在空气中干燥约 15 分钟,若空气湿度太大时,则需在放有浓硫酸的干燥器内干燥半小时。玻璃板(20 cm × 20 cm)涂上含有硫酸镁的硅胶。脂类的混合物点在右底角(距边缘 3 cm 处)。展层,第一相溶剂系统氯仿:甲醇:氨水(25%):水(90:54:5.5:5.5,体积比),第二相溶剂系统氯仿:甲醇:乙酸:水(90:40:12:2,体积比)。

(4)显色及定位:将干燥后的薄层板放入碘缸内,盖好。升华的碘遇磷脂后,发生加成反应,而使磷脂的斑点呈现黄色或棕黄色。斑点显现后,参考磷脂标准样品的相对位置及 Rf 值,鉴别红细胞膜中含有的磷脂种类。将磷脂的斑点分别从薄层板上刮下来,并转移到试管中,每个样品加 1 ml 70% 高氯酸,在 190℃ 消化,然后测定磷含量(定磷方法)。在测光吸收之前,应离心除去硅胶。经测定后,从定磷的标准曲线计算出每个磷脂斑点中磷的含量,可推算出每种磷脂在膜中的含量。

【注意事项】

各种脂类的缩写:CHOL = 胆固醇,FFA = 游离脂肪酸,CL = 心磷脂,PA = 磷脂酸,PE = 磷脂酰乙醇胺,PI = 磷脂酰肌醇,PS = 磷脂酰丝氨酸,PC = 卵磷脂,SPH = 鞘磷脂,LPE = 溶血磷脂酰乙醇胺,LPC = 溶血卵磷脂,LPS = 谱溶血磷脂酰丝氨酸,DPI = 磷脂酰二磷酸

肌醇

【附录】红细胞膜的制备。

【实验材料】

哺乳动物的血液。

【实验器材】

冷冻离心机、冰箱、自动移液管、相差显微镜、冷冻干燥机等。

【药品试剂】

1. 含 0.15 mol/L 氯化钠的磷酸盐缓冲液（pH7.4）。

储液 A：称取 0.78 g 磷酸二氢钠溶于水，定容至 1000 ml。

储液 B：称取 3.58 g 磷酸氢二钠溶于水，定容至 2000 ml。

取 380 ml 储液 A 和 1620 ml 储液 B 混合，用少量浓盐酸调 pH 值至 7.4，再加入 17.5 g 氯化钠。

2. 10 mmol/L pH 7.4 Tris-盐酸缓冲液。

3. 肝素-磷酸盐缓冲液-pH 7.4：肝素溶于 10 mmol/L pH 7.4 Tris 缓冲液，使肝素浓度为 500 单位/毫升。

【实验方法】

1. 血液的收集及洗涤：将血液收集在含有抗凝剂的容器中，每 30 ml 血液加约 5 ml 肝素-磷酸盐缓冲液。以下操作均在 4℃进行。取 30 ml 血液，在 4℃条件下，3000 r/min 离心 20 分钟，使红细胞沉淀，用吸管吸尽血浆及沉淀的红细胞表层绒毛状沉淀层，以避免其他类型细胞的混入。红细胞置于 3 倍量预冷的磷酸盐缓冲液中，用玻璃棒缓慢地搅拌悬浮，在 4℃条件下，5000 r/min 离心 15 分钟，除去上清液及沉淀表层，重复洗涤 3 次。

2. 溶血和红细胞膜的洗涤：在洗净的红细胞中，按照 1：40 的比例加入预冷的 10 mmol/L Tris-HCl 缓冲液，边加边缓慢搅拌，置于 4℃冰箱中 1～2 小时，使之完成溶血。4℃，9000 r/min 离心 15 分钟，使红细胞膜沉淀。重复洗涤、离心 3～5 次，最后获得白色的红细胞膜样品。

3. 细胞膜的镜检:取少量膜样品悬液,在相差显微镜下观察,确定膜制品是否纯净。视野中纯净的膜为扁圆形、白色、膜表面略有皱纹。视野中应无完整的红细胞或污染的细菌。

4. 膜的冷冻干燥:样品放在一个称好重量的小称量瓶中,冷冻干燥至样品全干,称量带有冷冻干燥制品的小称量瓶,记录膜的产量。将冷冻干燥的膜制品,置于干燥器中保存,以备膜结构成分的分析。

实验四 脂类染色法

【实验目的】

了解和掌握脂类染色的原理和操作方法。

【实验原理】

脂肪主要存积于脂肪组织中,并以油滴状的微粒存在于脂肪细胞浆内。

在病理检验中,脂类染色法最常用于证明脂肪变性、脂肪栓子以及肿瘤的鉴别。脂类染色使用最广泛的染料是苏丹染料,最常用的有苏丹Ⅲ、苏丹Ⅳ、苏丹黑及油红 O 等。脂肪被染色,实际上是苏丹染料被脂肪溶解吸附而呈现染料的颜色。经研究认为组织中脂质在液态或半液态时,对苏丹染料着色效果最好。根据这一原理,适当提高温度(37 ~ 60℃)对组织切片染色效果是有好处的。

脂类染色实验中一般用冰冻或石蜡切片,以水溶性封固剂封固,如甘油明胶和阿拉伯糖胶等。

脂类染色法在临床上主要用于鉴别脂滴和糖元;观察肝细胞、心、肾、骨骼肌细胞糖元的分布;鉴别横纹肌瘤和颗粒细胞母细胞瘤,前者阳性,后者阴性;鉴别泡沫细胞瘤和卵巢纤维瘤,前者为阳性,后者为阴性;Fabry 病(或称安德森-法布里病)的诊断(Fabry 病是一种 α-连锁先天性糖鞘脂代谢障碍,细胞浆物质 PAS 和苏丹黑染色呈强阳性反应)等。

【实验器材】

冰冻切片机、载玻片、盖玻片、染色缸等。

【药品试剂】

1. 10%甲醛、酒精、60%异丙醇。

2. 苏丹Ⅲ、苏丹Ⅳ混合液:苏丹Ⅲ 0.2 g,70%酒精 50 ml;苏丹Ⅳ 0.5 g,丙酮 50 ml。

3. 苏木素。

4. 甘油明胶:甘油 50 ml、蒸馏水 50 ml、明胶 10 g、酚 0.5 ml。把明胶溶于蒸馏水,搅拌片刻,放入 37℃ 的温箱中过夜。第二天再加入甘油,加入酚防腐,然后存放于 4℃ 冰箱中,用时取出,用热水促其溶解即可使用。

5. 油红 O 染液:油红 O(oil red o)0.5 g,异丙醇 100 ml。将异丙醇放入三角烧瓶,再加入油红 O,于水浴中慢慢加热使之溶解,待完全溶解后取出,冷却至室温后,过滤,装于棕色小磨砂口瓶保存,临用前取 6 ml 加蒸馏水 4 ml,混合后静置 10 分钟后过滤,染色时间 5 ~ 15 分钟。

6. 苏丹黑 B 染液:苏丹黑 B(sudan blank B)0.5 g,70%酒精 100 ml。取三角烧杯,装入酒精,再加入苏丹黑,在水浴中边加热边搅拌,直至沸腾达 2 ~ 3 分钟,取出待冷却后过滤,溶液保存于小磨砂瓶中。

7. 0.1%核固红染料。

8. 2.5%铁明矾水溶液。

9. 醋酸-硫酸混合液:取一容器,盛入冰块或冰水,将 10 ml 冰醋酸装于小瓶后置入冰块中,再加入 10 ml 硫酸,混合后静置数分钟取出即可。

【实验方法】

1. 脂类组织的固定及固定液的选择:脂类组织的固定特别要注

意的问题,就是不要选择含酒精的固定液,因为酒精可把脂类物质溶解,因此,用于脂类物质的首选固定液是甲醛,它可较好地保存脂类物质。

2. 苏丹 III 苏丹 IV 联合法(combined SudanⅢ IV method for lipids):

(1)用经过甲醛固定过的组织作冰冻切片,厚 10~15 μm,切完后放入蒸馏水中,染色前放入 50%~70% 酒精洗。

(2)放入苏丹 III 苏丹 IV 染液染 5 分钟。

(3)70% 酒精分化,水洗。

(4)苏木素浅染细胞核。

(5)水洗。

(6)蓝化,如为漂浮染色,此时应将切片附贴于载片。

(7)甘油明胶封固。

结果:脂类物质呈现橘红色或鲜红色,核蓝色。苏丹 III 染脂肪小颗粒时呈橘黄色,而苏丹 IV 染脂肪小颗粒时呈红色。

3. 油红法:

(1)福尔马林固定后的恒冷箱切片附贴于载片上或游离切片,厚 5~10 μm。

(2)60% 异丙醇稍洗切片。

(3)油红 O 液染 5~15 分钟。

(4)60% 异丙醇洗去多余染液。

(5)自来水洗。

(6)苏木素染细胞核 2 分钟。

(7)自来水洗。

(8)水洗至细胞核蓝化 5~10 分钟。

(9)擦去多余水分,甘油明胶封固。

结果:脂类物质显示红色,细胞核显示蓝色

4. 苏丹黑 B 法：

（1）福尔马林固定的组织恒冷箱冰冻切片,附贴于载片上或收集于装有蒸馏水的小烧杯中,厚 5～10 μm。

（2）50%～70%酒精稍洗切片。

（3）苏丹黑 B 染液中染色 5～15 分钟。

（4）50%～70%酒精洗去多余染液。

（5）蒸馏水洗。

（6）0.1% 核固红染细胞核 10 分钟。

（7）自来水洗 10 分钟。

（8）擦去切片上多余的水分。

（9）甘油明胶或水性封片剂封固。

结果:脂类物质:黑色,细胞核:红色。

5. 漂浮染色法：

（1）选用固定好的组织,用恒冷切片或二氧化碳等冰冻切片均可,切片厚度为 5～10 μm,收集于小烧杯中,内装有蒸馏水。

（2）用玻璃弯钩将切片钩出,于 50%～70% 的酒精中稍洗。

（3）将切片钩入染液(上述三种方法中的任一种染液中)浸染 5～10分钟。

（4）于 50%～70%酒精中洗去多余的染液。

（5）于苏木素染液中染 2 分钟。

（6）水洗 5～10 分钟。

（7）挑选完整的切片,浸入 50%～70% 酒精中,然后放入水中,此时切片由于酒精中的张力,能将切片平整地裱于水的表面,取出载玻片,将切片捞于载玻片上,擦干周边的水分,用甘油明胶或水性封固剂封固切片。

结果:依据选用的染色方法显示出各自的结果。

6. Schultz 法显示胆固醇与胆固醇酯：

（1）组织固定于 10% 福尔马林 2 天。

(2)冲洗组织,冰冻切片 10~20 μm。

(3)切片用蒸馏水稍洗。

(4)2.5%铁明矾水溶液氧化切片 2 天或更长。

(5)蒸馏水洗。

(6)将切片捞于载玻片上,擦干四周水分,但勿令切片干燥。

(7)滴入反应液于切片上并随之盖上盖玻片。

结果:胆固醇和胆固醇酯呈绿色反应,当反应时间延长至 30 分钟时,反应物转变为棕褐色。

【注意事项】

1.凡用做脂类染色的组织不管是什么组织,都不能用含有酒精的固定液做固定,必须用福尔马林或福尔马林钙等固定。

2.用做脂类染色的切片不能用石蜡切片,只能用各种冰冻切片。

3.做脂类染色时,最好是用漂浮染色技术,因该技术能使切片更加充分地染色,漂浮的切片对于脂类的保存更好。

4.在漂浮染色时,当切片从 70%酒精移入水时由于酒精的关系导致切片表面张力而浮于水面,并发生打转,如此切片发生碰撞而出现破裂的现象,影响切片的完整性。可以用玻璃钩钩住切片,小心慢慢地放入水中,不使其浮出水面,当切片上含有的酒精离去后,切片会沉入水中或沉入染液中。

5.切片封固时,不能烤干或令其自然干,应在湿片的情况下封片。

6.如果切片出现过多的气泡,不能强行将其压出,应将切片放入水中,退去盖片,再行封片,如果将气泡强行压出,将有可能导致脂滴移位的危险。

7.染色时间,不应千篇一律,应视各种组织含有的脂类物质而确定染色时间,

8.染液遇水易发生沉淀,染色时应该尽量减少切片水分的含量,进入染液时切片应尽量擦干水分。

9.配好的染液应密封保存,减少与空气的接触,防止发生氧化或挥发而发生沉淀。

10.胆固醇和胆固醇酯显示好坏,取决于切片氧化的程度,本法用2.5%的铁明矾氧化2天或更长,如果在2天里的氧化效果不好,则可再延长氧化时间。

11.皮尔斯主张2.5%的铁明矾用0.2 mol/L醋酸盐缓冲液来配制,且于37℃处理7天。

12.配制醋酸和硫酸混合液,纯度要求较高,应用分析纯以上,如纯度较低,杂质含量较高,混合时可产生大量的气泡,影响观察。

第三节 油脂的化学性质

油和脂肪统称为油脂,是油料在成熟过程中由糖转化而形成的一种复杂的混合物,是油菜籽中主要的化学成分。油脂的主要成分是各种高级脂肪酸的甘油酯。

油脂分布十分广泛,各种植物的种子、动物的组织和器官中都存在一定数量的油脂,特别是油料作物的种子和动物皮下的脂肪组织,油脂含量丰富。人体中的脂肪约占体重的10%~20%。

各种油脂都是多种高级脂肪酸甘油酯的混合物。一种油脂的平均分子量可通过它的皂化值(1 g油脂皂化时所需KOH的毫克数)反映。皂化值越小,油脂的平均分子量越大。油脂的不饱和程度常用碘值(100 g油脂跟碘发生加成反应时所需I_2的克数)来表示。碘值越大,油脂的不饱和程度越大。油脂中游离脂肪酸的含量常用酸值(中和1 g油脂所需KOH的毫克数)表示。新鲜油脂的酸值极低,保存不当的油脂因氧化等原因会使酸值增大。

本节中将简单介绍油脂酸价、碘值、皂化值、羟值、过氧化值和总羰基价的测定方法。

实验五　油脂酸价的测定

【实验目的】

了解和掌握油脂酸价的测定方法。

【实验原理】

酸价也称为酸值。中和 1 g 脂肪酸所需要的氢氧化钾的 mg 数叫做(脂肪酸的)酸值。油脂的酸值是指中和 1 g 油脂中的游离脂肪酸所需要的氢氧化钾 mg 数。

油脂的酸价代表了油脂中游离脂肪酸的含量。它既是油脂的一项质量指标,也是食用油脂的一项食品卫生指标。新鲜的或精制油脂的酸价都较低,因储存或加工不当,就会水解产生部分游离脂肪酸,故可用酸值来标志油脂的新鲜程度,酸值越高,即游离脂肪酸多,表示油脂腐败越厉害,越不新鲜,质量越差。一般新鲜的油脂其酸值应在 1 mg 以下。中国《食用植物油卫生标准》规定:花生油、菜籽油和大豆油酸价≤4,棉籽油酸价≤1。

酸价的测定是根据酸碱中和的原理进行的,即以酚酞作指示剂,用氢氧化钾标准溶液进行滴定中和油脂中的游离脂肪酸。化学反应式为:$RCOOH + KOH \rightarrow RCOOK + H_2O$

【实验材料】

市售各种植物油和动物油脂。

【实验器材】

碱式滴定管、250 ml 锥形瓶、容量瓶、移液管、称量瓶、天平(0.001 g)、100 ml 量筒。

【药品试剂】

1.0.1 mol/L 氢氧化钾标准溶液(或者氢氧化钠)。

2.中性乙醚-乙醇(2:1)混合溶剂。

3.1% 酚酞乙醇指示剂:称取酚酞 1 g,溶于 100 ml 95% 乙醇。

【实验方法】

1. 按照表2-1 称取均匀的油样品注入锥形瓶中。

表2-1　　　　　　　测定酸价时所需油样量体积

估计酸价	油样量(g)	准确度
<1	20	0.05
1~4	10	0.02
4~5	2.5	0.01
15~75	0.5	0.001
>75	0.1	0.0002

2. 加入中性乙醚-乙醇溶液 50 ml,摇匀使得油样完全溶解。另配制一个空白试液,不加入试样,只有中性乙醚-乙醇溶液 50 ml。

3. 加入 2~3 滴酚酞指示剂,然后用 0.1 mol/L 的氢氧化钾标准溶液滴定至出现微红色并且在 30 秒内颜色不消失,记录消耗的氢氧化钾溶液的毫升数。

4. 结果计算:

油脂的酸价(AV)按照下列公式进行计算:

$$酸价(mg\ KOH/g\ 油) = (V_1 - V_2) \times C \times 56.1/W$$

式中:

V_1——滴定样品油时消耗的氢氧化钾标准溶液的体积(ml)。

V_2——滴定空白对照时消耗的氢氧化钾标准溶液的体积(ml)。

C——氢氧化钾标准溶液的浓度(mol/L)。

56.1——氢氧化钾的摩尔质量。

W——油样品的质量。

【注意事项】

1. 油脂中游离脂肪酸(FFA)的含量除了使用酸价来表示外,常常还可以用游离脂肪酸的百分含量表示,即:FFA% = AV × 脂肪酸分子量/56.108×1/10。

由于某一种脂肪酸的分子量是常数,所以:f=脂肪酸分子量/56.108×1/10,对于不同的脂肪酸f值是不同的。由上面的可以推导出:FFA% =f×AV

用酸价换成 FFA 的百分含量的公式如下:

油酸% =0.503×AV

月桂酸% =0.356×AV

软脂酸% =0.456×AV

蓖麻酸% =0.530×AV

芥酸% =0.602×AV

亚油酸% =0.499×AV

2.测定深色油脂的酸价时可适当减少样品的用量,或者适当增加混合溶剂的用量,并用百里酚酞或者麝香草酚酞代替普通的酚酞指示剂,使得测定终点的变色更加明显。

3.测定蓖麻油使用中性乙醇而不用混合溶剂。

4.滴定过程中出现浑浊或者分层的现象,表明由碱液带入的水过多,乙醇量不足以使乙醚与碱溶液互溶。出现此现象时,可以通过补加95%乙醇,促使均一相体系的形成。

实验六　脂肪碘值的测定

【实验目的】

1.学习脂肪碘值测定的原理和方法。

2.了解测定脂肪碘值的意义。

【实验原理】

含有不饱和脂肪酸的三酰甘油与卤素中的溴或碘发生加成反应而成饱和的卤化脂,该过程称为卤化作用(halogenation)。卤化反应中吸收卤素的量反映了三酰甘油中不饱和键的多少。通常用碘值

（碘价）（iodine value）来表示三酰甘油的不饱和程度。碘值是指
100 g三酰甘油卤化时所吸收碘的克数。如葵花籽油中含有较高量
的不饱和脂肪酸，碘值为 94～103，而不饱和脂肪酸含量较低的猪油
和牛油的碘值分别为 46～68 和 32～50。碘值越高，表明不饱和脂
肪酸的含量越高，它是鉴定和鉴别油脂的一个重要常数。

　　油脂工业中生产的油酸是橡胶合成工业的原料，亚油酸是医药
上治疗高血压药物的重要原材料，它们都是不饱和脂肪酸；而另一类
产品如硬脂酸是饱和脂肪酸。如果产品中掺有一些其他脂肪酸杂
质，其碘值会发生改变，因此碘值可被用来表示产品的纯度，同时推
算出油、脂的定量组成。在生产中常需测定碘值，如判断产品去杂
（指不饱和脂肪酸杂质）的程度等。

　　本实验使用溴化碘（IBr）进行碘值测定。IBr 的一部分与不饱和
脂肪酸起加成作用，剩余部分与碘化钾作用放出碘，放出的碘用硫代
硫酸钠滴定。具体反应过程如下：

　　加成反应：$—CH = CH— + IBr \longrightarrow C_2H_2IBr$

　　释放碘：$IBr + KI \longrightarrow KBr + I_2$

　　滴定：$I2 + 2Na_2S_2O_3 \longrightarrow 2NaI + Na_2S_4O_6$

　　需要注意的是，不同的油脂碘值不同，在测定不同油脂的碘值
时，为了较为精确地测定碘值，对于低碘值的油脂需要的样品量要多
些，可参考表 2-2 来确定样品量。

表2-2　　　　　　　　　测定碘值时油脂的取样量

碘值测定值	取样量 g
0～30	0.8 + 0.01
30～50	0.5 + 0.01
50～100	0.25 + 0.01
100～150	0.16 + 0.01

【实验材料】

市售各种植物油和动物油脂。

【实验器材】

碘瓶(或带玻璃塞的锥形瓶)、棕色及无色滴定管各 1 支、吸量管、量筒、天平。

【药品试剂】

1. Hanus 溴化碘溶液:取 12.2 g 碘,放入 1500 ml 锥形瓶内,缓慢加入 1000 ml 冰乙酸(99.5%),边加边摇,同时在水浴中加热使碘溶解。冷却后,加溴约 3 ml。储于棕色瓶中。

2. 0.1 mol/L 标准硫代硫酸钠溶液:取结晶硫代硫酸钠 25 g,溶于经煮沸后冷却的蒸馏水(无 CO_2)中。添加 Na_2CO_3 0.2 g(硫代硫酸钠溶液在 pH 9~10 时最稳定)。稀释到 1000 ml 后,用标准 0.1 mol/L 碘酸钾溶液按下法标定:准确量取 0.1 mol/L 碘酸钾溶液 20 ml、10% 碘化钾溶液 10 ml 和 1 mol/L 硫酸 20 ml,混合均匀。以 1% 淀粉溶液作为指示剂,用硫代硫酸钠溶液进行标定,按下面反应式计算硫代硫酸钠溶液的浓度后,用水稀释至0.1 mol/L。

$$KIO_3 + 5KI + 3H_2SO_4 \longrightarrow 3K_2SO_4 + 3I_2 + 3H_2O$$
$$I_2 + 2Na_2S_2O_3 \longrightarrow 2NaI + Na_2S_4O_6$$

3. 纯四氯化碳。

4. 1% 淀粉溶液(溶于饱和氯化钠溶液中)。

5. 10% 碘化钾溶液。

【实验方法】

1. 准确称取 0.3~0.4 g 花生油 2 份,置于两个干燥的碘瓶内,切勿使油粘在瓶颈或壁上。为防止在称取的时候油有损耗,可以用玻璃小管(约 0.5cm×2.5cm)准确称量 0.3~0.4 g 花生油(或者蓖麻油 0.1 g,猪油 0.5 g)2 份。将样品和小管一起放入两个干燥的碘值测定瓶内。

2. 加入 10 ml 四氯化碳,轻轻摇动,使油全部溶解。

3. 用滴定管仔细地加入 25 ml Hanus 溴化碘溶液,勿使溶液接触瓶颈。盖好瓶塞,在玻璃塞与瓶口之间加数滴 10% 碘化钾溶液封闭缝隙,以免碘的挥发损失。在 20~30℃暗处放置 30 分钟,并不时轻轻摇动。放置 30 分钟后,立刻小心地打开玻璃塞,使塞旁碘化钾溶液流入瓶内,切勿丢失。用新配制的 10% 碘化钾 10 ml 和蒸馏水 50 ml 把玻璃塞和瓶颈上的液体冲洗入瓶内,混匀。

4. 用 0.1 mol/L 硫代硫酸钠溶液迅速滴定至浅黄色。加入 1% 淀粉溶液约 1 ml,继续滴定。将近终点时用力振荡(如果振荡不够,四氯化碳层呈现紫色或红色),使碘从四氯化碳层全部进入水溶液内。再滴定至蓝色消失为止,即达滴定终点。

5. 另做 2 份空白对照,除不加样品外,其余操作同上。滴定后,将废液倒入废液缸内,以便回收四氯化碳。

6. 计算碘值按下式计算碘值:碘值 $= (A - B) \times T \times 100/C$

式中:

A——滴定空白用去的 $Na_2S_2O_3$ 溶液的平均毫升数

B——滴定碘化后样品用去的 $Na_2S_2O_3$ 溶液的平均毫升数

C——样品的重量(g)

T——1 ml 0.1 mol/L 硫代硫酸钠溶液相当的碘的克数

【注意事项】

1. 加入 25 ml Hanus 溴化碘溶液后,如果测定碘值在 110 以下的油脂时放置 30 分钟,碘值高于此值则需放置 1 小时;放置温度应保持 20℃以上,若温度过低,放置时间应增至 2 小时;放置期间应不时摇动。

2. 卤素的加成反应是可逆反应,只有在卤素绝对过量时,该反应才能进行完全。所以油吸收的碘量不应超过 Hanus 溶液所含碘量的一半。若瓶内混合液的颜色很浅,表示油用量过多,应再称取较少量的油，重新操作。如加入碘试剂后，液体变浊，这表明油脂在四氯化碳中溶解不完全，可再加些四氯化碳。

3. 碘瓶必须清洁、干燥。瓶中的油如果含有水分，会引起反应不完全。

4. 淀粉溶液不宜加得过早。否则，滴定值易偏高。

【思考题】

1. 测定碘值有何意义？

2. 液体油和固体脂碘值之间有何区别？

【附录】

1. 样品最适量、碘值和作用时间之间的关系（表2-3）：

表2-3　测定油脂碘值时取样量和作用时间的关系（经验值）

碘值	样品 g	作用时间（小时）	碘值	样品 g	作用时间（小时）
<30	约1g	0.5	100～140	0.2～0.3	1
30～60	0.5～0.6	0.5	140～160	0.15～0.26	1
60～100	0.3～0.4	0.5	160～200	0.13～0.15	1

2. 几种常见油脂的碘值（表2-4）：

表2-4　　　　几种常见油脂的碘值

油脂	碘值	油脂	碘值
亚麻籽油	175～210	鱼肝油	154～170
花生油	85～100	猪油	48～64
棉籽油	104～116	牛油	25～41

实验七 油脂皂化值的测定

【实验目的】

1. 掌握皂化值测定的原理和方法。
2. 加深对油脂性质的了解。

【实验原理】

在酸、碱或脂肪酶(lipase)的作用下,三酰甘油能水解为脂肪酸和甘油。如果油脂在碱性条件下水解,产物之一是脂肪酸的盐类,这种盐俗称皂。因此,该反应称为皂化作用(saponification)。皂化 1 g 油脂所需的 KOH 的 mg 数称为皂化值(或皂价, saponification value)。皂化值的高低表示油脂中脂肪酸碳链长度或者是三酰甘油(TG)平均相对分子质量的量度。皂化值愈高,说明脂肪酸分子量愈小,亲水性较强;皂化值愈低,则脂肪酸分子量愈大或含有较多的不皂化物。

$$TG \text{ 平均相对分子质量} = 3 \times 56 \times 1000 / \text{皂化值}$$

式中 56 是 KOH 的分子质量;中和 1 mole 的 TG 需要 3mole 的 KOH。皂化作用可用下面的反应式表示:

反应后生成的脂肪酸钾盐即为"钾皂"。需要指出的是皂化反应也包括油脂中的游离脂肪酸与碱的反应。因此皂化值实际上是表示 1g 油脂(包括三酰甘油和游离脂肪酸)生成皂(包含皂化酯与中和游离脂肪酸两部分反应生成的皂)所需的氢氧化钾毫克数。酯值是指皂化 1 g 酯(三酰甘油)所需的氢氧化钾的毫克数。那么,结合酸值的定义,皂化值 = 酯值 + 酸值。皂化值是金属加工润滑剂中所添加油性组分含量的标志。

样品中的游离酸类和酯类与氢氧化钾乙醇溶液共热时,发生皂化反应,剩余的碱可用标准滴定酸液进行滴定,从而计算出中和样品所需的氢氧化钾毫克数或含酯量。

$$RCOOR' + KOH \Longrightarrow RCOOK + R'OH$$

$$RCOOH + KOH \Longrightarrow RCOOK + H_2O$$

$$KOH(过剩的) + HCl \Longrightarrow KCl + H_2O$$

式中 R、R′代表脂肪族的,芳香族的或脂环族的基(R 也可能是氢原子)

【实验材料】

市售各种植物油和动物油脂。

【实验器材】

碱式滴定管、250 ml 锥形瓶、容量瓶、移液管、称量瓶、天平(0.001 g)、100 ml 量筒。

【药品试剂】

1. 0.1 mol/L 盐酸标准滴定液:取浓盐酸 8.5 ml,加蒸馏水稀释至 1000 ml。

2. 1%酚酞乙醇指示剂:称取酚酞 1 g,溶于 100 ml 95%乙醇。

3. 中性乙醇:在乙醇中加酚酞指示液数滴,用氢氧化钾溶液(5.6 g／L)中和到微红色。

4. 0.1 mol／L 氢氧化钾-乙醇溶液:称取 5.6 g 氢氧化钠,溶于 30 ml 水中,用无醛乙醇(或分析纯乙醇)稀释至 1000 ml,摇匀,放置 24 小时,取清液使用。

5.70%乙醇:取100%乙醇70 ml,加蒸馏水稀释至100 ml。

6.无醛乙醇:溶1.5 g AgNO₃于3 ml水中,加入1000 ml乙醇,混匀;另溶3 g KOH于15 ml热乙醇中,冷却后倾入上述硝酸银-乙醇溶液中,再混匀,静置,使氧化银沉下,虹吸取出上清液,蒸馏即得。

【实验方法】

1.称取脂肪0.5 g左右,置于250 ml烧瓶中,加入0.1 mol/L氢氧化钾乙醇溶液50 ml。

2.烧瓶上装冷凝管于沸水浴内回流30～60分钟,至烧瓶内的脂肪完全皂化为止,此时瓶内液体澄清。皂化过程中,若乙醇被蒸发,可酌情补充适量的70%乙醇。

3.皂化完毕,冷至室温,加1%酚酞指示剂2滴,用微量滴定管以0.1 mol/L HCl溶液滴定剩余的碱,记录盐酸用量。

4.另做一空白试验,除不加脂肪外,其余操作同上,记录空白试验盐酸的用量。

5.计算

$$皂化价 = \frac{c(V_1 - V_2) \times 56.1}{m}$$

式中:

V_1——空白试验所消耗的0.1mol/LHCl的体积(ml)。

V_2——脂肪试验所消耗的0.1mol/LHCl的体积(ml)。

C——HCl的物质的量浓度,即0.1mol/L。

m——脂肪质量(g)。

56.1——每摩尔KOH的质量(g/moL)。

【注意事项】

1.用KOH乙醇溶液不仅能溶解油脂,而且也能防止生成的肥皂水解。

2.皂化后剩余的碱用盐酸中和,不能用硫酸滴定,因为生成的硫酸钾不溶于酒精,易生成沉淀而影响结果。

3.若油脂颜色较深,可用碱性蓝6B酒精溶液作指示剂,这样容易观察终点。

【思考题】

影响皂化反应速度的因素有哪些?

实验八　油脂羟值的测定

【实验目的】

1.掌握油脂羟值的概念和测定的一般方法。

2.了解油脂羟值测定在实际生活中的应用。

【实验原理】

羟值亦称乙酰化值。三酰甘油的乙酰化程度一般用乙酰值(乙酰化价)(acetylation number)表示。它是指样品被乙酰化的羟基数。乙酰值指的是中和从1 g乙酰化产物中释放的乙酸所需要的KOH的毫克数。常见三酰甘油的乙酰值在2～20之间。蓖麻油由于含有大量的蓖麻油酸(88%～94%),因此它的乙酰值很高,为124～150。

油脂乙酰化的反应式为:

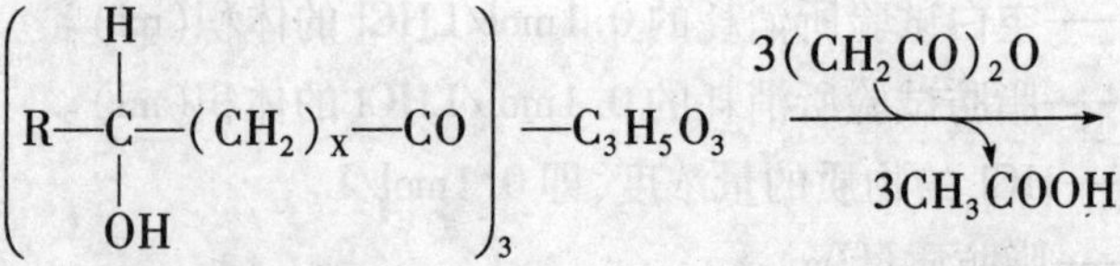

$$\left(\begin{array}{c} H \\ | \\ R-C-(CH_2)_x-CO \\ | \\ OH \end{array}\right)_3 -C_3H_5O_3 \xrightarrow{3(CH_2CO)_2O} 3CH_3COOH$$

羟基化甘油酯

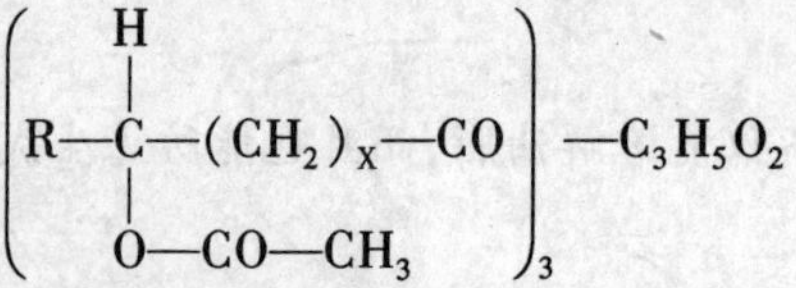

$$\left(\begin{array}{c} H \\ | \\ R-C-(CH_2)_x-CO \\ | \\ O-CO-CH_3 \end{array}\right)_3 -C_3H_5O_2$$

乙酰化甘油酯

70

$$CH_3COOH + KOH \rightarrow CH_3COOK + H_2O$$

本实验中采用的方法是以对甲苯磺酸作催化剂,在乙酸乙酯中利用乙酸酐与羟基乙酰化反应进行的。过量的乙酸酐用吡啶/水混合液水解,生成的乙酸用氢氧化钾-甲醇标准溶液滴定。需要注意的是,在滴定中,存在于油脂中的游离脂肪酸也被碱中和,所以测定羟值时需要同时测定油脂的酸值,最后计算求得羟值。

【实验材料】

市售各种植物油和动物油脂。

【实验器材】

250 ml 碘瓶、50 ml 滴定管、10 ml 移液管、磁力搅拌器、恒温水浴、感量 0.001 g 分析天平。

【药品试剂】

1. 乙酰化溶液:将 1.4 g 纯净、干燥的对甲苯磺酸溶于 111 ml 无水乙酸乙酯中,当完全溶解时,在搅拌下缓慢地加入 12 ml 新蒸馏的乙酸酐,保存在干燥器中。乙酸酐用五氧化二磷干燥处理后,过滤、蒸馏备用。

2. 3:2(V/V)吡啶/水混合液。

3. 混合指示剂:将 3 倍体积 0.1% 百里酚蓝乙醇溶液与 1 倍体积 0.1% 甲酚红乙醇溶液混合。

4. 2:1(V/V)正丁醇/甲苯混合液。

5. 0.1 mol/L 氢氧化钾-甲醇标准溶液:取氢氧化钾 6.8 g,加水 4 ml 使之溶解,加入甲醇稀释成 1000 ml,用橡皮塞密封,静置 24 小时,迅速倾取上清液,置于棕色玻璃瓶中,并用橡皮塞密封。标定的方法同氢氧化钠乙醇滴定液的标定方法一样。

【实验方法】

1. 称取 3~5 g 约含 5 mg 当量羟基的样品(样品质量(g)=280/羟值)。放入 250 ml 碘瓶中。准确加入 10 ml 乙酰化溶液,立即塞上瓶塞,用乙酸乙酯湿润瓶口。在磁力搅拌器上面搅拌,使样品溶解。

2. 将碘瓶置于 50 ± 1℃ 的水浴中,浸入深度约 10 mm,保持 45 分钟。

3. 取出碘瓶,冷却至室温,加入 2 ml 蒸馏水,混匀后再加入 10 ml 吡啶/水混合液,在磁力搅拌器上面搅拌 5 分钟。

4. 用 30 ~ 60 ml 正丁醇/甲苯混合液冲洗瓶塞和瓶内壁。加入 5 滴混合指示剂,用 0.1 mol/L 氢氧化钾-甲醇标准溶液滴定。当溶液由黄色变得清澈时,再加入 2 ~ 3 滴混合指示剂,继续滴定,直到溶液由黄色变为蓝色,即为滴定终点。记下消耗的氢氧化钾-甲醇标准溶液的体积(ml)V_2。

5. 在相同条件下做空白试验。记下消耗的氢氧化钾-甲醇标准溶液的毫升数 V_1。

6. 计算。每次试验的羟值 Hv 按下式计算:

$$Hv = \frac{(V_2 - V_1)N \times 56.1}{G} - Av$$

式中:

Hv——羟值(mg KOH/g);

V_2——滴定试样时所消耗的氢氧化钾-甲醇标准溶液的体积(ml);

V_1——滴定空白试样时所消耗的氢氧化钾-甲醇标准溶液的体积(ml);

N——氢氧化钾标准溶液的当量浓度;

G——试样质量(g);

Av——试样的酸值(mg KOH/g);

【思考题】

1. 简单叙述测定油脂羟值的意义。

2. 羟值的测定还可以应用在哪些方面?

实验九 油脂过氧化值的测定

【实验目的】

掌握油脂过氧化值的测定原理和操作方法。

【实验原理】

过氧化物是油脂在氧化过程中的中间产物,易分解产生挥发性和非挥发性脂肪酸、醛、酮等,导致油脂产生特殊的臭味和发苦的滋味,以致影响油脂的食用价值。检测油脂中是否存在过氧化物以及含量的多少可用于判断油脂是否新鲜和酸败的程度。中国"食用植物油卫生标准(GB2716-85)"规定:过氧化值(出厂)$\leqslant 0.15\%$。

油脂中过氧化物含量的多少以过氧化值表示。过氧化值有多种表示方法,一般用滴定 1 克油脂所需某种规定浓度(通常用 $0.002 \ mol/L$)$Na_2S_2O_3$ 标准溶液的毫升数表示,或与碘价一样,用碘的百分数来表示,也有用每千克油脂中活性氧的毫摩尔数表示,或每克油脂中活性氧的微克数表示等。

油脂在氧化过程产生的过氧化物很不稳定,能氧化碘化钾使之成为游离碘,然后用硫代硫酸钠标准溶液滴定,根据析出的碘量计算过氧化值。其反应为:

$$\begin{array}{c} -CH-CH- \\ | \quad | \\ O-\!\!-O \end{array} + 2KI \longrightarrow K_2O + I_2 + \begin{array}{c} -CH-\!\!\!-CH- \\ \diagdown \! O \! \diagup \end{array}$$

$$I_2 + Na_2S_2O_3 \longrightarrow Na_2S_4O_6 + 2NaI$$

【实验材料】

市售各种植物油和动物油脂。

【实验器材】

250 ml 碘瓶、50 ml 滴定管、10 ml 移液管、恒温水浴、分析天平。

【药品试剂】

1. 三氯甲烷。

2. 乙酸。

3. 饱和碘化钾溶液:称取 14 g 碘化钾,加 10 ml 水溶解,必要时微加热使其溶解,冷却后储于棕色瓶中。

4. 0.002 mol/L $Na_2S_2O_3$ 标准溶液:用 0.1 mol/L 硫代硫酸钠标准溶液稀释。0.1 mol/L 硫代硫酸钠标准溶液的配制方法参照本章中的实验六。

5. 10 g/L 淀粉指示剂:称取可溶性淀粉 0.5 g,加少许水,调成糊状,倒入 50 ml 沸水中调匀,煮沸至透明,冷却。

【实验方法】

1. 称取一定油样,加入 10 ml 三氯甲烷,溶解试样,再加入 15 ml 乙酸和 1 ml 饱和碘化钾溶液,迅速盖好,摇匀 1 分钟,避光处静置,反应 5 分钟。

2. 取出加水 100 ml,用 0.002 mol/L $Na_2S_2O_3$ 标准溶液滴定,至淡黄色时加入淀粉指示剂,继续滴定至蓝色消失为终点。

3. 空白试验。

4. 计算

$$过氧化值(meq/kg) = \frac{(V_1 - V_0) \times c}{m} \times 1000$$

式中:

V_1——试样用去的 $Na_2S_2O_3$ 溶液体积(ml);

V_0——空白试验用去的 $Na_2S_2O_3$ 溶液体积(ml);

c——$Na_2S_2O_3$ 溶液的浓度(mol/L);

m——试样的质量(g)。

以碘的百分数表示为:

$$过氧化值(\%) = \frac{(V_1 - V_0)c \times 126.9/1000}{m} \times 100$$

式中:

126.9——碘的摩尔质量(g/mol)。

【注意事项】

1. 饱和碘化钾溶液中不可存在游离碘和碘酸盐。

2. 光线会促进空气对试剂的氧化,反应一定要在避光处进行。

【思考题】

简述测定油脂过氧化值的原理和操作步骤。

实验十 油脂总羰基价的测定

【实验目的】

了解和掌握测定油脂总羰基价的意义和测定方法。

【实验原理】

油脂氧化所生成的过氧化物,进一步分解为含羰基的化合物。一般油脂随储藏时间的延长和不良条件的影响,其羰基价的数值都呈不断增高的趋势,羰基价和油脂的酸败劣变紧密相关。因为多数羰基化合物都具有挥发性,且其气味最接近于油脂自动氧化的酸败臭,因此,用羰基价来评价油脂中氧化产物的含量和酸败劣变的程度,具有较好的灵敏度和准确性。目前我国已把羰基价列为油脂的一项食品卫生检测项目。大多数国家都采用羰基价作为评价油脂氧化酸败的一项指标。中国《食用植物油卫生标准》规定:羰基价≤20 mmol/kg。

羰基价的测定可分为油脂总羰基价和挥发性或游离羰基分离定量两种情况。后者可采用蒸馏法或柱色谱法。油脂总羰基价测定的原理是:油脂中的羰基化合物和2,4-二硝基苯肼反应生成腙,在碱性条件下生成醌离子,呈葡萄酒红色,在波长440 nm 处具有最大的吸收,可计算出油样中的总羰基值。其反应式如下:

$$R-CHO + NH_2-NH\text{—}\underset{NO_2}{\underset{\displaystyle NO_2}{\bigcirc}}\text{—}NO_2$$

$$\longrightarrow R-CH=N-NH\text{—}\underset{NO_2}{\bigcirc}\text{—}NO_2 + H_2O$$

$$\downarrow 碱$$

$$R-CH=N-N\text{—}\underset{NO_2}{\bigcirc}\text{—}\overset{O^-}{\underset{O}{N}} \quad （醌离子）$$

【实验材料】

市售各种植物油和动物油脂。

【实验器材】

带盖试管、10 ml 移液管、恒温水浴、分析天平、分光光度计。

【药品试剂】

1. 精制苯:取 500 ml 苯,置于 1000 ml 分液漏斗中,加入 50 ml 硫酸,小心振摇 5 分钟,注意放气。静置分层,弃除硫酸层,再加 50 ml硫酸重复处理一次,将苯层移入另一分液漏斗中,用水洗涤三次,然后经无水硫酸钠脱水,用全玻璃蒸馏装置蒸馏收集馏液。

2. 三氯乙酸溶液:称取 4.3 g 固体三氯乙酸,加 100 ml 精制苯溶解。

3. 2,4-二硝基苯肼溶液:称取 50 mg 2,4-二硝基苯肼,溶于 100 ml精制苯中。

4. 氢氧化钾乙醇溶液:称取 4 g 氢氧化钾,加 100 ml 精制乙醇使其溶解,置于冷暗处过夜,取上部澄清液使用。溶液变黄褐色则应重新配制。

【实验方法】

1. 称取 0.025 ~ 0.1 g 样品,置于 25 ml 容量瓶中,加苯溶解试样并稀释至刻度。吸取其中的 5 ml,置于 25 ml 具塞试管中,室温暗处放置 30 分钟。

2.再加入 3 ml 三氯乙酸溶液及 5 ml 2,4-二硝基苯肼溶液,振摇混匀。

3.在 60℃水浴中加热 30 分钟,冷却后,沿试管壁慢慢加入 10 ml 氢氧化钾-乙醇溶液,使之成为二液层,塞好盖子,剧烈振摇混匀,然后放置 10 分钟。

4.以 1 cm 比色杯,用试剂空白调节零点,于波长 440 nm 处测定吸光度。

5.计算:

$$羰基价 = \frac{A \times V}{854 \times m \times V_1} \times 1000$$

式中:

羰基价——每 1 kg 样品中各种醛的物质的量(mmol/kg);

A——测定时样液吸光度;

m——样品的质量(g);

V_1——测定用样品稀释液的体积(ml);

V——样品稀释后的总体积(ml);

854——各种醛的毫摩尔数的平均值。

【思考题】
简单叙述测定油脂总羰基价的意义和测定方法。

第四节　血清中脂类的测定

血浆中的脂类包括胆固醇、胆固醇脂、甘油三酯、磷脂和非酯化脂肪酸等。在有关脂类代谢疾患的诊断和治疗过程,均必须检测血浆(清)中的脂类,通过测定观察其含量的变化,为临床疾患提供协助诊断的依据。

实验十二　血清胆固醇的测定

【实验目的】

掌握血清中胆固醇测定的原理和方法。

【实验原理】

血浆中胆固醇及其酯的含量检测,从方法学上可分为两大类:一类是化学法,包括抽提法和直接测定法,这类方法目前仍在沿用;另一类是酶法测定,该方法敏感、特异、快速,并能自动化分析,已常规应用。化学测定法种类多,由于显色反应的特异性不同,其结果有一定的差异。目前公认的参考方法是 Abell-Kendall(L-B 反应)法。另外,三氯化铁-硫酸反应法(Zak 法)具有显色稳定、操作简便、灵敏度约 5 倍于 L-B 反应法、胆固醇酯与游离胆固醇显色程度比较接近等优点,缺点是特异性差,干扰因素比 L-B 法多,如冰醋酸中含有的乙醛酸、血清样品中的血红蛋白、胆红素以及硫酸的质量等因素均可影响 Zak 方法的准确性,Zak 法更适合于科研使用。

化学法的步骤一般包括:抽提、皂化、毛地黄皂苷沉淀纯化和显色比色四个阶段。Abell-Kendall 改良法的基本原理是在血清中加入醇溶性氢氧化钾,使胆固醇从脂蛋白中分离出来,同时使胆固醇酯加水分解成游离胆固醇,加石油醚振摇、抽提,使胆固醇移入石油醚层,分离并取一定量的石油醚层,蒸发至干,再进行 Liebermann-Burchard 显色反应,620 nm 比色定量。该法可用于基本功训练及组织细胞胆固醇的提取和定量测定。

酶法的原理是首先将血清中的胆固醇酯被胆固醇酯酶(CEH)水解为游离胆固醇和脂肪酸,胆固醇在胆固醇氧化酶(COD)作用下,生成△4-胆甾烯酮和 H_2O_2, H_2O_2 再经过氧化物酶(POD)作用在 4-氨基安替吡啉(4-AA-P)及 N-乙基-N-(3-磺基醋酸)-3 甲氧基苯胺

(N-ethyl-N-(3-sulfopropyl)-manisidine,ESPAS)参与下,生成红色醌亚胺色素。

本实验将简单介绍 Abell 法和酶法测定血清中胆固醇的操作方法。

【实验材料】

人血清。

【实验器材】

试管、恒温水浴锅、高速冷冻离心机、分光光度计等。

【药品试剂】

1. 乙醇、石油醚、冰醋酸、无水醋酸、浓硫酸。

2. 33%(*W/W*)KOH 溶液:氢氧化钾 10 g 溶解在 20 ml 水中。

3. KOH-乙醇溶液:乙醇 94 ml 和 33%(*W/W*)KOH 溶液 6 ml 混合。

4. Liebermann Burchard 反应液:无水醋酸 20 ml,浓硫酸 1 ml,冰醋酸 10 ml。按照下面的方法进行配置。在三角烧瓶内,加入无水醋酸,于冰水中冷至 10℃以下,再慢慢加入浓硫酸,混合,静置 10 分钟,又加冰醋酸混匀,备用。

5. 17 mmol/L 胆固醇标准液:胆固醇标准品 200 mg 溶于 100 ml 乙醇中。

6. 酶法反应混合液:50 mmol/L Na_2HPO_4,50 mmol/L NaH_2PO_4,3 mmol/L 胆酸钠,0.82 mmol/L 4-氨基安替吡啉,14 mmol/L ESPAS,0.17 mmol/L Carbowax-6000,33U/L CEH,117U/L COD,6700U/L POD,混匀,调 pH 值至 6.70±0.10(25℃),配置好后在 24 小时内使用(有商品化的试剂购买)。

【实验方法】

1. Abell 法:

(1)皂化反应:取三支试管,其中一支为空白对照。在其中一支试管中加入0.2 ml 标准胆固醇溶液,另外一支试管中加入0.2 ml 血清。向两支试管中加入 KOH-乙醇溶液 2 ml。振荡均匀后,在37℃水浴锅中保温 1 小时,之后取出试管平衡到室温。

(2)抽提:向发生反应的两支试管中分别加入 5 ml 石油醚和 2 ml 双蒸水,充分混匀后,将试管中的液体转移到 50 ml 离心管中,在 1000 r/min 条件下离心 5 分钟。

(3)分层:将上述两支试管离心后各取出上清液 2 ml 到干净的试管中,同时在空白对照试管中加入 2 ml 石油醚。

(4)蒸发干燥:将上面三支试管置于60℃水浴锅中,使石油醚蒸干。之后,分别向三支试管中加入 3 ml Liebermann Burchard 反应液(L-B 反应液),静置 30 分钟。

(5)测定:以空白管调零,在 620 nm 波长下测定两支试管中的吸收值。标准胆固醇测定的值为 T,样品测定的值为 A。

(6)计算:血清总胆固醇的浓度 = A/T ×5.17 mmol/L。

2.酶法(CEH、COD-POD 法):

(1)准备三支试管,标注为空白管、测定管和标准管。分别向三支试管中加入 3ml 预热到37℃的酶法混合溶液,混合均匀后在37℃保温 10 分钟。

(2)在空白管中加入 30 μl 水,在测定管中加入 30 μl 血清,在标准管中加入 30 μl 标准胆固醇溶液,37℃继续保温 10 分钟。

(3)以空白管调零,在 500 nm 波长条件下测定标准管(T)和测定管中样品(A)的吸收值。

(4)计算:血清总胆固醇的浓度 = A/T ×5.17 mmol/L。

【思考题】

1.比较测定血清中胆固醇的两种方法各有什么优缺点。

2.简单叙述化学法和酶法测定血清中胆固醇的原理和操作步骤。

实验十三　血清中甘油三酯的测定

【实验目的】

了解和掌握血清中甘油三酯的测定意义、原理和操作方法。

【实验原理】

甘油三酯(TG)又称中性脂肪。血清中90%~95%是TG,TG中结合的脂肪酸分别为油酸(44%)、软脂酸(26%)、亚油酸(16%)和棕榈油酸(7%)。

血清TG测定方法一般分为化学法和酶法。化学法多采用三棕榈精(软脂精)(分子量807.3)、三油精(分子量895.4)为标准,按摩尔浓度计算。酶法测定以三油精为标准物进行换算。

化学测定法包括下面四个阶段:①TG的抽提分离;②皂化;③甘油的氧化;④氧化生成甲醛显色定量。血清中加入异丙醇提取甘油三酯,经KOH皂化使甘油三酯水解生成甘油及脂肪酸;甘油在过碘酸作用下氧化成甲醛;在氯离子存在下甲醛与乙酰丙酮缩合生成黄色化合物,其颜色的深浅与甘油三酯的含量成正比,420 nm处定量测定。

酶法测定步骤包括下面两个阶段:①TG的抽提与皂化;②酶反应后进行定量测定。甘油三酯经脂肪酶水解为甘油和脂肪酸,甘油和ATP在甘油激酶(GK)的作用下生成3-磷酸甘油和ADP,3-磷酸甘油经磷酸甘油氧化酶作用生成磷酸二羟丙酮和过氧化氢。过氧化氢、4-氨基替吡啉和苯酚在过氧化物酶(POD)的作用下反应生成红色的醌类化合物,然后在500 nm处测定吸收值,化合物颜色的深浅与含量成正比。

【实验材料】

人血清。

【实验器材】

试管、恒温水浴锅、高速冷冻离心机、分光光度计等。

【药品试剂】

1. 溶液 1:磷酸甘油氧化酶≥3 kU/L,抗坏血酸氧化酶≥1 kU/L,甘油激酶≥0.7 kU/L,4-氨基安替吡啉 80 mg/L,4℃冷藏。

2. 溶液 2:脂蛋白脂酶≥2 kU/L,过氧化物酶≥10 kU/L,ESPAS 300 mg/L,4℃冷藏。

3. 标准甘油酸三脂溶液:2.26 mmol/L,4℃冷藏。

4. 抽提液:异丙醇重蒸馏。

5. 吸附剂:将氧化铝用水洗以除去微细颗粒,然后在110℃烤干3 小时以上,密封,一周内使用。

6. 皂化剂:5% KOH。

7. 2 mol/L 醋酸溶液:取醋酸 11.5 ml,用水定容到 100 ml。

8. 0.05 mol/L 过碘酸钠:过碘酸钠 1.07 g 用水溶解,定容到 100 ml。

9. 氧化剂:等体积的 2 mol/L 醋酸溶液和 0.05 mol/L 过碘酸钠混合,一周内使用。

10. 醋酸铵液:醋酸铵 15.4 g 溶于水后,定容到 100 ml。

11. 显色剂:乙酰丙酮 0.75 ml,异丙醇 40 ml,醋酸铵液 100 ml,醋酸溶液 80 ml。

【实验方法】

1. 乙酰丙酮法测定血清中的甘油三酯:

(1)抽提:准备三支试管,分别标记为空白管、测定管和标准管。在测定管中加入血清 0.1 ml,抽提液 5 ml,吸附剂 0.5 g,振荡 30～60 分钟(期间静止后再振荡若干次),然后在 3000 r/min 条件下离心 10 分钟。

(2)皂化:将离心后的上清液 2 ml 转移到一个新的标记好的测定管中,加入 0.1 ml 皂化剂;空白管中加入 2 ml 抽提液和 0.1 ml 皂化剂;标准管中加入 2 ml 标准三油酸甘油酯,加入 0.1 ml 皂化剂。将三支试管在 50℃水浴锅中保温 15 分钟。

(3)氧化:取出温浴后的三支试管,分别加入 0.1 ml 氧化剂,室温静止放置 10 分钟。

(4)显色:在三支试管中分别加入 1.5 ml 显色剂,在 50℃水浴锅中保温 40 分钟,然后在自来水中冷却。

(5)测定:用空白管调零,在 410nm 波长下测定其余两管的吸收值,标准管测定的数值记录为 T,测定管测定的数值记录为 A。

(6)计算:血清 TG 浓度 $= A/T \times 1.13 (\text{mmol/L})$。

2.酶法(GK-GPO-POD 比色法)测定血清中的甘油三酯:

(1)准备三支试管,分别标记为空白管、测定管和标准管。在空白管中加入 16 μl 水和 1 ml 溶液 1;测定管中加入 16 μl 血清和 1 ml 溶液 1;在标准管中加入 16 μl 标准甘油酸三脂溶液和 1 ml 溶液 1。混匀后在 37℃水浴 15 分钟。

(2)分别向三支试管中加入 0.5 ml 溶液 2,混匀后在 37℃保温 5 分钟。

(3)以空白管调零,在 550 nm 波长下测定标准管和测定管中溶液的吸收值,分别记录为 T 和 A。

(4)计算:血清 TG 浓度 $= E_{SA}/E_{ST} \times 2.26 (\text{mmol/L})$。

【思考题】

1.简述化学法和酶法测定血清中甘油三酯的原理和基本的操作步骤。

2.试比较化学法和酶法测定甘油三酯的优缺点。

实验十四 血清中磷脂的测定

【实验目的】

掌握血清中磷脂测定的原理和操作方法。

【实验原理】

磷脂(PL)并非单一的化合物,其分子内含有磷酸基的多种脂质,磷脂是这一类物质的总称。血清中 PL 包括 60% 左右的卵磷脂、2% ~10% 的溶血卵磷脂、2% 磷脂酰乙醇胺和 20% 左右的鞘磷脂。

血清 PL 定量方法包括测定无机磷的化学法和酶法两大类。

化学测定法过程包括:①抽提分离;②灰化;③显色和比色三个阶段。以有机混合试剂(无水乙醇、乙醇)抽提血清中磷脂,再用浓硫酸和过氯酸消化抽提液中的脂类和其他有机化合物,用硝酸盐与磷反应生成有色化合物,比色定量。本法可用于组织细胞中磷脂的抽提和定量。

酶测定法可分别利用磷脂酶 A、B、C、D 等 4 种酶作用,加水分解,测定其产物,对 PL 进行定量。一般多采用磷脂酶 D(PL-D)进行定量。磷脂酶 D 因特异性不高,能水解血清中的卵磷脂、溶血卵磷脂和神经磷脂(三者占血清总磷脂的 95%),释放出胆碱,胆碱在胆碱氧化酶作用下生成甜菜碱和 H_2O_2,在过氧化物酶作用下,H_2O_2 与4-氨基安替吡啉和酚发生反应生成红色醌亚胺化合物,在 500nm 波长下,其颜色深浅与这三种磷脂的含量成正比。PL-D 可作用于含有卵磷脂、溶血卵磷脂和鞘磷脂以及含胆碱的磷脂,这几种磷脂约占血清总磷脂的 95%。本法快速准确,便于自动生化分析仪器进行批量检测。

【实验材料】

人血清。

【实验器材】

试管、恒温水浴锅、高速冷冻离心机、分光光度计等。

【药品试剂】

1. 抽提液:无水乙醇:乙醇 = 3:1。

2. 消化液:用 1L 密器,加水约 500 ml,置冷水中缓缓加浓硫酸 280 ml 到水中,冷却后加过氯酸(70%)65 ml,混匀,加蒸馏水至 1000 ml。

3. 显色剂:称取钼酸铵 2.5 g 和无水醋酸钠 8.2 g,加蒸馏水溶解并稀释至 1 L,临用时取此液体 9 份加新配的 VC 液(10%)1 份,混合即可。

4.1 mg/L 参考液:称干燥 KH_2PO_4 0.4393 g 溶于蒸馏水中,转移至 100 ml 的容量中,用蒸馏水加至刻度。4℃冷藏。

5.0.04 mg/ml 参考液:取上述 1 mg/L 储存液 2 ml 加水至 50 ml,4℃冷藏。

6.酶应用液:每 100 ml Tris-His 缓冲液(50 mmol/L,pH 7.8)中含 45 U 磷脂酶 D,100 U 胆碱氧化酶,220 U 过氧化物酶,12 mg 4-氨基安替吡啉,20 mg 酚,8 mg $CaCl_2 \cdot 2H_2O$,0.2 g TritonX-100。

7.2 mg/ml 卵磷脂标准液:纯卵磷脂,临用前配制,含 0.5% TritonX-100。

【实验方法】

1.化学法:

(1)准备三支试管,分别标记为空白管、测定管和标准管。在测定管中加入 0.1 ml 血清和 2.4 ml 抽提液,盖上试管盖后,室温下充分振荡 10 分钟。然后在 3000 r/min 条件下,室温下离心 10 分钟。

(2)将测定管中的上清液取出 1 ml 置于一个新的测定管中,在沸水浴中蒸干。

(3)消化:在蒸干后的测定管中加入 0.1 ml 水和 0.2 ml 消化液;在空白管中加入 0.1 ml 水和 0.2 ml 消化液;在标准管中加入 0.1 ml 0.04 mg/ml 参考应用液和 0.2 ml 消化液。将三支试管放置在电炉上面加热消化,直到测定管中由黑色转为清亮为准。室温静置冷却。

(4)显色:分别向三支试管中加入 2 ml 显色剂,在 60~70℃水浴条件下保温 10 分钟,然后在室温冷却。

(5)测定:以空白管调零,在 700 nm 波长下测定标准管和测定管中的吸收值,分别记录为 T 和 A。

（6）计算：

血清脂性磷浓度 $= A/T \times 10 \, (\text{mg/dl})$

血清磷脂（以卵磷脂计）$= A/T \times 10 \times 0.3229$ （mmol/L）

2. 酶法：

（1）在 3 ml 酶应用液中加入血清（测定管 A）20 μl，标准管（T）加标准液 20 μl，空白管加水 20 μl，放置 37℃水浴 10 分钟后，波长 500 nm，比色，空白管液调零。

（2）计算：

血清磷脂（mg/dl）$= A/T \times 200$

血清磷脂（mmol/L）$=$ 血清磷脂（mg/dl）$\times 0.01292$

【思考题】

简单叙述两种测定血清中磷脂含量的方法各有哪些优缺点。

实验十五　酶法测定血清中游离脂肪酸

【实验目的】

了解和掌握酶法测定血清中游离脂肪酸的原理和操作步骤。

【实验原理】

临床上将 C10 以上的脂肪酸称为游离脂肪酸（free fatty acid，FFA）或非酯化脂肪酸（nonesterifiedfatty acid，NFFA），正常血清中含有油酸（18:1）、软脂酸（16:0）和硬脂酸（18:0），另外还有少量的月桂酸（12:0）、肉豆蔻酸（14:0）和花生四烯酸（20:4）等。与其他脂质比较，NFFA 在血中浓度很低，其含量水平易受脂代谢、糖代谢和内分泌机能等因素的影响，血中 NFFA 半衰期为 1~2 分钟。血清中的 NFFA 与清蛋白结合成一种简单的脂蛋白进行运输。

测定血清 NFFA 的方法有滴定法、比色法、原子分光光度法、高压液相层析法和酶法等。一般多以酶法测定。制作 NFFA 测定的标本时一定要注意在 4℃条件下分离血清并尽快进行测定。因为血中有各种脂肪酶存在,极易快速使血中 TG 和 PL 酯型脂肪酸分解成非酯化的 FFA,使血中 NFFA 值上升。储存标本仅限于 24 小时内,若保存 3 天,其值约升高 30%,导致结果不准确。

酶法测定游离脂肪酸的原理:血清中游离脂肪酸或非酯化脂肪酸(NEFA),经酶试剂作用生成紫色化合物,其颜色深浅与 NFFA 含量成正比。

$$\text{NFFA} + \text{ATP} + \text{CoA} \xrightarrow{\text{乙酰 CoA 合成酶}} \text{乙酰 CoA} + \text{AMP} + \text{PP}_1$$

$$\text{乙酰 CoA} + O_2 \xrightarrow{\text{乙酰 CoA 氧化酶}} \text{2.3-过-稀醇酰 CoA} + H_2O_2$$

$$2H_2O_2 + \text{N-乙酰-N-(2-羟-3-硫代丙酰)3-甲苯胺(TOOS)} +$$

$$\text{4-氨基安替吡啉} \xrightarrow{\text{过氧化物酶}} \text{紫色化合物} + 4H_2O$$

【实验材料】

人血清。

【实验器材】

试管、恒温水浴锅、高速冷冻离心机、分光光度计等。

【药品试剂】

1. 缓冲液:0.04 mmol/L pH6.9 磷酸缓冲液,3 mol/L MgCl$_2$,0.15% 去垢剂。

2. 酶/辅酶:乙酰 CoA 合成酶 ≥0.3 U/ml,抗坏血酸氧化酶 ≥1.5 U/ml,CoA 0.9 mmol/L,ATP 5 mmol/L,4-AAP 1.5 mmol/L,溶于 10 ml 上述缓冲液中。冷藏 5 日内使用。

3. 酶稀释液:苯氧乙醇 0.3%(V/V)。

4. 马来酰亚胺混合液:马来酰亚胺 10.6 mmol/L,与酶稀释液等体积混合。

5. 酶试剂:乙酰 CoA 氧化酶 ≥10 U/ml,过氧化物酶 7.5 U/ml,TOOS 0.2 mmol/L,混合上述试剂,再与等体积马来酰亚胺混合液混合。冷藏 5 日内使用。

6. 1 mmol/L 游离脂肪酸标准液:冷藏。

【实验方法】

1. 抽提:准备四支试管,分别标记为试剂空白管、标准管和测定管以及测定空白管。在试剂空白管中加入 25 μl 水和 0.5 ml 酶/辅酶;在标准管中加入 25 μl 1 mmol/L 游离脂肪酸标准液和 0.5 ml 酶/辅酶;在测定管中加入 25 μl 和 0.5 ml 酶/辅酶;在测定空白管中加入 0.5ml 酶/辅酶。混匀后在 37℃ 水浴 10 分钟。

2. 显色:分别向四支试管中加入 1 ml 酶试剂,同时在测定空白管中加入 25 μl 血清,混匀后,在 37℃ 水浴 10 分钟。

3. 测定:以空白管调节零点,在 550nm 波长下测定各管的吸收值,分别记录为标准管(T),测定管(A)和测定空白管(BT)。

4. 计算:

$$血清游离脂肪酸(μmol/L) = \frac{E_{SA} - E_{BT}}{E_{ST}} \times 标准值$$

【思考题】

简述酶法测定血清中游离脂肪酸的原理。

第三章　蛋　白　质

原生质是生命现象的物质基础,蛋白质和核酸则是构成细胞内原生质的主要成分。在蛋白质的研究中,通常会遇到以下几个问题:①蛋白质的定量测定;②蛋白质的纯度和亚单位的检测;③蛋白质的分离和纯化;④蛋白质的浓缩。

蛋白质定量测定的基本方法包括紫外吸收、化学呈色和电泳染色。紫外吸收法的原理是基于蛋白质分子中具有共轭双键的芳香族氨基酸残基——酪氨酸、苯丙氨酸和色氨酸对 280 nm 的紫外光有最大吸收,在一定浓度范围内,蛋白质含量与该波长下的光吸收值成正比,因此可以通过测蛋白质在 280 nm 下的光吸收值来计算蛋白质的浓度。化学呈色定量法是最为简便可行并且经典的蛋白质定量的方法,其基本原理是显色剂与蛋白质结合后,颜色发生变化,即最大光吸收峰的波长发生变化;且在一定浓度范围内,在最大吸收峰相应的波长光激发下,光密度和蛋白质含量呈线性关系,因此可以用于蛋白质含量的测定。最常见并可信的化学呈色定量法包括经典的Bradford 法、Lowry 法以及近年来常用的 BCA 定量法。电泳染色定量的原理在于将未知浓度的蛋白质与已知浓度的标准蛋白质同时进行电泳(单向或双向),通过对蛋白胶染色或是对承载有蛋白质的膜进行染色,对待测蛋白质和标准蛋白质的染色浓度进行比较而计算出待测蛋白质的浓度。利用蛋白质特异性的单克隆或是多克隆抗体对蛋白膜进行免疫染色(即 Western Blot)也能用来进行蛋白质定量。以上诸多方法各有其优缺点和最适合的应用领域,实验者应根据实验目的和实验需求,选择最合适的方法。我们将在本章节中重点介绍紫外吸收法、Lowry 法、Bradford 法、BCA 定量法、单向蛋白电泳(即聚丙烯酰胺凝胶垂直电泳)、电转印、免疫印迹法及若干凝胶及膜的染色方法。

蛋白质的纯度和亚单位的检测可以通过电泳和色谱分析等方法联合起来进行分析。在蛋白质中加入变性剂能破坏蛋白质的二硫键和次级键,如氢键、离子键和疏水键,引起天然构象的解体;但并不破坏肽键,因此一级结构得以保存。常见的溶解型变性剂有 SDS、胍盐和尿素,而常用的破坏蛋白质内二硫键的变性剂为 DTT 和巯基乙醇。通过变性条件和非变性条件下的电泳能分析蛋白质的二级结构和纯度。例如:待测蛋白只有一个亚单位或者有多个相同亚单位的单一蛋白,在变性条件下进行单向蛋白电泳或是双向电泳,染色后的结果将是单一的蛋白条带或蛋白点。如果待测蛋白质含有多个不同分子量的亚单位,在非变性条件下进行蛋白电泳,将可以看到单一的条带(高纯度),而在变性条件下的蛋白电泳胶上将出现多个条带。一旦待测蛋白质被证明是纯蛋白质,非变性条件下的凝胶层析法就可以用来鉴定该待测蛋白质的分子量;而变性条件下的凝胶层析法可以用来测定待测蛋白质各亚单位的分子量。在本章节中,我们将重点介绍非变性条件下的凝胶电泳和等电聚焦电泳实验。

蛋白质的分离和纯化已经有 200 多年的历史,不论是工业化大规模制备单一蛋白(如临床用血清白蛋白、基因工程用的核酸酶等),还是实验室小规模科研需要对某一特定蛋白质的功能进行研究,把特定蛋白质从复杂的混合物中完全分离纯化出来都需要充分利用该蛋白质的固有特性——大小形状、电荷、表面特征和生物学活性。

在通常情况下,蛋白质的分离纯化需要前处理、粗分级分离和细分级分离三个步骤。前处理是指把目的蛋白质从原来的组织或细胞中以溶解的状态释放出来,并保持原来的天然状态,不丧失生物活性。包括组织和细胞破碎、细胞器差速离心等步骤。粗分级分离是指用简便易行的方法去除大量核糖、盐类等杂质和理化性质差别较大的杂蛋白的方法,包括盐析、等电点沉淀和有机溶剂分级分离等方法。细分级分离是指样品的进一步纯化,能用于分离纯化绝大多数蛋白质混合物。例如:利用蛋白质的大小和形状,可以采用分子筛等方法;利用蛋白质表面的特征(如电荷分布、亲水疏水特性等),可以采用盐析、疏水色谱等方法;利用蛋白质的等电点的不同,可以采用离子交换层析法;而利用蛋白质的固有特性,如与某种物质有特殊高亲和力等,可以采用亲和层析及免疫亲和层析等方法。经电泳和色谱分离后的蛋白质能通过气相蛋白测序仪或是质谱分析确定蛋白质的氨基酸组成序列。由于分离和纯化蛋白质的目的除了测序之外,通常是为了进行功能学方面的分析研究,而处于变性条件下的蛋白质通常会因为蛋白质三维结构的改变,而失去其生物学活性,因此在分离和纯化蛋白质的各级步骤中,务必注意保持蛋白质处于非变性条件,而蛋白电泳也往往被安排在分离纯化蛋白质的最后一步。层析实验原理和分类以及具体的分子筛、离子交换层析和亲和层析这些常用的实验操作方法将是我们介绍的重点。

通过分离和纯化,我们通常能获得纯度较好的蛋白质。为了更好地满足实验需要,我们往往需要保证在蛋白质保持生物学活性的基础上进行浓缩。常用的蛋白质浓缩方法包括硫酸铵沉淀法、聚乙二醇沉淀法、三氯乙酸(TCA)沉淀法、超滤法等。我们将在本章节中对硫酸铵沉淀法和 TCA 沉淀法进行详述。

第一节　蛋白质含量的测定

实验一　紫外吸收法测定蛋白质含量

【实验目的】

1. 掌握紫外吸收法测定蛋白质含量的原理。

2. 掌握蛋白质标准浓度曲线的绘制方法。

3. 了解紫外吸收法的优缺点和适用范围。

【实验原理】

蛋白质分子中的酪氨酸、苯丙氨酸和色氨酸残基的苯环含有共轭双键,使蛋白质具有吸收紫外光的性质,吸收高峰在280nm处,其吸光度(即光密度值)与蛋白质含量成正比。各种蛋白质的这三种氨基酸的含量差别不大,因此测定蛋白质溶液在280nm处的吸光度值是最常用的紫外吸收法。该法测定范围为 $0.01 \sim 1.0$ mg/ml。

样品中核酸对紫外光的吸收会影响蛋白质浓度的测定结果,但核酸的吸收高峰在260nm附近。纯蛋白质的 A_{280} 与 A_{260} 的光吸收比值约为 1.8,而纯核酸的 A_{280} 与 A_{260} 光吸收比值约为0.5。通过测定 A_{280} 与 A_{260} 的值,利用经验公式或校正表能大致计算出不纯样品的蛋白质浓度。

紫外吸收法测定蛋白质含量的优点:简便、灵敏、快速,不破坏蛋白质也不消耗样品,测定后仍能回收使用。低浓度的盐不干扰测定,如生化制备中常用的硫酸铵和大多数缓冲液等。特别适用于柱层析洗脱液的快速连续检测,因为此时只需测定蛋白质浓度的变化,而不需知道其绝对值。

该方法的缺点在于:测定蛋白质含量的准确度较差,干扰物质多,在用标准曲线法测定蛋白质含量时,对那些与标准蛋白质中酪氨酸和色氨酸含量差异大的蛋白质,有一定的误差。故该法适于测定与标准蛋白质氨基酸组成相似的蛋白质。若样品中含有嘌呤、嘧啶及核酸等吸收紫外光的物质,会出现较大的干扰。虽然可以通过校正表的计算减少核酸的干扰,但测定的结果仍存在一定的误差。

【实验器材】

紫外分光光度计、试管和试管架、微量移液器和枪头。

【药品试剂】

1. 浓度为 1 mg/ml 的标准蛋白溶液。

2.待测蛋白 A 溶液和 B 溶液（A 为纯蛋白质;B 为含核酸的蛋白质)。

【实验方法】

1.绘制蛋白质标准浓度曲线:标记试管,按表 3-1 依次向试管中加入各溶液,充分混匀。取光径为 1 cm 的石英比色杯,以"0"管调节零点,测定各管溶液在 280 nm 处的光吸收值。以蛋白质浓度（mg/mL）为横坐标,光吸收值（A_{280}）为纵坐标做标准曲线。

表3-1 　　　　　　　紫外吸收法的标准曲线制备表

	0	1	2	3	4	5
蒸馏水	4	3.5	3	2	1	0
1mg/ml 标准蛋白质溶液（ml）	0	0.5	1	2	3	4
蛋白浓度（mg/ml）	0	0.125	0.25	0.5	0.75	1
A_{280}						

2.待测蛋白 A 溶液的浓度测定:将 A 溶液按 1∶2、1∶3、1∶4 比例稀释,充分混匀,在 280nm 波长处分别测定光吸收值,从标准曲线上查出稀释后的蛋白质浓度,乘以稀释倍数后计算 A 溶液的实际浓度,取平均值。

3.待测蛋白质 B 溶液的浓度测定:将 B 溶液按 1∶2、1∶3、1∶4 比例稀释,充分混匀,在 280 nm 波长和 260 nm 波长下分别测定光吸收值,乘以稀释倍数后取平均值,分别得出 A_{280} 和 A_{260}。利用下述经验公式算出蛋白质浓度:

蛋白质浓度（mg/ml）= $1.45 \times A_{280} - 0.74 \times A_{260}$

4.直接计算 A_{280} 与 A_{260} 的比值,从表 3-2 中查出校正因子"*F*"值和样品中混杂的核酸的百分含量,由下述经验公式直接计算出该溶液的蛋白质浓度。

$$\text{蛋白质浓度}(\text{mg/mL}) = F \times \frac{1}{d} \times A_{280} \times N$$

式中：

    F——校正因子；

    d——石英比色杯的厚度(cm)；

    N——溶液的稀释倍数。

表 3-2   紫外吸收法测定蛋白质含量的校正表

280/260	核酸(%)	因子(F)	280/260	核酸(%)	因子(F)
1.75	0.00	1.116	0.846	5.50	0.656
1.63	0.25	1.081	0.822	6.00	0.632
1.52	0.50	1.054	0.804	6.50	0.607
1.40	0.75	1.023	0.784	7.00	0.585
1.36	1.00	0.994	0.767	7.50	0.565
1.30	1.25	0.970	0.753	8.00	0.545
1.25	1.50	0.944	0.730	9.00	0.508
1.16	2.00	0.899	0.705	10.00	0.478
1.09	2.50	0.852	0.671	12.00	0.422
1.03	3.00	0.814	0.644	14.00	0.377
0.979	3.50	0.776	0.615	17.00	0.322
0.939	4.00	0.743	0.595	20.00	0.278
0.874	5.00	0.682			

【注意事项】

    1. 浓度为 1% 的蛋白质溶液在光径为 1 cm 时的光吸收值被称作百分吸收系数或比吸收系数 $A_{1\%1cm}$。部分蛋白质在 280nm 下的

$A_{1\%1cm}$可在文献中查到,因此可以直接准确地计算出蛋白质浓度。例如牛血清蛋白的$A_{1\%1cm}$为6.3;而溶菌酶的$A_{1\%1cm}$为22.8。

2.蛋白质溶液在238nm处的光吸收的强弱,与肽键的多少成正比。因此可以用标准蛋白质溶液配制一系列50～500 mg/ml的溶液,测定238nm的光吸收值A_{238},绘制标准曲线。未知样品的浓度即可由标准曲线求得。此法比280nm吸收法灵敏。但多种有机物,如醇、酮、醛、醚、有机酸、酰胺类和过氧化物等都有干扰作用。所以最好用无机盐、无机碱和水溶液进行测定。若含有有机溶剂,可先将样品蒸干,或用其他方法除去干扰物质,然后用水、稀酸和稀碱溶解后再做测定。

【思考题】

1.简单描述紫外吸收法测蛋白质含量的优缺点。

2.简述紫外吸收法的用途。

实验二 Folin 酚法(Lowry 法)测定蛋白质的含量

【实验目的】

1.掌握 Lowry 法测定蛋白质含量的原理。

2.了解 Lowry 法的优缺点和适用范围。

【实验原理】

在强碱性溶液中,双缩脲(NH_2-CO-NH-CO-NH_2)与$CuSO_4$生成紫色络合物,称为双缩脲反应。凡具有酰胺基或两个直接连接的肽键的物质都有双缩脲反应,因此蛋白质在碱性环境下也能与铜离子发生双缩脲反应。

Folin 酚甲试剂由碳酸钠、氢氧化钠、硫酸铜及酒石酸钾钠组成。蛋白质中的肽键在碱性条件下,与酒石酸钾钠络合铜盐溶液起作用,生成紫红色蛋白质-铜络合物。

Folin 酚乙试剂是由磷钼酸和磷钨酸、硫酸、溴等组成。此试剂在 pH = 10 的碱性条件下,易被蛋白质中酪氨酸和苯丙氨酸残基还原,呈蓝色反应(钼蓝和钨蓝的混合物),显色随时间不断加深。在一定的反应时间和蛋白浓度范围内,蛋白质的含量与蓝色深浅成正比。因此可以通过可见光分光光度计测定 650 nm 处的光吸收值,利用标准曲线法测定蛋白质的浓度。

Lowry 法的优点:灵敏度高,最低能检测 0.005 mg/ml 的蛋白质,通常检测范围是 0.02 ~ 0.25 mg/ml;也适用于测定酪氨酸、色氨酸的含量。

Lowry 法的缺点:费时;因为显色随时间不断加深,需要精确控制操作时间,以保证每管的显色时间一致;专一性较差,干扰物质较多。干扰双缩脲反应的基团(如-CO-NH$_2$、-CH$_2$-NH$_2$、-CS-NH$_2$)以及在性质上是氨基酸或肽的缓冲剂(如 Tris 缓冲剂以及蔗糖、硫酸铵、巯基化合物)均可干扰 Lowry 反应。此外,干扰酚类呈色反应的酚类及柠檬酸也影响实验结果。浓度较低的尿素(约 0.5% 左右)、胍(0.5% 左右)、硫酸钠(1%)、硝酸钠(1%)、三氯乙酸(0.5%)、乙醇(5%)、乙醚(5%)、丙酮(0.5%)等溶液对显色无影响。这些物质浓度高时,必须做校正曲线。若样品酸度较高,显色后色浅,则必须提高碳酸钠-氢氧化钠溶液的浓度 1 ~ 2 倍。

因为 Folin 酚乙试剂仅在酸性 pH 值条件下稳定,而双缩脲的还原反应只在 pH = 10 的情况下发生,故当 Folin 酚乙试剂加到碱性的铜-蛋白质溶液中时,必须立即混匀,以便在磷钼酸-磷钨酸试剂被破坏之前,还原反应即能发生。由于各种蛋白质含有不同量的酪氨酸和苯丙氨酸,显色的深浅往往随不同的蛋白质而变化。因而本测定法通常只适用于测定蛋白质的相对浓度(相对于标准蛋白质)。

【实验器材】

研钵、冰盒及玻棒、50 ml 离心管、冷冻离心机、50 ml 量筒、试管和试管架、移液器和枪头、可见光分光光度计。

【药品试剂】

1. 小白菜。

2. 浓度为 0.25 mg/mL 的标准蛋白质溶液。

3. 待测蛋白质溶液。

4. Folin 酚试剂甲:每次使用前,将 50 份(a)与 1 份(b)混合,即为试剂甲。

(a)将 10 g Na_2CO_3、2 g NaOH 和 0.25 g 酒石酸钾钠($NAC_4H_4O_6 \cdot 4H_2O$)溶解于蒸馏水中,然后定容到 500 ml。

(b)0.5 g 硫酸铜($CuSO_4 \cdot 5H_2O$)溶解于蒸馏水中,然后定容到 100 ml。

5. Folin 酚试剂乙:在 2 L 磨口回流瓶中,加入 100 g 钨酸钠($Na_2WO_4 \cdot 2H_2O$),25 g 钼酸钠($Na_2MoO_4 \cdot 2H_2O$)及 700 ml 蒸馏水,再加 50 ml 85% 磷酸,100 ml 浓盐酸,充分混合,接上回流管,以小火回流 10 小时,回流结束时,加入 150 g 硫酸锂(Li_2SO_4),50 ml 蒸馏水及数滴液体溴,开口继续沸腾 15 分钟,以便驱除过量的溴。冷却后溶液呈黄色(如仍呈绿色,须再重复滴加液体溴的步骤)。稀释至 1 L,过滤,滤液置于棕色试剂瓶中保存。使用时用标准 NaOH 滴定,酚酞作指示剂,然后适当稀释,约加水 1 倍,使最终的酸浓度为 1 mol/L 左右。

【实验方法】

1. 制备总蛋白样品:称取小白菜 10 g,在研钵中碾成匀浆,加水 10 ml 后继续碾 10 分钟,倒入离心管中,另加 20 ml 水将研钵中的剩余物洗入离心管,5000 r/min 离心 10 分钟。取上清液 10 ml 定容到 50 ml,此为待测蛋白质样品。

2. 制备标准蛋白质浓度曲线和测定待测样品:标记试管,按表 3-3 依次向试管中加入各溶液,充分混匀。取玻璃比色杯,以 0 管作为零测定溶液在 650 nm 下的光吸收值。实验需要精确控制操作时间,具体操作如下:在试管中加入终体积为 1 ml 的标准蛋白水溶液。

第 1 支试管加入 5 ml 试剂甲后,开始计时,1 分钟后,第 2 支试管加入 5 ml 试剂甲,2 分钟后加第 3 支试管,以此类推。全部试管加完试剂甲后若已超过 10 分钟,则第 1 支试管可立即加入 0.5 ml 试剂乙,立刻混匀;1 分钟后第 2 支试管加入 0.5 ml 试剂乙,2 分钟后加第 3 支试管,以此类推。待最后一支试管加完试剂后,30℃ 放置 20 分钟,然后开始测定 650 nm 光吸收。每分钟测定一个样品。

表 3-3 　　　　　　　　　　Lowry 法实验设计表

试管号	1	2	3	4	5	6	白菜抽提液		
标准蛋白质(ml)	0	0.2	0.4	0.6	0.8	1.0	X1	X2	X3
H_2O (ml)	1	0.8	0.6	0.4	0.2	0	Y1	Y2	Y3
试剂甲(ml)	5	5	5	5	5	5	5	5	5
立刻混匀,室温放置 10 分钟									
试剂乙 (ml)	0.5	0.5	0.5	0.5	0.5	0.5	0.5	0.5	0.5
立刻混匀,30℃ 水浴 20 分钟,然后测定 A_{650}									
吸收值 A_{650}									

3. 数据处理:以蛋白质浓度(mg/ml)为横坐标,光吸收值(A_{280})为纵坐标做标准曲线。从标准曲线上查出稀释后的样品浓度,乘以稀释倍数后计算样品溶液的实际浓度,求三个稀释倍数样品的平均值。

【注意事项】

1. 待测样品 1、2、3 应为不同稀释倍数,样品量 X1 + 水量 Y1 = 1 ml;

2. 加入试剂甲或者试剂乙后,需立刻混匀,方能保证反应正常进行。

3. 精确控制反应时间,保证每管反应时间一致。

【思考题】

1. 简述 Folin 酚法测蛋白质含量的优缺点。

2. Folin 酚法测定蛋白质含量时有哪些注意事项?

实验三　考马斯亮蓝法(Bradford 法)测定蛋白质含量

【实验目的】

1. 掌握 Bradford 法测定蛋白质含量的原理。

2. 了解 Bradford 法的优缺点和适用范围。

【实验原理】

考马斯亮蓝是一种氨基三苯甲烷染料,可在酸性环境中与蛋白质形成由范德华力及静电作用的非共价复合物。考马斯亮蓝 G250 的最大光吸收峰在 405nm,当它与蛋白质结合形成复合物时,其最大光吸收峰变为 595nm,溶液的颜色也从棕黑色变为蓝色,所显示蓝色至少在 1 小时内是稳定的。在一定的范围内,考马斯亮蓝 G250-蛋白质复合物呈色后,在 595nm 下,光密度与蛋白质含量呈线性关系。因此可以用于蛋白质含量的测定。考马斯亮蓝 G250-蛋白质复合物的高消光效应导致了该方法测定蛋白质含量的高敏感性,可以用来测定从 $10 \sim 100$ μg 的蛋白质。

Bradford 法的优点:①灵敏度高,最低蛋白质检测量可达 10 μg,比 Lowry 法约高四倍。这是因为蛋白质与染料结合后产生的颜色变化很大,蛋白质-染料复合物有更高的消光系数,因而光吸收值随蛋白质浓度的变化比 Lowry 法要大得多。②测定快速、简便,只需加一种试剂。完成一个样品的测定,只需要 5 分钟左右。染料与蛋白质结合的过程大约只要 2 分钟即可完成,其颜色可以在 1 小时内保持稳定,且在 5 分钟至 20 分钟之间,颜色的稳定性最好。因而完全不用像 Lowry 法那样不仅费时而且需要严格控制时间。③干扰物质少,如干扰 Lowry 法的 K^+、Na^+、Mg^{2+} 离子、Tris 缓冲液、糖和蔗糖、甘油、巯基乙醇、EDTA 等均不干扰此测定法。

Bradford 法的缺点:①由于各种蛋白质中的精氨酸和芳香族氨基酸的含量不同,因此 Bradford 法用于不同蛋白质测定时有较大的偏差,在制作标准曲线时通常选用 γ-球蛋白为标准蛋白质,以减少这方面的偏差。②仍有一些物质干扰此法的测定,主要的干扰物质有:去污剂、Triton X-100. 十二烷基硫酸钠(SDS)和 0.1 mol/L 的 NaOH。③标准曲线也有轻微的非线性,因而不能用 Beer 定律进行计算,而只能用标准曲线来测定未知蛋白质的浓度。

【实验器材】

可见光分光光度计、旋涡混合器、试管 16 支等。

【药品试剂】

1. 标准蛋白质溶液:用 γ-球蛋白或牛血清蛋白(BSA),配制成 0.1 mg/ml 的标准蛋白质溶液。

2. 考马斯亮蓝 G-250 染料试剂:称取 100 mg 考马斯亮蓝 G-250,溶于 50 ml 95% 的乙醇后,再加入 100 ml 85% 的磷酸,用水稀释至 1 L。

【实验方法】

1. 取 10 支试管,1 支作空白,3 支留作未知样品,其余试管分为两组按表 3-4 中的顺序,分别加入样品、水和试剂。每加完一管,立即混匀(注意不要太剧烈,以免产生大量气泡而难以消除)。第 8、9、10 管为未知样品中蛋白质含量的测定管。

2. 加完试剂在室温放置 5~10 分钟后,即可开始在分光光度计上测定各样品在 595 nm 处的光吸收值 A_{595},空白对照为第 1 号试管。

【注意事项】

不可使用石英比色皿(因不易洗去染色),可用塑料或玻璃比色皿,使用后立即用少量 95% 的乙醇荡洗,以洗去染色。塑料比色皿不可用乙醇或丙酮长时间浸泡。

表 3-4　　　　　　　考马斯亮蓝方法测定蛋白质含量

试剂　ml	管号									
	1	2	3	4	5	6	7	8	9	10
0.1mg/ml 蛋白质标准液	0	0.1	0.2	0.4	0.6	0.8	1			
双蒸水 ml	1	0.9	0.8	0.6	0.4	0.2	0	0.8	0.5	0.2
待测样品 ml								0.2	0.5	0.8
考马斯亮蓝 G-250 ml	5	5	5	5	5	5	5	5	5	5

混匀,室温放置 5~10 分钟后测定 A_{595}

3. 用标准蛋白质量(mg)为横坐标,用吸光值 A_{595} 为纵坐标作图,即得到一条标准曲线。由此标准曲线,根据测出的未知样品的 A_{595} 值,即可查出未知样品的蛋白质含量。一般情况下,0.5 mg/ml 牛血清蛋白溶液的 A_{595} 约为 0.5,0.05 mg/ml 牛血清蛋白溶液的 A_{595} 约为 0.29。

【思考题】

简单叙述考马斯亮蓝法测蛋白质含量的优缺点以及操作过程中的注意事项。

【附录】

考马斯亮蓝 R250(Coomassie brilliant blue R250)。$C_{45}H_{44}O_7H_3S_2Na$,MW=824,λ_{max}=560~590nm。染色灵敏度比氨基黑高 5 倍。尤其适用于 SDS 电泳中微量蛋白质的染色。但蛋白质浓度超出一定范围时,对高浓度蛋白质的染色不符合 Beer 定律,用作定量分析时要注意这点。

考马斯亮蓝 G250,又名 Xylene brilliant cyanin　G。比考马斯亮蓝 R250 多两个甲基。MW=854;λ_{max}=590~610nm。染色灵敏度不

如 R250,但比氨基黑高 3 倍。优点在于它在三氯乙酸中不溶而是形成胶体,能有选择地染色蛋白质而几乎无本底色。所以常用于需要重复性好和稳定的染色,适于做定量分析。

考马斯亮蓝和皮肤中蛋白质通过范德华力结合,反应快速,并且稳定,无法用普通试剂洗掉。待一两周后,皮屑细胞自然衰老脱落即可无碍。

考马斯亮蓝 G250 是常用的蛋白质染料,作定性试验用,染色后为蓝绿色;考马斯亮蓝 R250 较敏感,做定量实验用,染蛋白质胶的效果较好,染色后为红蓝色。

实验四　　BCA 法测定蛋白质含量

【实验目的】

1. 掌握 BCA 法测定蛋白质浓度的原理及步骤。

2. 了解 BCA 法的优缺点和适用范围。

【实验原理】

含有二价铜离子的硫酸铜与 2,2-联喹啉-4,4-二甲酸二钠(bicinchoninic acid,BCA)组成苹果绿色的 BCA 工作试剂。在碱性的条件下,二价铜离子可以被蛋白质还原成一价铜离子,一价铜离子和 BCA 相互作用,两分子的 BCA 螯合一个铜离子,形成紫色复合物。该水溶性复合物在 562 nm 处显示强烈的吸光性,其吸光值和蛋白浓度在广泛范围内有良好的线性关系,因此根据吸光值可以推算出蛋白浓度。

BCA 法的优点:①准确灵敏,BCA 试剂的蛋白质线性测定范围是 20~200 μg/ml,采用加强方法可检测到 5 μg/ml;MicroBCA 试剂测定范围是 0.5~20 μg/ml。②方便快速,步骤简单,45 分钟内完成测定。③经济实用,除试管外,测定可在微孔板中进行,大大节约样品和试剂用量。④影响因素小,不受绝大多数样品中离子型和非离子型去污剂的影响,可以兼容样品中尿素、高达 5% 的 SDS、5% 的 Triton X-100、5% 的 Tween 20、Tween 60、Tween 80 等。⑤检测不同蛋白质分子的变异系数远小于考马斯亮蓝法。

BCA 法的缺点:①与荧光蛋白质定量等方法相比,属于化学呈色方法的 BCA 法检测灵敏度尚不够。②实验试剂需购置商品化试剂盒,提高了实验成本。

【实验器材】

可见光分光光度计、恒温水浴锅、试管 9 支、移液枪等。

【药品试剂】

1. 蛋白质标准液:用牛血清蛋白(BSA),配制成 1.5 mg/ml 的标准蛋白质溶液。

2. BCA 工作液:试剂 A 和 B 按 50:1 混合。

试剂 A:1% BCA 二钠盐,2% 无水碳酸钠,0.16% 酒石酸钠,0.4% 氢氧化钠,0.95% 碳酸氢钠。混匀后调节 pH 值至 11.25。

试剂 B:4% 硫酸铜。

3. 待测蛋白质样品。

【实验方法】

1. 取 9 支试管,1 支作空白,3 支作未知样品,其余试管按表3-5中顺序,分别加入蛋白质标准液、水和试剂,即用 1.5 mg/ml 的标准蛋白质溶液给各试管分别加入:0、0.02、0.04、0.06、0.08、0.1 ml,然后用无离子水补充到 0.1 ml。最后各试管中分别加入 2 ml BCA 工作液,每加完一管,立即混匀(注意不要太剧烈,以免产生大量气泡而难以消除)。未知样品的加样量见表 3-5 中的第 7、8、9 管。

2. 37℃保温 30 分钟,,在分光光度计上测定各样品 563nm 处的光吸收值 A_{563},空白对照为第 1 号试管,即 0.1 ml H_2O 加 2 ml BCA 试剂。

表3-5	BCA 法测定蛋白质含量								
试　剂	管　号								
	1	2	3	4	5	6	7	8	9
蛋白质标准液(μl)	0	20	40	60	80	100			
双蒸水(μl)	100	80	60	40	20	0	90	70	40
待测样品(μl)							10	30	60
BCA 工作液（ml）	2	2	2	2	2	2	2	2	2

混匀,37℃保温 30 分钟,测定 A_{562}

3. 用标准蛋白质量(mg)为横坐标,用吸光值 A_{563} 为纵坐标作图,即得到一条标准曲线。由此标准曲线,根据测出的未知样品的 A_{563} 值,即可查出未知样品的蛋白质含量(g/L),求未知样品的平均值。

【注意事项】

测量时不可使用石英比色皿(因不易洗去染色),可用塑料或玻璃比色皿,使用后立即用少量95%的乙醇荡洗,以洗去染色。塑料比色皿不可用乙醇或丙酮长时间浸泡。

【思考题】

1. 简述 BCA 法测蛋白含量的优缺点。

2. BCA 法的用途有哪些?

第二节　蛋白质的纯度和亚单位的检测

实验五　连续的非变性凝胶电泳法

【实验目的】

1. 掌握非变性凝胶电泳的基本原理。

2. 了解非变性凝胶电泳的应用范围。

【实验原理】

非变性聚丙烯酰胺凝胶电泳(native-PAGE)是在不加入 SDS、巯基乙醇等变性剂的条件下,对保持生物大分子结构和活性的蛋白质进行聚丙烯酰胺凝胶电泳。未加入 SDS 的电泳条件可以使生物大分子在电泳过程中保持其天然的形状和电荷,而不含巯基乙醇等变性剂也能使蛋白质各亚基间的相互作用得以保存。这种非变性条件下的电泳依据蛋白质、酶等生物大分子电泳迁移率的不同和凝胶分子筛的作用,将保持生物活性的大分子进行电泳分离。

非变性凝胶电泳适合于进行生物大分子亚基聚合状态分析、蛋白相互作用分析、酶活性分析等。

一般蛋白质进行非变性凝胶电泳时要分清是碱性还是酸性蛋白。分离碱性蛋白的时候,要利用低 pH 值凝胶系统,使蛋白质带正电荷,通常需要将阴极和阳极倒置才可以电泳分离。分离酸性蛋白质的时候,通常采用高 pH 值凝胶缓冲系统(如 pH8.3),使蛋白质带负电荷,蛋白质可以向阳极迁移。

【实验器材】

电泳仪、垂直板电泳槽、微量加样器、50 ml 烧杯 1 个、移液枪等。

【药品试剂】

1. $10 \times TBE$(pH8.3):取 Tris 108 g,$Na_2EDTA \cdot 2H_2O$ 7.44 g,硼酸 55 g,加入约 800 ml 去离子水,充分搅拌溶解,定容至 1 L。室温存放。

2. 30% 丙烯酰胺/甲叉双丙烯酰胺溶液:称取 29.2 g 丙烯酰胺和 0.8 g 甲叉双丙烯酰胺,加水溶解后定容到 100 ml,过滤备用,4℃储存。

3. $2 \times$溴酚蓝上样缓冲液:1.25 ml pH6.8 0.5 mol/L Tris-HCl,3 ml 甘油,0.2 ml 0.5% 溴酚蓝,5.5 ml 双蒸水;-20℃储存。

4. 10% 过硫酸铵溶液(新鲜配制)。

5. TEMED。

6.考马斯亮蓝染色液:0.2 g 考马斯亮蓝 R250 溶于 84 ml 95%
乙醇,加入 20 ml 冰醋酸,充分混匀后定容到 200 ml,过滤备用。

7.考马斯亮蓝脱色液:100 ml 甲醇,100 ml 冰醋酸,800 ml dH$_2$O,
混匀备用。

8.2.5 mg/ml 标准蛋白质溶液(商品化产品)。

9.待测混合蛋白质。

【实验方法】

1.安装玻璃板,过程同 SDS-PAGE(参见本章实验六)。

2.按照表3-6配制8%的非变性凝胶10 ml,倒入玻璃板之间,尽
快插入梳子。室温下聚合 30~40 分钟。

表3-6 　　　　　　　　非变性凝胶的制备

	3.5%	5%	6%	8%
30%丙烯酰胺溶液	1.2 ml	1.7 ml	2 ml	2.7 ml
10 × TBE	1 ml	1 ml	1 ml	1 ml
H$_2$O	7.8 ml	7.3 ml	7.0 ml	6.3 ml
10% AP	0.1 ml	0.1 ml	0.1 ml	0.1 ml
TEMED	0.008 ml	0.008 ml	0.008 ml	0.008 ml

3.取出梳子,将玻璃板凹槽向内重新安装到电泳槽上,内外槽分
别加入 1 × TBE 缓冲液。

4.样品加等体积上样缓冲液,每孔点样 10 μl,140 V 电泳约
90 分钟。

5.取出玻璃板,小心剥胶,并随后进行考马斯亮蓝染色和脱色,
过程同 SDS-PAGE(参见本章实验六)。

【思考题】

简述非变性凝胶电泳的用途。

实验六　不连续 SDS-PAGE 垂直电泳及考马斯亮蓝染色法

【实验目的】

1. 掌握 SDS-PAGE 的基本原理。
2. 掌握垂直板状凝胶电泳槽的使用和凝胶配制方法。
3. 掌握考马斯亮蓝法对 SDS 聚丙烯酰胺凝胶染色的方法。
4. 了解聚丙烯酰胺凝胶电泳的应用范围。

【实验原理】

带电颗粒在电场的作用下,向与其电荷相反的电极方向移动的现象称为电泳(electrophoresis)。电泳的速度与带电颗粒的电荷强弱、分离介质的阻力、电解液的黏度和电场强度等因素相关。生物大分子电泳的速度除上述因素之外,还与分子形状、相对分子质量大小、分子的带电性质和数目等因素有关。基于各种带电粒子在电场中迁移速度的不同,可将蛋白质、核酸等物质进行分离,此实验技术称为电泳技术。

聚丙烯酰胺凝胶是由丙烯酰胺单体和少量交联剂 N,N'-甲叉双丙烯酰胺,在催化剂(化学聚合剂过硫酸铵或光聚合剂核黄素)和加速剂(N,N,N',N'-四甲基乙二胺)的作用下聚合含酰胺基侧链的脂肪族长链,相邻的两个链通过甲叉桥交联起来而形成三维网状结构的凝胶。改变单体 Acr 浓度或单体与交联剂的比例,就可以得到不同孔径的凝胶。以此凝胶为支持物的电泳称为聚丙烯酰胺凝胶电泳(polyacrylamide gel electrophoresis,PAGE),可用来分离核酸(<3%)和蛋白质(7%~15%)。待分离分子通过凝胶孔的能力取决于凝胶孔的大小和形状,也取决于被分离分子的形状、大小以及分子所带的电荷等因素。

蛋白质是两性电解质分子,大多数蛋白质的等电点在 5 左右,在

pH 6~8 的聚丙烯酰胺凝胶中带有负电荷,在电场中能向正极迁移。由于相对分子质量的不同和蛋白质形状以及所带静电荷的多少等因素的差异,不同蛋白质分子在聚丙烯酰胺凝胶中的电泳速度也有所差异,从而使不同性质的蛋白质得以分离。

PAGE 分离蛋白质基于三种物理效应:

1.凝胶对蛋白质样品的分子筛效应:聚丙烯酰胺凝胶是三维网状结构的凝胶。分子量大、形状不规则的分子通过凝胶孔洞的阻力大,移动慢;分子量小、球形的分子移动快。

2.电荷效应:大部分蛋白质在 pH 8.3 电泳缓冲液的条件下带有负电荷,蛋白质的等电点决定了自身表面带的负电荷的多少。表面负电荷多的蛋白质迁移快,表面负电荷少的蛋白质则迁移速度较慢。

3.不连续系统对蛋白质样品的浓缩效应:PAGE 电泳根据凝胶的分离系统可以分为连续系统和不连续系统。不连续的 SDS-PAGE 系统具有较强的浓缩效应,因此比连续系统电泳的分辨率高,也更为常用。在无特殊说明的情况下,SDS-PAGE 均指不连续的 SDS-PAGE 系统。该凝胶系统存在三个不连续:凝胶层的不连续;缓冲液离子成分及 pH 值的不连续和电位梯度的不连续。

凝胶层的不连续表现为聚丙烯酰胺凝胶分为上下两层胶,上层胶称为浓缩胶,聚丙烯酰胺浓度较低,凝胶孔径较大;下层胶称为分离胶,聚丙烯酰胺浓度较高,凝胶孔径较小。蛋白质颗粒在大孔径胶中泳动时阻力小,移动速度快;而在小孔径胶中泳动时阻力较大,移动速度慢。因此,在不连续的两层凝胶交界处,样品迁移受阻被压缩(浓缩)成很窄的区带。

缓冲液离子成分及 pH 值的不连续性表现为浓缩胶(pH 6.8)和分离胶(pH 8.8)中含有三羟甲基氨基甲烷(Tris)及 HCl。Tris 是缓冲离子,能维持溶液的 pH 值。HCl 在溶液中解离成 Cl$^-$,在电场中迁移速率很快,在所有离子和分子的最前面,因此被称为快离子或前导离子。电泳缓冲液中含有的甘氨酸成分在 pH 6.8 的浓缩胶和 pH

8.3 的缓冲体系中解离度很小,因此迁移率很低,被称为慢离子或尾随离子。蛋白质在 pH 6.8 的浓缩胶中有效迁移率介于快慢离子之间,在快慢离子间被浓缩成极窄的区带。当进入 pH 8.8 的分离胶后,甘氨酸解离度增加,其有效迁移率超过蛋白质,跑在蛋白质前面;而蛋白质由于分子量大而被留在后面,不再受离子界面影响,根据自身分子量的大小而分成多个区带。

为排除蛋白质分子之间的电荷差异及形状对蛋白质迁移的影响,使其迁移的大小只取决于相对分子质量的大小,Shapiro 和 Weber 等人(1967)发现在 PAGE 胶中加入阴离子去污剂十二烷基硫酸钠(sodium dodecyl sulfate,SDS)能达到此目的,并能用 PAGE 测定蛋白质的相对分子质量。含有 SDS 的聚丙烯酰胺凝胶电泳被称作 SDS-PAGE。在 SDS-PAGE 系统中加入了变性剂巯基乙醇和去污剂 SDS。巯基乙醇能使蛋白质分子中的二硫键还原;而 SDS 是一种强阴离子去污剂,能与蛋白质成比例结合,破坏蛋白质分子之间以及与其他物质分子间的共价键;使蛋白质变性,使蛋白质分子的氢键、疏水键打开,去折叠,而改变原有的空间构象;同时使蛋白质带上大量负电荷,导致不同蛋白质之间自身电荷差别消失。因此 SDS-PAGE 分离蛋白质主要依赖蛋白质自身分子量的差异,而非电荷或形状。

SDS-PAGE 分离胶丙烯酰胺的浓度和蛋白质大小分离范围间的关系见表 3-7 所示:

表 3-7　SDS-PAGE 分离胶丙烯酰胺的浓度和蛋白质大小分离范围

浓度 %	线性分离范围(kUa)
15	10-43
12	12-60
10	20-80
7.5	36-94
5.0	57-212

当蛋白质的相对分子量在凝胶的分离范围之内时,蛋白质电泳迁移率 m_R 与相对分子量 Mr 的对数呈线性关系,符合如下方程:

$$\lg Mr = K - b \cdot m_R$$

其中:b 为斜率;K 为截距;在一定条件下 b 和 K 均为常数。蛋白质电泳迁移率 m_R 是用蛋白质条带的迁移距离除以溴酚蓝条带前沿的迁移距离得到的,即

$$m_R = \frac{\text{蛋白质条带迁移距离}}{\text{溴酚蓝条带迁移距离}}$$

如果凝胶厚度 >1 mm,由于染色、脱色和保存过程中,凝胶的膨胀或收缩将影响迁移率的变化,因此必须测量固定前和脱色后的凝胶的长度并按下式换算,以消除误差。

$$m_R = \frac{\text{蛋白质质条带迁移距离}}{\text{脱色后凝胶长度}} \times \frac{\text{固定前凝胶长度}}{\text{溴酚蓝条带迁移距离}}$$

据此,可以将一系列已知 Mr 的标准蛋白质进行 SDS-PAGE 电泳分离,然后以每个已知 Mr 的标准蛋白质的电泳相对迁移率为横坐标,以 Mr 的对数为纵坐标作图得出蛋白质 Mr 的标准曲线。同时将未知蛋白质在相同条件下进行电泳,根据电泳迁移率的测量计算结果,在标准曲线上求得相对分子量。

SDS-PAGE 的优点:简便、快速、重复性好;样品用量少,可同时测定多种样品的分子量;分辨率高:蛋白质分离范围为 10000 ~ 200000 kU,可通过调节凝胶浓度来使蛋白质分离达到最佳效果。

几乎所有的蛋白质分析电泳都采用 PAGE 电泳。SDS 能确保蛋白质解离成单个多肽亚基,并尽可能减少亚基之间的相互聚集,因此如果蛋白质是由多亚基组成时,则 SDS 电泳所测得的蛋白质相对分子量为亚基的分子量而不是天然蛋白质的分子量。

蛋白质对考马斯亮蓝的吸附与蛋白质的量大致成正比,因此可以用考马斯亮蓝染料对电泳后的蛋白质条带进行染色。

蛋白质样品制备应注意保持低温以避免蛋白质降解或修饰,在

合适的盐离子浓度条件下保持蛋白质的最大溶解度和可重复性。

【实验器材】

电泳仪、垂直板电泳槽、微量加样器、50 ml 烧杯两个、移液枪等。

【药品试剂】

1.5 × 电泳缓冲液储存液(pH 8.3):取 Tris 7.5 g,甘氨酸 36 g,SDS 2.5 g,加水溶解后定容为 500 ml。使用前稀释 5 倍。

2. TEMED(四甲基乙二胺)。

3.30% 丙烯酰胺/甲叉双丙烯酰胺溶液:称取 29.2 g 丙烯酰胺和 0.8 g 甲叉双丙烯酰胺,加水溶解后定容至 100 ml,过滤备用,4℃储存。

4. 分离胶 Tris 缓冲液(pH 8.8):1.5 mol/L Tris-HCL,调整 pH 值为 8.8。

5. 浓缩胶 Tris 缓冲液(pH 6.8):1 mol/L Tris-HCL,调整 pH 值为 6.8。

6.10% 过硫酸铵溶液(新鲜配制),配制后的 10% 溶液可以在 4℃储存一周。

7.10% SDS。

8.2 × 上样缓冲液:将 2 ml 0.5 mol/L Tris-HCl(pH 6.8)、2 ml 甘油、2 ml 20% SDS,0.5 ml 0.1% 溴酚蓝、1 ml 巯基乙醇和双蒸水 2.5 ml 混合后, -20℃储存。

9. 染色液:0.2 g 考马斯亮蓝 R250 充分溶解在 84 ml 95% 乙醇和 20 ml 冰醋酸中,定容至 200 ml,过滤备用,室温保存。

10.0.1% SDS。

11. 蛋白分子量标准液(商品化):根据需要选择合适的蛋白质分子量标准溶液。在蛋白质分子量标准溶液中混合已知分子量的多种蛋白质成分。

12. 待测混合蛋白质。

【实验方法】

1. SDS-PAGE 凝胶的制备:

(1)安装玻璃板:将玻璃板清洗干净,吹风机吹干或竖直自然晾干。将长玻璃板平放于桌面上,带玻璃侧条面向上。把橡皮胶条沿玻璃板侧缘和下缘放置好,然后将带凹槽的短玻璃板放置其上。将安好的长短玻璃板配套镶嵌入配胶架上,凹槽玻璃板朝外,夹入斜楔板固定。在长短玻璃板之间加入少量水,看是否有漏液情况。如漏液,需重新安装玻璃板。如不漏液,则可将水倒掉。在玻璃板之间插入梳子,在梳子下 0.5~1cm 处画线做标记。再取出梳子,继续下述步骤。

(2)配制分离胶:按表 3-8 所示依次在烧杯中加入水、30% 丙烯酰胺溶液、pH 8.8 的 1.5 mol/L Tris-HCl 缓冲液、10% SDS、10% 过硫酸铵,依次混匀后加入加速剂 TEMED,迅速混匀并灌入两玻璃板间,直至标记处。随后在凝胶液上加 2 ml 0.1% SDS 溶液覆盖,以避免凝胶干燥。常温聚合 1 小时左右。室温低于 20℃时,可将凝胶放入37℃烘箱以加速聚合。

表 3-8　　　　　　　　SDS-PAGE 中分离胶的制备

10%凝胶各成分	总体积/ml			
	5	10	15	20
水	1.9	4.0	5.9	7.9
30%丙烯酰胺溶液	1.7	3.3	5.0	6.7
1.5 mol/L Tris-HCl pH8.8	1.3	2.5	3.8	5.0
10% SDS	0.05	0.1	0.15	0.2
10% 过硫酸铵	0.05	0.1	0.15	0.2
TEMED	0.002	0.004	0.006	0.008

(3)配制浓缩胶:待分离胶凝固之后,可见胶面与表层溶液有清晰分界面。倾去表层的溶液,用滤纸吸干残余溶液,注意勿接触胶面。按表 3-9 所示依次在烧杯中加入水、30%丙烯酰胺溶液、pH 6.8 的 1 mol/L Tris-HCl 缓冲液、10% SDS、10% 过硫酸铵,依次混匀后加入加速剂 TEMED,迅速混匀并灌入两玻璃板间。随后立刻在凝胶液上插入梳子,梳子平的一侧面对长玻璃板,注意避免插入气泡。常温聚合 30 分钟左右。室温低于 20℃时,可将凝胶放入 37℃烘箱以加速聚合。

表 3-9 SDS-PAGE 凝胶中浓缩胶的制备

5%凝胶各成分	总体积/ml			
	2	4	6	8
水	1.4	2.7	4.1	5.5
30%丙烯酰胺溶液	0.33	0.67	1.0	1.3
1 mol/L Tris-HCl pH 6.8	0.25	0.5	0.75	1.0
10% SDS	0.02	0.04	0.06	0.08
10% 过硫酸铵	0.02	0.04	0.06	0.08
TEMED	0.002	0.004	0.006	0.008

(4)将凝固好的玻璃板从配胶架上取下来,轻轻取出梳子和橡皮胶条,然后把带胶的玻璃板凹槽短玻璃板向内插入电泳槽架上,固定。并在玻璃板之间形成的内槽和外槽中加入电泳缓冲液,内槽液面需淹没过玻璃板上缘,外槽液面需淹没过玻璃板下缘数厘米。

2. 蛋白样品的处理:取待测样品 20 μl,加入等量 2 × 上样缓冲液,95℃加热 5 分钟,取出冷却至室温。

3. 上样:用微量加样器吸取蛋白分子量标准液和待测样品 20 μl,分别加入梳孔中。

4. 电泳:加样完毕后,上槽接负极,下槽接正极,打开电泳仪,调整电压至 75 V,恒压电泳 15~20 分钟直至样品中溴酚蓝带形成一条直线,并且处于浓缩胶和分离胶的分界线处。调整电压至 130 V,恒压电泳,直至溴酚蓝条带跑到距离凝胶底部约 0.5 cm 处停止电泳。

5. 染色:取出玻璃板,用拨胶板小心撬开短玻璃板,并将浓缩胶去掉,将分离胶部分置于平皿中,用直尺测量凝胶长度和溴酚蓝的迁移距离并记录,然后加入适量考马斯亮蓝染色液淹没过胶面,置于摇床上常温染色 5 小时以上。

6. 脱色:染色完毕后,倒出染色液,倒入脱色液常温脱色 3~6 小时,其间更换脱色液 3~4 次,直至凝胶的蓝色背景褪去,蛋白质区带清晰为止。用直尺测量凝胶脱色后的长度以及各蛋白样品带的迁移距离。

7. 蛋白相对分子量的计算:首先计算各蛋白质的相对迁移率,然后以各标准蛋白质样品的相对迁移率为横坐标,其相对分子质量的对数为纵坐标,在半对数坐标纸上作图,绘制出一条标准曲线。根据待测蛋白质样品的相对迁移率的数值,可以直接从标准曲线上查得蛋白质的 Mr。

$$相对迁移率 \ m_R = \frac{蛋白样品带迁移距离}{凝胶板脱色后长度} \times \frac{凝胶染色前长度}{溴酚蓝迁移距离}$$

8. 蛋白质浓度的估算:将脱色后的凝胶进行照相或扫描。用 Photoshop 对不同浓度的 BSA 蛋白条带的灰度以及待测蛋白条带的灰度进行量化计算,以 BSA 蛋白浓度为横坐标,灰度为纵坐标,在坐标纸上做标准曲线,根据测算出的待测蛋白条带灰度,可以大致估算出蛋白质的浓度。

【思考题】

1. SDS-PAGE 法测蛋白质分子量和含量的优缺点各有哪些?

2. 简述 SDS-PAGE 法的用途。

实验七 SDS-PAGE 蛋白凝胶的酸性银染法

【实验目的】

1. 掌握银染法的基本原理。

2. 了解银染法与考马斯亮蓝染色方法的应用。

【实验原理】

银染法可分为酸性银染法和碱性银染法。酸性银染法原理为酸性环境下银离子能渗入凝胶与蛋白质-SDS 复合物相结合,并附着在蛋白质分子表面。随后在碱性环境中甲醛的作用下,银离子可还原为金属银析出,因而使蛋白条带显现出黑色斑点或条带。银染法极为灵敏,灵敏度与考马斯亮蓝染色方法相比高出约 100 ~ 1000 倍,可检测最低 0.1 ~ 1 ng 的蛋白肽段。因为灵敏度过高,使用过程中需注意避免杂蛋白质污染,具体措施包括:所有溶液均用超纯水配制;所用器皿需用去污剂彻底清洗干净;染色全程必须戴手套;严格控制染色时间等。

【实验器材】

玻璃或金属平皿 4 个、玻璃量筒、烧杯、玻璃吸管若干。

【药品试剂】

1. 固定液:含 50% 乙醇,12% 醋酸,0.1% 甲醛(临用前加)。

2. 漂洗液:50% 乙醇。

3. 致敏液:0.02% 硫代硫酸钠。

4. 染色液:含 0.5% 硝酸银和 0.075% 甲醛(临用前加)。

5. 显色液:含 6% 碳酸钠,0.0004% 硫代硫酸钠,0.05% 甲醛(临用前加)。

6. 中止液:含 50% 乙醇和 12% 醋酸。

【实验方法】

1. 配制固定液,置于平皿中。

2. 戴手套用剥胶器或刀片小心分开两玻璃板,将上部的浓缩胶部分划开弃去,取 10 ml 注射器吸取电泳液,插入玻璃板与凝胶之间注入,使水的压力将两者自然分开,边推边进,反复多次注水,直至凝胶从玻璃板上滑落下来。将凝胶置于固定液中,摇床上轻微振荡,常温固定 1 小时;

3. 将凝胶转移至另一平皿中,加入漂洗液漂洗,每隔 5 分钟换液,共三次;

4. 倒去漂洗液,加入致敏液反应 1 分钟,然后迅速倾去致敏液,加入双蒸水漂洗,每隔 1 分钟换液,共三次;

5. 倒去液体,加入染色液,摇床上轻微振荡,常温下染色 20 分钟;

6. 双蒸水漂洗 3 次,每次 1 分钟;

7. 倒去液体,加入显色液,摇床上轻微振荡,常温下显色 4 ~ 15 分钟,显色时间以肉眼可见清晰蛋白条带为准。

8. 直接在显色液中迅速加入反应中止液,迅速摇晃以让液体能均匀混合,使得凝胶显色均匀。

【思考题】

1. 简述银染法的使用范围。

2. 试分析银染法的影响因素和注意事项。

实验八　蛋白免疫印迹法

【实验目的】

1. 掌握电转印的基本原理。

2. 掌握半干式石墨电转印槽的使用方法。

3. 掌握免疫印迹检测的基本原理。

【实验原理】

为了检测样品中是否存在待测蛋白质,或者想了解目的蛋白质的修饰状态等,需要将 SDS-PAGE 电泳后的凝胶中的蛋白质转移到固相支持物上(即电转印),然后用蛋白特异性的抗体和显色剂进行检测(即蛋白免疫印迹 Western Blot 法)。电转印的原理是通过蛋白质在电场作用下由负极向正极迁移的原理,通过给予一定的 pH 值环境和电场作用,将凝胶中的蛋白质转移到能与蛋白质疏水结合的固相支持物滤膜上。电转印所需固相支持物包括硝酸纤维滤膜、PVDF 膜和阳离子尼龙膜等。各种膜对蛋白质的结合效率稍有差异,机械强度也不尽相同,可根据试验要求进行选择。最常用的滤膜是孔径为 0.45 μm 的硝酸纤维滤膜和 PVDF 膜。电转印的效率可以通过常规蛋白染色的方法(如考马斯亮蓝染色等)加以确认。

蛋白质转印到滤膜上之后,在进行抗体杂交之前,需要先对承载蛋白质的滤膜进行封闭,以防止免疫试剂对滤膜的非特异性吸附造成的背景着色。常用封闭溶液采用含 5% 脱脂奶粉的 TBS 或 5% BSA-TBS。随后用针对目的蛋白质的特异性抗体(单克隆或多克隆抗体)与滤膜进行孵育反应,随后用酶标的二抗进行放大和耦联反应,采用针对二抗上标记的呈色剂或发光剂即可通过分析着色位置和强度检测出特定蛋白质表达情况的信息。

【实验器材】

半干式石墨电转仪、电源、剥胶器或刀片、10 ml 注射器、NC 膜、Whatman 6 号滤纸、玻璃平皿 1 个、玻璃量筒、烧杯、玻璃吸管若干。

【药品试剂】

1. TBS:10 mmol/L Tris,0.9% NaCl,用 1 mol/L HCl 调 pH 值至 7.4。

2. 含 5% 脱脂奶粉的 TBS 缓冲液。

3. 含 0.1% Tween20 TBS 缓冲液。

4. 电转缓冲液:39 mmol/L Glycine(2.9 g/L)、48 mmol/L Tris (5.8 g/L)、0.037% SDS (0.37g/L)、20%甲醇(200 ml/L)。

5. 显色液:沉淀型单组分 TMB 底物溶液。TMB:3,3,5,5-四甲基联苯胺(3,3,5,5-tetramethylbenzidine)(DAB 底物更为常用,但有毒)。

【实验方法】

1. 将 PVDF 膜和 Whatman 6 号滤纸切出与凝胶一样大小,置于转移缓冲液中湿润 5～10 分钟。

2. SDS-PAGE 结束后,戴手套用剥胶器或刀片小心分开两玻璃板,将上部的浓缩胶部分划开弃去,取 10 ml 注射器吸取转印液,插入玻璃板与凝胶之间注入,使水的压力将两者自然分开,边推边进,反复多次注水,直至凝胶从玻璃板上滑落下来,置于转移缓冲液中。

3. 用少量转移缓冲液润湿半干式石墨电转板,然后按三层滤纸、PVDF 膜、凝胶、三层滤纸的顺序从下至上依次放置于半干式石墨电转板上。注意每层之间避免气泡,边缘尽量对齐。注意不要放反了,此时蛋白质带有负电荷,在电压作用下向正极转移,因此 PVDF 膜要放在靠近正极的方向。

4. 加上阳极电极板,接通电源,110 V 稳压转印 30 分钟(转印时间具体由待测蛋白质的大小决定,对于高分子量的蛋白质应适当延长转印时间)。

5. 转印时配制含 5% 脱脂奶粉的封闭液 20 ml。

6. 转印完毕后,将承载蛋白质的滤膜取出,放在封闭液中,轻摇封闭 30 分钟以上。此时用封闭液配制 1:1000 的一抗羊抗鼠 β-actin 抗体 10 ml。

7. 弃去封闭液,加入稀释后的一抗,室温轻摇 1 小时。

8. 回收一抗,用含 0.1% Tween 的 TBS 洗膜,每 5 分钟换一次 TTBS,共三次。此时用 TBS 配制 1:1000 的 HRP 标记的兔抗羊 IgG 抗体 10 ml。

9. 弃去洗涤液,加入稀释后的二抗,室温轻摇 40～60 分钟。

10. 回收一抗,用含 0.1% Tween 的 TBS 洗膜,每 5 分钟换一次 TTBS,共三次。最后用 TBS 洗膜一次。

11.加入沉淀型单组分 TMB 底物溶液 2 ml,边摇边观察蓝紫色实验条带;待条带清晰且背景干净时,迅速弃去底物溶液,流水冲洗滤膜以中止反应。

12.干燥滤膜,照相。

【思考题】

1.简述免疫蛋白印迹法的注意事项。

2.Western Blot 检测底物的方法有哪些,如何进行选择?

实验九　等电聚焦测定蛋白质等电点

【实验目的】

1.了解等电聚焦的基本原理。

2.了解等电聚焦的应用。

【实验原理】

等电聚焦(isoelectric focusing,IEF)目前已广泛用于蛋白质分析和制备中,是 20 世纪 60 年代后才迅速发展起来的重要技术。IEF 的基本原理是,在电泳槽中放入两性电解质,如脂肪族多氨基多羧酸(或磺酸型、羧酸磺酸混合型),pH 值范围有 3～10、4～6、5～7、6～8、7～9 和 8～10 等。电泳时,两性电解质形成一个由阳极到阴极逐步增加的 pH 值梯度,正极为酸性,负极为碱性。蛋白质分子是在含有载体两性电解质形成的一个连续而稳定的线性 pH 值梯度中进行电泳。样品可置于正极或负极任何一端。在电场中,蛋白质分子在大于其等电点的 pH 值环境中以阴离子形式向正极移动,在小于其等电点的 pH 值环境中以阳离子形式向负极移动。当置于负极端时,因 pH > pI,蛋白质带负电向正极移动。随着 pH 值的下降,蛋白质负电荷量渐少,移动速度变慢。当蛋白质移动到与其等电点相应 pH 值位置上时即停止,并聚集形成狭窄区带。

如果在 pH 值梯度的环境中将含有各种不同等电点的蛋白质混

119

合样品进行电泳,不管混合蛋白质分子的原始分布如何,都将按照它们各自的等电点大小在 pH 值梯度中相对应位置聚集,最终使不同等电点的蛋白质分子分隔在不同区域,这种按等电点大小在 pH 值梯度某一位置进行聚集的行为即是聚焦。聚焦部位的蛋白质质点的净电荷为零,测定聚焦部位的 pH 值即可知道该蛋白质的等电点。因此,IEF 中蛋白质的分离取决于电泳 pH 值梯度的分布和蛋白质的 pI,而与蛋白质分子大小和形状无关。

IEF 的优缺点。优点:①分辨率很高,可把 pI 相差 0.01 的蛋白质分开。②样品可混入胶中或加在任何位置,在电场中随着电泳的进行区带越来越窄,克服了一般电泳的扩散作用。③电泳结束后,可直接测定蛋白质 pI。④分离速度快,蛋白质可保持原有生物活性。缺点:①电泳中应使用无盐样品溶液,否则高压中电流太大而发热。但无盐时有些蛋白质因溶解性能差易发生沉淀,克服方法是在样品中多加些两性电解质。②许多蛋白质在 pI 附近易沉淀而影响分离效果,可加些脲或非离子去垢剂解决。

两性电解质载体有 AmPholine(LKB 公司)、Servalyte(Serva 公司)、Pharmalyte(Pharmacia 公司)及国内产品。两性电解质载体的选择主要依据被测蛋白质的大概等电点范围。

【实验器材】

玻管(Φ0.5 cm×10 cm 或 Φ0.25 cm×10 cm)、圆盘电泳槽、直流电源、注射器、玻璃平皿、直尺、刀片、两面板、parafilm 封口膜、1.5 ml 的 EP 管等。

【药品试剂】

1.40% 蔗糖。

2.30% 丙烯酰胺。

3. Ampholine 两性电解质载体(pH3.5~10)。

4.10% 过硫酸铵。

5. TEMED。

6.待测蛋白质溶液(如2 mg/ml 的牛血清白蛋白溶液)。

7.20 g/L 的 NaOH 溶液、5%磷酸溶液、12%三氯乙酸溶液。

【实验方法】

1.配胶前准备工作:取2 支玻璃管(Φ0.5cm×10cm 或 Φ0.25cm ×10cm),用 Parafilm 封口膜(或乳胶橡皮)紧紧与一端管口相贴以保证封闭管口。封端朝下作为管底,垂直放置在制胶管架上,加入 40%蔗糖 3~4 滴。

2.小烧杯内按表3-10 所示顺序分别加入试剂,混匀后,将凝胶液加入玻璃管中,直至离玻管顶端 1 cm 处为止,上面再以 2~3 滴蒸馏水覆之。注意不要搅动凝胶,保持其表面平整。室温静置进行聚合,当凝胶与水之间出现清晰界面时,表示聚合完成。

表3-10　　　　　　　　等电聚焦中凝胶的配置

试剂名称	用量
dH_2O	15 ml
30%丙烯酰胺	2.5 ml
两性电解质载体(pH3.5~10)	0.75 ml
蛋白质溶液	0.15 ml
10%过硫酸铵	30μl
TEMED	7μl

3.剥去封胶的 Parafilm,甩掉玻璃管两端的水和蔗糖液,用少量蒸馏水洗涤两端残留的未聚合聚丙烯酰胺,将玻璃管插入圆盘电泳槽的胶塞孔中。将所有胶塞孔都插满玻管,如果没有多的玻管,用未开孔胶塞封闭样品槽。

4.将样品槽翻转,用注射器吸取少量 NaOH 溶液,加入玻管内,以排出气泡。

5. 向样品槽(圆盘电泳槽上槽)内加入少量 5% 磷酸溶液,溶液量淹没过胶塞面即可,观察是否漏液。如果漏液,需重新插管。如果不漏液,继续加磷酸溶液,直至淹没过玻管上缘。

6. 向圆盘电泳槽下槽加入 20 g/L NaOH 溶液,液面淹没过玻管下缘即可。

7. 放入样品槽,加盖,上槽接正极,下槽接负极,打开直流电源,恒压 160 V,聚焦约 4 小时,当电流接近零时停止电泳。

8. 聚焦结束后取出凝胶管,先用蒸馏水洗涤两端,然后用带长针头的注射器吸取水,插入胶柱与玻璃管内壁之间,缓慢旋转玻璃管,边旋转边注水,边推进针头,使凝胶条与管壁剥离,然后用洗耳球对玻璃管一端轻轻加压,使凝胶条从玻璃管内滑出,标明胶条正负端,并对凝胶条编号。

9. 测量凝胶条长度 L1 和 L1' 并记录。

10. 将一根凝胶条(长度为 L1)放入培养皿中,加入 12% 三氯乙酸溶液固定,20 分钟~2 小时即可见到白色蛋白条带。

11. 测量固定后的凝胶条长度 L2,以及凝胶条正极端到蛋白质白色沉淀条带中心的距离 Lp,并记录。

12. 将另一条未经固定的凝胶(长度为 L1')按照从正极端到负极端的顺序用刀片依次切成 5 mm 长的小段,分别置于有 1 ml 蒸馏水的试管中浸泡过夜。次日用 pH 试纸测量溶液 pH 值,并记录。

13. 绘制 pH 值梯度曲线:以凝胶柱长度为横坐标,pH 值为纵坐标作图。由于所测得的每一管之 pH 值是 5 mm 长的小段胶条的 pH 值混合平均值,作图时应把此 pH 值视为 5 mm 小段的中心区 pH 值,即第一小段的 pH 值所对应的胶条长度应为 2.5 mm,其余胶条段的长度依次按(5n~2.5)mm 类推。

14. 计算蛋白质样品等电点:根据蛋白聚焦部位距凝胶条正极端的实际长度 tLp',从 pH 值梯度曲线上查到对应 pH 值即为该蛋白的等电点(表 3-11)。

表 3-11   蛋白质样品等电点的计算

L1	L2	Lp	tLp = Lp × (L1/L2)	L1'	tLp' = Lp × L1'/L2	pI
mm	mm	mm	mm	mm	mm	

L1:凝胶柱固定前长度(mm);

L2:凝胶柱固定后长度(mm);

Lp:固定后蛋白质白色沉淀区带中心距凝胶柱正极端的长度(mm);

tLp:固定前蛋白质聚集部位距凝胶柱正极端的实际长度(mm);

L1':未固定凝胶长度,即测定 pH 值那支凝胶的长度(mm);

tLp':在未固定凝胶中待测蛋白质距凝胶柱正极端的实际长度(mm)。

pI:待测蛋白的等电点。

【注意事项】

1.样品要脱盐,否则区带扭曲;要彻底溶解,未彻底溶解的颗粒易引起拖尾;样品溶液中可加变性剂如尿素(6~8 mol/L)、去污剂等。加样量取决于样品中蛋白质种类及检测方法的灵敏度。一般以 0.5~1 mg/ml 蛋白质为宜,最适加样体积 10~30 μl,对不稳定样品可进行预电泳。

2.电极缓冲液应根据两性电解质 pH 值范围加以选择,可参见相应产品说明书。

3.样品可直接加在胶的顶部,亦可以在胶聚合前加入胶的混合物内一起聚合,须视样品的浓度及稳定性而定。如果样品比较浓,且易失活,一般在电泳前加到胶的顶部。为了不使样品接触电极溶液,在加样品后,再将胶管顶部充满 1% 两性电解质。样品也可以经预电泳后再加入,这也要看蛋白质样品对 pH 值的敏感程度。

【思考题】

1.简述等电聚焦法测定蛋白质等电点的原理。

2. 简单叙述等电聚焦的应用。

第三节　蛋白质的分类纯化

实验十　蛋白质盐析分离

【实验目的】

1. 掌握盐析分级分离蛋白质的原理。

2. 了解盐析分级分离蛋白质的操作。

【实验原理】

蛋白质是亲水胶体,维持蛋白质胶体稳定的重要因素是水化膜和同种电荷。蛋白质颗粒表面大多为亲水基团,可吸引水分子,使蛋白质分子表面形成一层水化膜,从而阻断蛋白质颗粒的相互聚集,防止溶液中蛋白质的沉淀析出。在蛋白质分子表面的疏水基团附近,水分子极化排列,以避免蛋白质聚集。除此之外,蛋白质胶粒表面带有电荷,也可起稳定胶粒的作用。蛋白质分子表面的可解离基团在适当的 pH 值条件下,与周围的反离子形成稳定的双电层。水化层、疏水基团附近的极化水分子的存在以及双电层使蛋白质胶体分子在合适的溶液中稳定存在,不会发生沉淀。如果改变溶液的环境,如离子浓度、pH 值等,会破坏水化层和双电层,导致蛋白质胶体分子稳定性遭到破坏,蛋白质就会沉淀下来。

低浓度中性盐溶液中,蛋白质溶解度随盐浓度的增加而增加,因为蛋白质分子吸附某种盐类离子后,带电层使蛋白质分子彼此排斥,而蛋白质分子与水分子间相互作用增强,因而溶解度增加。反之,蛋白质在高离子强度的溶液中溶解度降低、发生沉淀的现象称为盐析。其原理是:中性盐比蛋白质具有更强的亲水性,因此将与蛋白质争夺水分子,使蛋白质脱去水化层;同时高浓度盐离子使蛋白质表面所带的电荷被中和,双电层厚度降低,静电排斥作用减弱,蛋白质的胶体稳定性遭到破坏而沉淀析出。

影响盐析作用的因素包括蛋白质的种类、蛋白质浓度、环境温度、环境 pH 值以及盐析盐的种类等。蛋白质分子量越大、分子不对称性越大,越容易发生沉淀,沉淀所需的盐量也越少。蛋白质的浓度对沉淀有双重影响,既可影响蛋白质沉淀极限,又可影响蛋白质的共沉作用。蛋白质浓度过高的时候,会出现待分离蛋白质和其他蛋白质一起沉淀即共沉淀现象。蛋白质浓度愈高,所需盐的饱和度极限愈低,但杂蛋白质的共沉作用也随之增加,从而影响蛋白质的纯化。因此,盐析时蛋白质含量以 2.5% ~ 3% 为宜,过高时需用生理盐水稀释。盐析时温度要求并不严格,一般可在室温下操作。血清蛋白于 25℃ 时较 0℃ 更易析出。但对温度敏感的蛋白质,则应于低温下盐析。在低离子强度的溶液或纯水中,蛋白质的溶解度在一定温度范围内随温度升高而增大;但在高离子强度溶液中,升高温度有利于蛋白质的失水沉淀。一般说来,蛋白质所带净电荷越多,它的溶解度越大。在接近蛋白质等电点的溶液中进行盐析有利于蛋白质的沉淀。

盐析用的盐要求具有较强的盐析作用;足够大的溶解度,适于低温操作;生物惰性,不会使蛋白质变性;密度小且来源丰富。常用的中性盐有硫酸铵、硫酸钠、氯化钠等。各种蛋白质盐析时所需的盐浓度及 pH 值不同,故可用于对混合蛋白质组分的分离。

盐析分离沉淀的蛋白质中含有大量中性盐,影响蛋白质的后续应用,因此可以用透析法、超滤法或者凝胶层析法进行脱盐处理。

硫酸铵浓度的计算和调整常用的公式如下,也可以通过查阅附件中硫酸铵饱和度表格进行添加。

(1)加硫酸铵饱和液: $V = V_0(S_2 - S_1)/(1 - S_2)$

其中,V 表示所加饱和硫酸铵的体积;V_0 表示原溶液的体积;S_2 表示所需达到的硫酸铵饱和度;S_1 表示原溶液硫酸铵的饱和度。

(2)加固体硫酸铵:$t = G(S_2 - S_1)/(1 - AS_2)$

其中,t 表示每升溶液加入的克数;G 和 A 均为常数,0 ℃ 时,G 为 507,A 为 0.27;20 ℃时,G 为 533,A 为 0.27;S_2 表示所需达到的硫酸铵饱和度;S_1 表示原溶液硫酸铵的饱和度。

【实验器材】

50 ml 烧杯 1 个、玻璃搅拌棒、10 ml 离心管 2 个、1.5 ml 的离心管、离心机等。

【药品试剂】

1. 蛋清。

2. 饱和硫酸铵溶液:称取分析纯(NH_4)$_2SO_4$ 400 ~ 425 g,以 50 ~ 80℃的蒸馏水 500 ml 溶解,搅拌 20 分钟,趁热过滤。冷却后以浓氨水(15 mol/L 的 NH_4OH)调 pH 值至 7.4。配制好的饱和硫酸铵,瓶底应有结晶析出。

3. 固体硫酸铵。

【实验方法】

1. 在 10 ml 离心管中加入 2 ml 稀释以后的蛋清,然后加入 2 ml 饱和硫酸铵溶液。充分混合均匀,静置 3 ~5 分钟使蛋白质析出。

2. 3000 r/min 离心 5 分钟。

3. 用移液枪吸取上清液至另一个离心管中,并用 4 ml 水充分溶解沉淀。沉淀中含卵球蛋白,上清液中含分子量较小的卵清蛋白。

4. 测量上清液体积,加入固体硫酸铵,使溶液达饱和,离心获得分子量较小的卵清蛋白。

【注意事项】

1. 对未知性质的蛋白质,如果不知道该蛋白质在多少浓度的硫酸铵中沉淀,就需要从 20% 开始递增硫酸铵浓度,逐级沉淀蛋白,随后再进行鉴定。

2. 盐析实验获得的卵球蛋白和卵清蛋白只是蛋白质纯化中的粗体物,其中含有很多种的杂蛋白,需要进行进一步的纯化才能获得纯的卵球蛋白和卵清蛋白。

【思考题】

沉淀蛋白质的方法有哪些？盐析法有何优势？

实验十一　分子筛法对蛋白质脱盐

【实验目的】

1. 掌握分子筛法分离蛋白质和脱盐的基本原理和操作。

2. 了解分子筛的应用。

【实验原理】

层析色谱利用不同物质在不同相态的选择性分配,以流动相对固定相中的混合物进行洗脱,混合物中不同的物质会以不同的速度沿固定相移动,随着流动相的运动,混合物中的不同组分在固定相上相互分离。其本质是待分离物质分子在固定相和流动相间分配平衡的过程。

根据两相的状态,层析色谱可以分为气相色谱法、气固色谱法、气液色谱法、液相色谱法、液固色谱法和液液色谱法。按照固定相的几何形式,层析色谱可以分为柱层析色谱法、纸层析色谱法、薄层色谱法。按照色谱法分离所依据的物理或物理化学性质的不同,又可以分为吸附色谱法、分配色谱法、离子交换色谱法、尺寸排阻色谱法、亲和色谱法。

吸附色谱利用固定相吸附中心对物质分子吸附能力的差异实现对混合物的分离,吸附色谱的色谱过程是流动相分子与物质分子竞争固定相吸附中心的过程,适于分离不同种类的化合物。分配色谱利用固定相与流动相之间对分离组分溶解度的差异来实现分离,本质上是组分分子在固定相和流动相之间不断达到溶解平衡的过程。离子交换色谱利用被分离组分与固定相之间发生离子交换的能力差异来实现分离。其固定相一般为离子交换树脂,分子结构中存在许多可以电离的活性中心,待分离组分中的离子会与这些活性中心发生离子交换,形成离子交换平衡,从而在流动相与固定相之间形成分配。固定相的固有离子与待分离组分中的离子之间相互争夺固定相中的离子交换中心,并随着流动相的运动而运动,最终实现分离。尺寸排阻色谱法是按分子大小顺序进行分离的一种色谱方法,体积大的分子不能渗透到凝胶孔穴中去而被排阻,较早被洗脱出来;中等体积的分子部分渗透;小分子可完全渗透入内,最后洗脱出色谱柱。样品分子基本按其分子大小先后排阻,从柱中流出。尺寸排阻法被广泛应用于大分子分级,即用来分析大分子物质相对分子质量的分布。亲和色谱法是利用样品中不同成分与固定相之间亲和力的不同来分离蛋白质。

分子筛法又叫凝胶层析、尺寸排阻层析、凝胶排阻层析等,被广泛用于混合蛋白质的分离纯化和脱盐。分子筛法用的介质凝胶是一种多孔的网状结构的颗粒。这种凝胶的交联度决定了内部网孔孔径大小。当不同大小的混合样品流经这个多孔凝胶的时候,比凝胶孔径大的分子不能进入凝胶颗粒内部,而沿着凝胶颗粒之间的空隙向下移动;比网孔小的分子就可以进入凝胶,在凝胶颗粒内部反复穿行。由于大分子和小分子穿行凝胶的路径不同,长短距离不同,这些分子流出凝胶的时间就不同。通过收集不同时间的液体,可以将不同大小的分子进行分离。

分子筛法常用的载体物质有交联葡聚糖、聚丙烯酰胺和琼脂糖等。使用最多的是交联葡聚糖(Sephadex)。Sephadex 是由链状葡聚糖通过交联剂交联而成。交联剂添加越多,孔径越小,吸水量也越小;反之越大。以 G-x 表示型号,从后面的数字可以看出交联度,数字越小,交联度越大,孔径越小。用于脱盐的交联葡聚糖为 SephadexG-25,其吸水量为 2.5 ml/g,干粒子直径 $100 \sim 300$ μm,筛孔 $40 \sim 60$。大部分蛋白质分子从外水体积流出,盐等小分子从内水体积流出。

【实验器材】

层析柱 1 根、乳胶管、止水夹、螺旋夹、滴管 1 支、烧杯 1 个、试管

15 支、黑瓷板 1 个、紫外分光光度计。

【药品试剂】

1. 盐析分离并溶解后的卵球蛋白溶液。

2. 双蒸水。

3. 水化后的交联葡聚糖凝胶溶液。

4. 1% 醋酸钡溶液。

5. 硫酸铵溶液。

【实验方法】

1. 垂直固定层析柱,并安装乳胶管、止水夹和螺旋夹。

2. 向层析柱中加入 1/3 体积的水,以平衡并排出基质和乳胶管中的气泡;注意观察空管中的水流速度,如果慢,表明层析柱下端的砂芯上有杂质附着需要反复用流水冲洗层析柱,直至流速变快。

3. 液面降至基质上 2 cm 后,用螺旋夹调节流速至 1~2 滴/秒。

4. 将合适浓度的凝胶悬液缓慢匀速倒入层析柱中,使凝胶自然沉降,柱高 25~30 cm,注意装填均匀,无气泡和裂纹。

5. 加入 1~1.5 倍体积的水以平衡层析柱,充分洗去凝胶中可能残留的蛋白质和盐类,直至液面到凝胶床表面后关闭止水夹。

6. 用滴管均匀上样,打开止水夹,并在下端用试管接住流出的液体。

7. 待蛋白质样品完全进入层析柱后,加入水继续洗脱蛋白质,注意加水速度恒定,以保持洗脱压强一致。将试管标记顺序,每管收集 2 ml 洗脱液。

8. 从每管洗脱液中取 1 滴加在黑瓷板上,加入 1 滴醋酸钡溶液,观察沉淀。以双蒸水做阴性对照,硫酸铵溶液为阳性对照,对比阴性对照和阳性对照的沉淀情况,用 ++ / + / - 记录每管硫酸钡沉淀情况。待盐离子浓度降为零后,停止洗脱。

9. 将 2 ml 分步收集的样品洗脱液加入 1 ml H_2O,测定 A_{280} 的吸光度,以洗脱液体积为横坐标,A_{280} 为纵坐标做蛋白浓度曲线。

【注意事项】

1. 凝胶柱装填和使用过程中,应保持凝胶面上始终有水,否则气泡进入将影响实验结果。

2. 样品溶液的浓度大一些好,但黏度不宜大,加样体积通常为凝胶柱床体积的 1% ~10% 。

3. 实验完毕后,将凝胶全部回收处理,以备下次实验使用,严禁将凝胶丢弃。

【思考题】

1. 分子筛法的原理和用途。

2. 影响分子筛法脱盐效果的因素。

3. 如果分子筛法分离的蛋白质曲线出现双峰,可能是什么原因造成的?

实验十二　DEAE 纤维素柱层析纯化酶蛋白

【实验目的】

1. 离子交换柱层析进一步纯化蔗糖酶蛋白。

2. 掌握离子交换层析的原理和注意事项。

【实验原理】

离子交换层析的原理是带电的生物大分子和离子交换柱填料上的离子基团进行交换而被分离纯化。以离子交换剂为固定相,依据流动相中的组分离子与交换剂上的平衡离子进行可逆交换时的结合力大小的差别而进行分离。能够分离和提纯蛋白质、核酸、酶、激素和多糖等。选择离子交换剂(阴离子或阳离子交换剂),决定于被分离物质在所用缓冲液 pH 值下所带的电荷性质。如 pH 值高于蛋白质等电点,应选阴离子交换剂,反之应选阳离子交换剂。交换剂的基质是疏水性还是亲水性,对被分离物质有不同的作用,因此对被分离物质的稳定性和分离效果均有影响。在分离生命大分子物质时,选用亲水性基质的交换剂较为合适,它们对被分离物质的吸附和洗脱都比较温和,活性不易破坏。

离子交换剂的种类很多,最常用的是 DEAE-纤维素、CM 纤维素和离子交换交联葡聚糖。一般情况下,DEAE-纤维素用于分离酸性蛋白质,而 CM 纤维素用于分离碱性蛋白质。

在离子交换层析前要注意使离子交换剂带上合适的平衡离子,使平衡离子能与样品中的组分离子进行有效的交换。如果平衡离子与离子交换剂结合力过强,会造成组分离子难以与交换剂结合而使交换容量降低。另外还要保证平衡离子不对样品组分有明显影响。在分离过程中,平衡离子被置换到流动相中,它不能对样品组分有污染或破坏。如在纯水制备过程中用到的离子交换剂的平衡离子是 H 或 OH 离子,因为其他离子都会对纯水有污染。但是在分离蛋白质时,一般不能使用 H 或 OH 型离子交换剂,因为分离过程中 H 或 OH 离子被置换出来都会改变层析柱内 pH 值,影响分离效果,甚至引起蛋白质的变性。

【实验器材】

层析柱、部分收集器、磁力搅拌器及搅拌子、50 ml 小烧杯 2 个、玻璃砂漏斗、水泵与抽滤瓶、精密 pH 试纸或 pH 计、三通管、止水夹、吸耳球、石英紫外比色杯、尿糖试纸、点滴板、导率仪。

【药品试剂】

1. DEAE 纤维素:DE-23 1.5 g。

2.0.5 mol/L NaOH 100 ml。

3.0.5 mol/L HCl 50 ml。

4.0.02 mol/L pH 7.3 Tris-HCl 缓冲液 250 ml。

5.0.02 mol/L pH7.3(含 0.2 mol/L NaCl)的 Tris-HCl 缓冲液 50 ml。

【实验步骤】

1. 离子交换剂的处理:称取 1.5 g DFAE 纤维素(DE-23)干粉,

加入0.5 mol/L NaOH 溶液(约50 ml),轻轻搅拌,浸泡至少0.5 小时(不超过1小时),用玻璃砂漏斗过滤,并用去离子水洗至近中性,抽干后,放入小烧杯中,加50 ml 的0.5 mol/L HCl,搅匀,浸泡0.5小时,用去离子水洗至近中性,再用0.5 mol/L NaOH 重复处理一次,用去离子水洗至近中性后,抽干备用(因 DEAE 纤维素昂贵,用后务必回收)。实际操作时,通常纤维素是已浸泡过并回收的,按"碱-酸"的顺序洗即可,因为酸洗后较容易用水洗至中性。碱洗时因过滤困难,可以先浮选除去细颗粒,抽干后用0.5 mol/L NaOH-0.5mol/L NaCl 溶液处理,然后水洗至中性。

2. 装柱与平衡:先将层析柱垂直装好,在烧杯内用0.02 mol/L pH7.3 Tris-HCl 缓冲液洗纤维素几次,用滴管吸取烧杯底部大颗粒的纤维素装柱,然后用此缓冲液洗柱至流出液的电导率与缓冲液相同或接近时即可上样。

3. 上样与洗脱:上样前先准备好梯度洗脱液。本实验采用20 ml 的0.02 mol/L pH7.3 的 Tris-HCl 缓冲液和20 ml 含0.2 mol/L 浓度 NaCl 的0.02 mol/L pH7.3 的 Tris-HCl 缓冲液,进行线性梯度洗脱。取两个相同直径的50 ml 烧杯,一个装20 ml 含 NaCl 的高离子强度溶液,另一个装入20 ml 低离子强度溶液,放在磁力搅拌器上,在低离子强度溶液的烧杯内放入一个小搅拌子(在细塑料管内放入一小段铁丝,两端用酒精灯加热封口),将此烧杯置于搅拌器旋转磁铁的上方。将玻璃三通插入两个烧杯中,上端接一段乳胶管,夹上止水夹,用吸耳球小心地将溶液吸入三通(轻轻松一下止水夹),立即夹紧乳胶管,使两烧杯溶液形成连通,注意两个烧杯要放妥善,切勿使一杯高、一杯低。

样品小心地加到层析柱上,不要扰动柱床,注意要从上样开始时使用部分收集器收集,控制流速每10分钟2.5~3 ml。上样后用缓冲液洗两次,然后再用约20 ml 缓冲液洗去柱中未吸附的蛋白质,至 A_{280} 降到0.1以下,夹住层析柱出口,将恒流泵入口的细塑料导管放入不含 NaCl 的低离子强度溶液的小烧杯中,用胶布固定塑料管,接好层析柱,打开磁力搅拌器,放开层析柱出口,开始梯度洗脱,连续收集洗脱液,两个小烧杯中的洗脱液用尽后,为洗脱充分,也可将所配制的剩余 30 ml 高离子强度洗脱液倒入小烧杯继续洗脱,控制流速每 10 分钟 2.5～3 ml。测定每管洗脱液的 A_{280} 光吸收值。

【注意事项】

1. 离子交换用的层析柱一般粗而短,不宜过长。直径和柱长比一般为 1∶10 到 1∶50 之间,层析柱安装要垂直。装柱时要均匀平整,不能有气泡。

2. 平衡缓冲液中离子强度和 pH 值的选择首先要保证各个待分离物质的稳定。其次是要使各个待分离物质与离子交换剂有适当的结合,并尽量使待分离样品和杂质与离子交换剂的结合有较大的差别。一般是使待分离样品与离子交换剂有较稳定的结合。注意平衡缓冲液中不能有与离子交换剂结合力强的离子,否则会大大降低交换容量,影响分离效果。选择合适的平衡缓冲液,可以直接去除大量的杂质,并使得后面的洗脱有很好的效果。

3. 上样时应注意样品液的离子强度和 pH 值,上样量也不宜过大,一般为柱床体积的 1%～5% 为宜,以使样品能吸附在层析柱的上层,得到较好的分离效果。

4. 在离子交换层析中一般常用梯度洗脱,通常有改变离子强度和改变 pH 值两种方式。改变离子强度通常是在洗脱过程中逐步增大离子强度,从而使与离子交换剂结合的各个组分被洗脱下来;而改变 pH 值的洗脱,对于阳离子交换剂一般是 pH 值从低到高洗脱,阴离子交换剂一般是 pH 值从高到低。由于 pH 值可能对蛋白的稳定性有较大的影响,故一般采用改变离子强度的梯度洗脱。

5. 洗脱液的选择首先也是要保证在整个洗脱液梯度范围内,所有待分离组分都是稳定的。其次是要使结合在离子交换剂上的所有待分离组分在洗脱液梯度范围内都能够被洗脱下来。另外可以使梯度范围尽量小一些，以提高分辨率。

6.洗脱液的流速也会影响离子交换层析分离效果，洗脱速度通常要保持恒定。一般来说洗脱速度慢比快的分辨率要好，但洗脱速度过慢会造成分离时间长、样品扩散、谱峰变宽、分辨率降低，所以要根据实际情况选择合适的洗脱速度。如果洗脱峰相对集中于某个区域造成重叠，则应适当缩小梯度范围或降低洗脱速度来提高分辨率；如果分辨率较好，但洗脱峰过宽，则可适当提高洗脱速度。

【思考题】

1.简述离子交换层析的原理和用途。

2.试分析影响离子交换层析分离效果的因素有哪些。

实验十三　亲和层析——镍柱纯化分离天然状态的带有 His 标签的蛋白质

【实验目的】

1.掌握亲和层析法分离纯化蛋白质的实验原理

2.掌握 Ni 柱法纯化携带 His 标签的蛋白质的实验方法

【实验原理】

许多生物大分子化合物具有与其结构相对应的专一分子可逆性结合的特性，如蛋白酶与辅酶、凝集素和糖类、抗原和抗体、激素与其受体等。生物分子间的这种专一结合能力称为亲和力。依据生物高分子物质能与相应特异配基分子可逆结合的原理，采用一定技术，把与目的产物具有特异性亲和力的生物配基固定在特定载体上，作为固定相，将含有目的产物的混合物（流动相）在适合与配基形成络合物的条件下流过固定相，即可将目的产物从混合物中分离出来，使其留在含配基的固定相上，随后通过改变配基与目的产物结合的条件使目的产物从固定相中解离并洗脱下来，从而得到较纯的目的产物。

此分离技术称为亲和层析。亲和层析具有专一性高、操作条件温和、操作过程简单、纯化效率高、可有效保持生物活性物质的高级结构的稳定性等诸多优点,也能有效分离含量极少又不稳定的生物活性药物。

金属螯合亲和层析(metal-chelating affinity chromatography)是近30年来出现的一种亲和层析技术,也称固相化金属离子亲和层析。其原理是利用蛋白质表面暴露的一些氨基酸残基和载体上的金属离子相互作用而进行的亲和纯化。它以配基简单、吸附量大、分离条件温和、通用性强等特点,逐渐成为分离纯化蛋白质等生物工程产品最有效的技术之一,不仅适于某些蛋白质、酶和氨基酸与肽的分离纯化,也适用于能可逆螯合金属离子的核苷酸、激素、抗体等物质的分离和纯化。

本实验利用镍离子螯合的亲和配体从重组大肠杆菌菌液中纯化带有6个组氨酸标签的重组蛋白。组氨酸是具有杂环的氨基酸,每个组氨酸含一个咪唑基团,对多种带正电的物质如金属离子 Cu^{2+}、Ni^{2+}、Fe^{3+}、Co^{2+}、Zn^{2+} 有较强亲和力。亲和配体 Ni-NTA 葡聚糖含阳离子(Ni^{2+}),对组氨酸有高度亲和作用。含 $6 \times His$ 标签目的蛋白载体的重组菌在 IPTG 诱导下可大量表达目的蛋白,通过裂解工程菌可获得含有目的蛋白质的混合蛋白质溶液。通常诱导表达的目的蛋白质以可溶性和包涵体形式的不可溶两种状态存在,如果是可溶性蛋白,可以直接用保持天然活性的亲和纯化方法进行分离;如果是包涵体形式存在的不可溶性蛋白,则需要在离心分离包涵体后在溶液中加入尿素、盐酸胍等变性物质促使包涵体蛋白质溶解,并且在含有一定浓度的变性剂的条件下进行亲和纯化分离目的蛋白质,随后通过透析等方法去除变性剂,并使目的蛋白质复性。本次试验是保持天然活性的可溶性蛋白质的亲和纯化过程。

【实验器材】

层析柱 1.6×20 cm、50 ml 小烧杯、注射器、三通管、止水夹、吸耳球、紫外分光光度计、石英紫外比色杯等。

【药品试剂】

1. Ni-NTA 葡聚糖。

2. IPTG 诱导表达 pET-His-GFP 的重组工程菌。

3. 细菌裂解液：50 mmol/L NaH$_2$PO$_4$，300 mmol/L NaCl，10 mmol/L imidazole(咪唑)，用 NaOH 调整 pH 值至 8(6.9 g NaH$_2$PO$_4$ · H$_2$O，17.54 g NaCl，0.68 g imidazole，溶于水以后用 NaOH 调整 pH 值至 8，定容到 1 L)。

4. 平衡液：50 mmol/L NaH$_2$PO$_4$，300 mmol/L NaCl，20 mmol/L imidazole，用 NaOH 调整 pH 值至 8(6.9 g NaH$_2$PO$_4$ · H$_2$O，17.54 g NaCl，1.36 g imidazole，溶于水以后用 NaOH 调整 pH 值至 8，定容到 1 L)。

5. 缓冲液 1(pH 8)：50 mmol/L NaH$_2$PO$_4$，300 mmol/L NaCl，用 NaOH 调整 pH 值至 8(即 6.9 g NaH$_2$PO$_4$ · H$_2$O，17.54 g NaCl，用 NaOH 调整 pH 值至 8，定容到 1 L)。

6. 缓冲液 2：50 mmol/L NaH$_2$PO$_4$，300 mmol/L NaCl，0.5 mol/L imidazole，用 NaOH 调整 pH 值至 8(即 6.9 g NaH$_2$PO$_4$ · H$_2$O，17.54 g NaCl，34 g imidazole，溶于水以后用 NaOH 调整 pH 值至 8，定容至 1 L)。

7. 梯度咪唑缓冲液：按表 3-12 加入缓冲液 1 和缓冲液 2 配成不同浓度的咪唑缓冲液。

表 3-12　　　　　　　梯度咪唑缓冲液的配置

咪唑浓度	缓冲液 1/mL	缓冲液 2/mL
10 mmol/L	98	2
15 mmol/L	97	3
20 mmol/L	96	4

续表

咪唑浓度	缓冲液 1/mL	缓冲液 2/mL
50 mmol/L	90	10
100 mmol/L	80	20
200 mmol/L	60	40
300 mmol/L	40	60
400 mmol/L	20	80
500 mmol/L	0	100

【实验方法】

1. 在平板上挑取一个含有重组质粒的菌落,接入 5 ml 含 50kg/ml 卡那霉素的 LB 液体培养基,37℃培养过夜。

2. 次日以 1∶50 接种入 250 ml 含 50kg/ml 卡那霉素的 LB 液体培养基中,30℃培养 2~3 小时直至 OD_{600} 为 0.4~0.7。

3. 加入 IPTG 至终浓度为 0.1~0.2 mmol/L,诱导蛋白表达 3~4 小时。

4. 收集菌液,4℃,13200 r/min 离心 15 分钟,去上清液,加 0.01 mol/L PBS 清洗沉淀,并再次离心,将沉淀保存于 -80℃。

5. 冰上溶解细菌沉淀,以每克 2~5 ml 的量加入裂解液,充分重悬。

6. 加入溶菌酶至终浓度 1 mg/ml,混匀,冰上放置 30 分钟。

7. 冰上超声菌体,200~300 W,每次 10 秒,共 6 次,每次间隔 10 秒。

8. 加入 RNase A(10 μg/ml)和 DNase(5 μg/ml),冰上放置 10~15 分钟。

9. 4℃,10000 r/min 离心 20~30 分钟,收集上清液,0.45 mm 滤

膜过滤。

10. 取 2 ml Ni-NTA 凝胶装柱。

11. 在柱上缓慢加入 10 倍柱体积的平衡液,以充分平衡 Ni-NTA 凝胶,流速为 1 ml/min。

12. 取过滤后的细菌裂解液,匀速加入凝胶,直至样品完全进入凝胶后,用 10 倍柱体积的平衡液继续洗涤凝胶,保存流速为 1 ml/min。

13. 用分别含 50 mmol/L、100 mmol/L、200 mmol/L 咪唑的洗脱液各 5 ml 进行阶段洗脱,流速为 2 ml/min,在下端用试管接住流出液体,每管 1 ml,试管标记顺序。

14. 用紫外分光光度计测定每管的蛋白质含量 A_{280},并以洗脱体积为横坐标,A_{280} 为纵坐标做洗脱曲线,并用虚线标记咪唑浓度。

15. 取 20 μl 洗脱液加 6× 上样缓冲液,煮沸 5 分钟,用 10% 凝胶做 SDS-PAGE 电泳。

16. 用 20 ml 蒸馏水充分洗涤 Ni-NTA 柱,再用 10 ml 20% 乙醇流洗柱体,流速为 1 ml/min。凝胶保存于 4℃。如长期不用,可用 2 倍体积含 50 mmol/L EDTA 的缓冲液洗涤以除去 Ni^{2+},将 NTA 凝胶在 4℃ 保存于 20% 乙醇溶液中。

【注意事项】

1. 溶解 IPTG 诱导的重组细菌后,务必用 SDS-PAGE 方法确认重组蛋白质是否表达、表达量以及表达于上清液还是沉淀,以确认纯化方法是用天然活性的纯化法还是变性方法。

2. 上样前务必要对样品溶液进行过滤,以保证样品溶液中没有沉淀和杂质阻塞柱体。

【思考题】

1. 简述亲和层析的原理。

2. 用 Ni-NTA 层析纯化 His-标签蛋白有哪些注意事项?

实验十四　TCA 法和丙酮法沉淀浓缩蛋白质

【实验目的】

1. 了解 TCA 法和丙酮法沉淀浓缩蛋白质的原理。

2. 了解 TCA 法和丙酮法沉淀蛋白质的优缺点。

【实验原理】

蛋白质能被某些有机溶剂沉淀下来,一方面是由于甲醇、乙醇、丙酮等有机溶剂加入水中使溶剂介电常数降低,增加了相反电荷的吸引力,另一方面是因为这些有机溶剂是强亲水试剂,争夺蛋白质分子表面的水化水,破坏蛋白质胶体分子表面的水化层而使分子聚集沉淀。在等电点时沉淀效果更好。

常温下有机溶剂可使蛋白质变性,低温条件下可减慢变性速度。因此用有机溶剂沉淀蛋白质时应在低温条件下进行。如利用丙酮沉淀蛋白质时,必须在 0~4℃ 低温下进行。蛋白质被丙酮沉淀后,应立即分离,否则蛋白质会变性。

三氯乙酸(TCA)沉淀蛋白质主要基于以下几个方面的作用:①在酸性条件下 TCA 能与蛋白质形成不溶性盐;②TCA 作为蛋白质变性剂使蛋白质构象发生改变,暴露出较多的疏水性基团,使之聚集沉淀。

【实验器材】

1.5 ml 离心管、5 ml 离心管、移液枪、冷冻高速离心机、冷冻干燥离心机等。

【药品试剂】

1. 蛋白质溶液。

2. 20% TCA。

3. 丙酮。

4. PBS 磷酸缓冲液。

【实验方法】

1. TCA 沉淀法：

(1)取 500 μl 蛋白溶液,加入等体积预冷的 20% TCA 溶液,立刻混匀。

(2)冰上放置 30 分钟。

(3)4℃,13200 r/min 离心 15 分钟。

(4)小心去除上清液,冷冻干燥沉淀,约 1 小时。

(5)加入 50 μl PBS 溶解沉淀,280 nm 测定蛋白质浓度。

2. 丙酮沉淀法：

(1)在 -20℃ 预冷丙酮溶液。

(2)500 μl 蛋白液放置于 5 ml 管中,加入 3 ml 预冷丙酮,迅速混匀,-20℃ 放置 2 小时以上或过夜。

(3)4℃,13200 r/min 离心 15 分钟。

(4)小心弃去上清液,注意勿接触沉淀。加入 100 ml 冷的 90% 丙酮洗涤沉淀,4℃,13200 r/min 离心 5 分钟。

(5)重复上一步再次洗涤沉淀。

(6)弃去上清液,空气中干燥沉淀 15～30 分钟。

(7)加入适量 PBS 溶解蛋白质沉淀。

【注意事项】

1. TCA 沉淀法不适于大分子量蛋白质。因为随着蛋白质分子量的增大,其结构复杂性与致密性也增大,TCA 可能渗入分子内部而使之较难被完全除去,在电泳前样品加热处理时可能使蛋白质结构发生酸水解而形成碎片,而且随时间的延长这一作用愈加明显。

2. 含有 TCA 的蛋白质进行电泳时,会因为 TCA 的结合使 SDS 与蛋白质的结合量产生偏差,从而造成蛋白质所带电荷的不均一性,造成迁移率的不一致,从而导致蛋白质条带出现展宽现象。

3. 用 TCA 法对小分子量蛋白质进行浓缩,样品处理后要尽快进行电泳分析,以免发生聚集及断裂,造成结果分析的不准确。

4. 如果待浓缩的蛋白质含量过少,如小于几微克,可按每个样品 10 μg 的量加入胰岛素作为辅助蛋白质帮助蛋白质沉淀浓缩。

5. 丙酮沉淀法适合从大多数水相溶剂中或者混有 SDS 的缓冲液中抽提蛋白质,不适于抽提在尿素或胍类变性溶液中的蛋白质。

6. 注意丙酮沉淀法需在丙酮不能溶解的容器中进行,如 polypropylene。

7. TCA 法和丙酮法可以结合使用,即先用 TCA 沉淀,然后用冷丙酮洗涤沉淀,抽提 TCA。

【思考题】

试比较分析 TCA 法和丙酮法沉淀浓缩蛋白质的优缺点。

第四章 酶 学 实 验

酶是具有生物催化功能的生物大分子,按分子中起催化作用的主要组分不同,酶可分为两大类别,即蛋白类酶(pro-teozyme,protein enzyme,P 酶)和核酸类酶(ribozyme,RNA enzyme,R 酶)。

酶学(enzymology)是在生物化学研究领域中的重要分支学科,是研究酶的结构与功能、酶的催化机制、酶反应动力学、酶的生物合成及其调节机制等的理论学科。

生物体内的各种生理和生化反应几乎不可避免地都是在酶的催化作用下完成的。在一定条件下,酶不仅在生物体内,而且在生物体外也可催化各种生物化学反应。酶作为生物催化剂与非酶催化剂相比,具有专一性强、催化效率高和反应条件温和等显著特点。

第一节 常见酶活力的测定

国际酶学委员会(IEC)规定,按酶促反应的性质,可把酶分成六大类:①氧化还原酶类(oxidoreductases),指催化底物进行氧化还原反应的酶类,如乳酸脱氢酶、琥珀酸脱氢酶、细胞色素氧化酶、过氧化氢酶等。②转移酶类(transferases),指催化底物之间进行某些基团的转移或交换的酶类,如转甲基酶、转氨酸、己糖激酶、磷酸化酶等。③水解酶类(hydrolases),指催化底物发生水解反应的酶类,如淀粉酶、蛋白酶、脂肪酶和磷酸酶等。④裂解酶类(lyases),指催化一个底物分解为两个化合物或两个化合物合成为一个化合物的酶类,如柠檬酸合成酶、醛缩酶等。⑤异构酶类(isomerases)指催化各种同分异构体之间相互转化的酶类,如磷酸丙糖异构酶、消旋酶等。⑥合成酶类(或称连接酶,ligases)指催化两分子底物合成为一分子化合物,同时还必须耦联有 ATP 的磷酸键断裂的酶类,如谷氨酰胺合成酶等。在本节中将选取几种常见酶简单介绍不同酶活力测定的方法。

实验一　水解酶活性的测定
——以淀粉酶为例

【实验目的】

　　掌握淀粉酶活性测定的原理和操作方法。

【实验原理】

　　淀粉酶几乎存在于所有植物中,其中以禾谷类种子的淀粉酶活性较强。水稻萌发时淀粉酶活性最强,此时淀粉酶活性的大小与种子萌发力有关。

　　淀粉酶能将淀粉水解成麦芽糖,由于麦芽糖能将 3,5-二硝基水杨酸试剂还原成橙红色的 3-氨基-5-硝基水杨酸,且在一定范围内还原糖的浓度与反应液的颜色成正比,故利用比色法可求出麦芽糖的含量。以 5 分钟内每克样品水解产生麦芽糖的毫克数表示酶活性的大小。

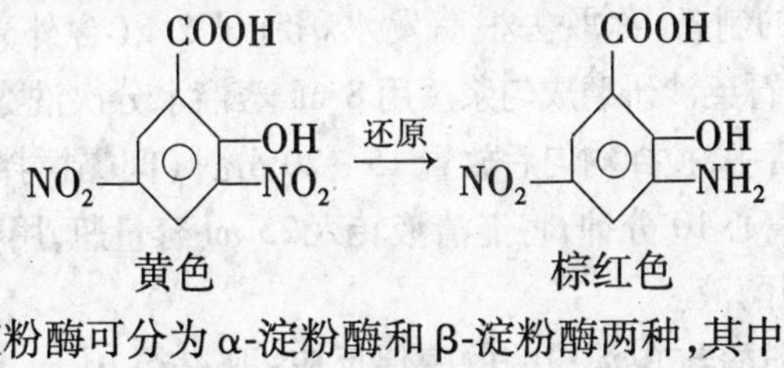

植物淀粉酶可分为 α-淀粉酶和 β-淀粉酶两种,其中 β-淀粉酶不耐热,在温度 70℃ 以上易钝化;而 α-淀粉酶不耐酸,在 pH3.6 以下则发生钝化。根据以上特性,可分别测定这两种淀粉酶的活性。如测定 α-淀粉酶和 β-淀粉酶的活性,即为淀粉酶总活性。

【实验材料】

萌发 3~4 天的水稻种子。

【实验器材】

20 ml 具塞试管、移液管、100 ml 容量瓶、研钵、721 型分光光度计、离心机、恒温水箱、离心管等。

【药品试剂】

1. 石英沙。

2. 1% 淀粉溶液:称 1 g 可溶性淀粉,加入 100 ml 蒸馏水煮沸(临用时配制)。

3. pH 5.6 柠檬酸缓冲液:A. 称取柠檬酸 21g,溶解后定容到 1000 ml;B. 称取柠檬酸钠 29.4 g,溶解后定容到 1000 ml;量取 A 液 55 ml 与 B 液 145 ml 混匀,即为 pH 5.6 的缓冲液。

4. 0.4 mol/L 氢氧化钠溶液。

5. 3,5-二硝基水杨酸试剂:取 1 g 3,5-二硝基水杨酸,溶于 20 ml 2 mol/L 氢氧化钠中,加入 50 ml 蒸馏水,再加入 30 g 酒石酸钾钠,待溶解后,用蒸馏水稀释至 100 ml,盖紧瓶盖,勿使二氧化碳进入。

6. 麦芽糖标准溶液:称取 0.1 g 麦芽糖,溶于少量蒸馏水中,然后定容到 100 ml,取为 1 mg/ml 麦芽糖标准液。

【实验方法】

1. 酶液的制备:称取去根萌发水稻种子 2 g(含外壳),置研钵中,加 0.5 g 石英沙磨成匀浆。用 8 ml 蒸馏水分次洗涤研钵,将匀浆转入离心管中,搅拌均匀后放置 15~20 分钟(间隔搅拌 2~3 次)。3500 r/min 离心 10 分钟,将上清液转入 25 ml 容量瓶,用蒸馏水定容至刻度,得粗酶液。

2. α-淀粉酶与 β-淀粉酶的酶促反应:取 4 支 10 ml 具塞刻度试管,编号,按表 4-1 加入各液。各管混匀后,置 40℃ 水浴准确保温 5 分钟,取出后立即向 3、4 号试管中分别加入 4 ml 0.4 mol/L NaOH 终止酶活性。

表4-1 α-淀粉酶与 β-淀粉酶的酶促反应

	1(对照)	2(对照)	3(反应)	4(反应)
粗酶液 ml	1	1		1
pH 5.6 缓冲液 ml	1	1	1	1
40℃水浴保温 5 分钟				
0.4 mol/L NaOH ml	4	4	0	0
预热 1% 淀粉 ml	2	2	2	2

3. 麦芽糖的测定:

(1)标准曲线制作:取 20 ml 刻度试管 7 支,编号,分别加入 1 mg/ml 麦芽糖标准液 0、0.2、0.6、1、1.4、1.8 和 2 ml,然后各管加蒸馏水,使体积均达 2 ml,再向各管加 3,5-二硝基水杨酸试剂 2 ml,置沸水浴中煮沸 5 分钟,取出后在自来水里冷却,用蒸馏水稀释至 20 ml,摇匀后在 520 nm 波长下用分光光度计比色,以光密度值为纵坐标,麦芽糖含量为横坐标绘制标准曲线。

(2)样品的测定:取以上酶作用后的反应液及对照管中的溶液各 2 ml,分别放入 20 ml 具塞刻度试管中,加入 2 ml 3,5-二硝基水杨酸试剂,置沸水浴中准确煮沸 5 分钟,取出冷却,用蒸馏水稀释至 20 ml,摇匀后在 520 nm 波长下用分光光度计比色,记录 OD 值,从麦芽糖曲线中查出相应麦芽糖含量,进行结果计算。

4. 结果计算:

$$淀粉酶总活性 = \frac{(A - A') \times \dfrac{酶提取液}{总体积} \times \dfrac{酶反应}{稀释倍数}}{样品重(g) \times \dfrac{显色所用}{样品液体积}}$$
$$[麦芽糖(mg)/鲜重(g)/5分钟]$$

式中:

A 为酶反应管中麦芽糖含量,即 3 号和 4 号管中麦芽糖毫克数的平均值。

A' 为对照管中麦芽糖含量,即 1 号和 2 号管中麦芽糖毫克数的平均值。

【注意事项】

1.实验前应将所用研钵、试管、容量瓶等玻璃器皿冲洗干净,并注意移液管分别使用,以避免酶遇强碱失活。

2.注意控制好酶反应温度及 pH 值。

【思考题】

1.简述淀粉酶活性测定的原理。

2.测定植物种子萌发过程中淀粉酶活性的变化有何意义?

实验二　氧化还原酶活性的测定
——以乳酸脱氢酶为例

【实验目的】

1.了解乳酸脱氢酶活性测定原理。

2.学习用比色法测定酶活性的方法。

【实验原理】

氧化还原酶(oxidoreductase)是能催化两分子间发生氧化还原作用的酶的总称。其中氧化酶(oxidase;oxydase)能催化物质被氧气所氧化的作用,脱氢酶(dehydrogenase)能催化从物质分子脱去氢的作用。

乳酸脱氢酶(lactate dehydrogenase,LDH)广泛存在于生物细胞内,是糖代谢酵解途径的关键酶之一,可催化下列可逆反应。

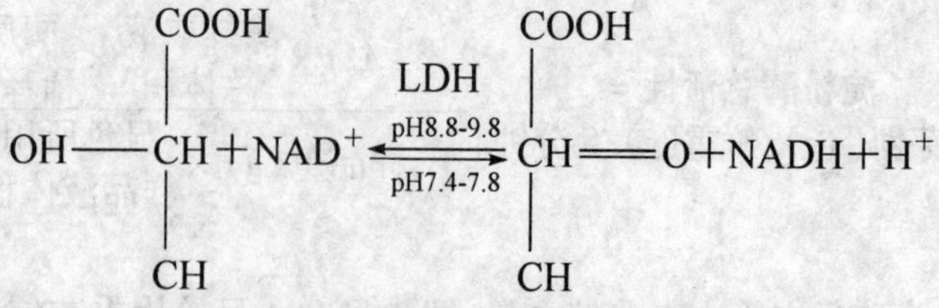

$$OH{-}CH(COOH)(CH) + NAD^+ \underset{pH7.4-7.8}{\overset{LDH,\ pH8.8-9.8}{\rightleftharpoons}} CH{=}O(COOH)(CH) + NADH + H^+$$

乳酸　氧化型辅酶↑　丙酮酸　还原型辅酶↑

LDH 可溶于水或稀盐溶液。组织中 LDH 含量测定的方法很多,其中紫外分光光度法更为简单、快速。鉴于 NADH 和 NAD$^+$ 在 340nm 及 260nm 处有各自的最大吸收峰,因此以 NAD$^+$ 为辅酶的各种脱氢酶类都可通过 340nm 光吸收值的改变,定量测定酶活力,如苹果酸脱氢酶、醇脱氢酶、醛脱氢酶、甘油-3 磷酸脱氢酶等。

本实验测乳酸脱氢酶活力,是在一定条件下,向含丙酮酸及 NADH 的溶液中,加入一定量乳酸脱氢酶提取液,观察 NADH 在反应过程中 340nm 处光吸收的减少值,减少越多,则 LDH 活力越高。其活力单位定义是:25℃,pH 7.5 条件下每分钟 A_{340} 下降值为 1 的酶量为 1 个单位。

【实验材料】

新鲜兔肉。

【实验器材】

组织捣碎机、5 ml 移液管 2 支、0.1 ml 移液管 2 支、10 μl 微量注射器一支、恒温水浴锅、分光光度计、试管等。

【药品试剂】

1. 50 mmol/L pH 6.5 磷酸氢二钾-磷酸二氢钾缓冲液母液:取溶液 A 31.5 ml 和溶液 B 68.5 ml 混合,调节 pH 值至 6.5。置 4℃冰箱备用。

A:50 mmol/L K_2HPO_4:称取 K_2HPO_4 1.74 g 加蒸馏水溶解后定容到 200 ml。

B:50 mmol/L KH_2PO_4:称取 KH_2PO_4 3.4 g 加蒸馏水溶解后定容到 500 ml。

2. 10 mmol/L pH 6.5 磷酸氢二钾-磷酸二氢钾缓冲液用上述母液稀释得到。现用现配。

3. 0.2 mol/L pH7.5 磷酸氢二钠-磷酸二氢钠缓冲液母液:取溶液 A 84 ml 和溶液 B 16 ml 混合,调节 pH 值至 7.5。置 4℃冰箱备用。

A:0.2 mol/L Na_2HPO_4:称 $Na_2HPO_4 \cdot 12H_2O$ 71.64 g 加蒸馏水溶解后定容到 1000 ml。

B:0.2 mol/L NaH_2PO_4:称 $NaH_2PO_4 \cdot 2H_2O$ 31.21 g 加蒸馏水溶

解后定容至 1000 ml。

4. 0.1 mol/L pH 7.5 磷酸盐缓冲液,用上述母液稀释得到。现用现配。

5. NADH 溶液:称 3.5 mg NADH 置试管中,加 0.1 mol/L pH7.5 磷酸缓冲液 1 ml 摇匀。现用现配。

6. 丙酮酸溶液:称 2.5 mg 丙酮酸钠,加 0.1 mol/L pH 7.5 磷酸缓冲液 29 ml,使其完全溶解。现用现配。

【实验方法】

1. 预先将丙酮酸钠溶液及 NADH 溶液放在 25℃水浴中预热。

2. 取 2 支石英比色杯,在 1 支比色杯中加入 0.1 mol/L pH 7.5 磷酸氢二钾-磷酸二氢钾缓冲液 3 ml,置于紫外分光光度计中,在 340nm 处将光吸收调节至零;另一支比色杯用于测定 LDH 活力,依次加入丙酮酸钠溶液 2.9 ml、NADH 溶液 0.1 ml,加盖摇匀后,测定 340nm 光吸收值(A)。

3. 取出比色杯,加入稀释后的酶溶液 10 μl,立即计时,摇匀后,每隔 0.5 分钟测 A_{340},连续测定 3 分钟。

4. 以 A 对时间作图,取反应最初线性部分,计算每分钟 A_{340} 减少值。

5. 计算:按照下面公式计算每毫升组织提取液中 LDH 活力单位。

$$\text{LDH 活力单位(U)mL 提取液} = \frac{\Delta A_{340nm} \times 稀释倍数}{酶液加入量(10\mu L) \times 10^{-3}}$$

【注意事项】

1. 实验材料应尽量新鲜,如取材后不立即用,则应储存在 −20℃ 冰箱。

2. 酶液的稀释度及加入量应控制每分钟 A_{340} 下降值在 0.1~0.2 之间,以减少实验误差。

3. NADH 溶液应在临用前配制。

【思考题】

简述用紫外分光光度法测定以 NAD^+ 为辅酶的各种脱氢酶测定原理。

实验三 转移酶活性的测定
——以谷丙转氨酶为例

【实验目的】

1. 掌握测定谷丙转氨酶活性的原理。

2. 掌握谷丙转氨酶活性测定的方法和注意事项。

【实验原理】

谷丙转氨酶(GPT)能催化丙氨酸和 α-酮戊二酸生成谷氨酸和丙酮酸。丙酮酸在酸性条件下与 2,4-二硝基苯肼可缩合生成丙酮酸二硝基苯腙,其在碱性条件下呈现棕红色,在一定的浓度下,颜色的深浅符合比尔定律,在 520 nm 处有最大吸收。根据颜色的深浅,通过比色法可计算出酶活性。

$$谷氨酸 + 丙酮酸 \underset{}{\overset{GPT}{\rightleftharpoons}} \text{α-酮戊二酸} + 丙氨酸$$

GPT 在肝脏中含量最多,在某种药物对肝脏早期损害或病毒肝炎的急性阶段,由于肝细胞受损,GPT 就释放到血液中,使血清中此酶水平明显升高。因此测定血清谷丙转氨酶的活性可作为诊断肝病的重要指标。

【实验材料】

鱼肌肉匀浆液或者血清。

【实验器材】

恒温水浴锅、分光光度计、试管等。

【药品试剂】

1. 2 mmol/L 丙酮酸标准溶液:称取 22 mg 丙酮酸钠,溶于 pH 7.4 磷酸缓冲液中,定容到 100 ml。

2. GPT 底物溶液:称取 α-酮戊二酸 87.6 mg,丙氨酸 5.34 g,用 90 ml 0.1 mol/L pH7.4 的磷酸缓冲液溶解,然后用 20% NaOH 调节 pH 值至 7.4,加入磷酸缓冲液,定容到 300 ml,4℃ 保存一周内使用。

3. 0.1 mol/L pH7.4 磷酸缓冲液。

4. 2,4-二硝基苯肼溶液:称取 19.8 mg 2,4-二硝基苯肼,置于 100 ml 容量瓶中,用 8 ml 浓盐酸溶解后,再加水稀释至刻度。

5. 0.4 mol/L NaOH。

【实验方法】

1. 标准曲线的制备:取干净试管 6 支,编号后按照下表添加试剂(表 4-2)。将试管置于 37℃ 水浴中保温 10 分钟,然后向每管中加入 0.5 ml 2,4-二硝基苯肼,再继续保温 20 分钟。然后分别向各管中加入 0.4 mol/L 氢氧化钠溶液 5 ml,室温下静止 10 分钟。用"0"号管作为空白对照,与 520 nm 下测定吸收值。以各管吸收值为纵坐标,丙酮酸的浓度为横坐标做标准曲线。

表 4-2　　　　　　　丙酮酸标准浓度曲线的制备

	0	1	2	3	4	5
2 mmol/L 丙酮酸标准溶液 ml	0.00	0.05	0.1	0.15	0.2	0.25
磷酸缓冲液 ml	0.25	0.20	0.15	0.10	0.05	0
GPT 底物溶液 ml	0.5					

2. GPT 活性的测定:取干净试管 4 支,按照表 4-3 添加试剂。

表 4-3 　　　　　　　　　　　　**GTP 活性的测定**

试剂	测定 1	对照 1	测定 2	对照 2
鱼肌肉匀浆液(ml)	0.25	0.25	0.25	0.25
GPT 底物溶液(ml)	0.5		0.5	
37℃水浴加热 30min(转氨基反应)				
2,4-二硝基苯肼(ml)	0.5	0.5	0.5	0.5
GPT 底物溶液(ml)		0.50		0.50
37 ℃水浴加热 20min(丙酮酸与2,4-二硝基苯肼反应)				
0.4 mol/L 氢氧化钠溶液(ml)	5	5	5	5

混匀,室温静止 10 分钟后,以对照管 1 或者对照 2 调节零点,
测定 1 号和 2 号管的吸收值。

3. 由标准曲线查出 1 号和 2 号反应管中的丙酮酸的量,根据下面的公式计算 GPT 的活性。

GPT 活力(单位)=反应管中丙酮酸的量(mmol/L)/ 0.5 小时 ×0.25 ml

　　GPT 活力单位的定义:单位时间(每小时)内,单位体积(每 ml)的酶反应生成的产物的量(mmol/L)。

【注意事项】

1. 在呈色反应中,2,4-二硝基苯肼与带有酮基的化合物反应时形成苯腙。底物中的 α-酮戊二酸可以与 2,4-二硝基苯肼反应,生成 α-酮戊二酸苯腙。因此在制备标准曲线的时候需要加入一定量的底物以抵消 α-酮戊二酸的影响。

2. 严格按照实验步骤进行,温度和时间均要严格控制。

【思考题】

1. 简单描述谷丙转氨酶活性测定的原理和操作步骤以及注意事项。

2.测定血清中的谷丙转氨酶活性有什么生物学意义？

实验四　异构酶活性的测定
——以葡萄糖异构酶为例

异构酶（isomerase）亦称异构化酶，是催化生成异构体反应的酶之总称。根据异构酶的反应方式可以将其分为以下几类：①催化结合于同一碳原子的基团的立体构型发生转位反应，如 UDP 葡萄糖差向异构酶（生成半乳糖）；②催化顺反异构的异构酶；③催化分子内的氧化还原反应（酮糖-醛糖相互转化等），如葡萄糖磷酸异构酶（生成磷酸果糖）；④催化分子内基团的转移反应，如磷酸甘油酸变位酶；⑤催化分子内脱去加成反应的异构酶。

葡萄糖异构酶催化葡萄糖异构化为果糖。果糖是葡萄糖的异构物，它的甜度比葡萄糖高。利用葡萄糖异构酶在 60℃ 下可以把葡萄糖约 50% 转化为果糖，所得的混合物称果葡糖浆，甜度增加，食后不易发胖。在国外，把葡萄糖异构化制果葡糖浆已形成很大的产业。

【实验目的】

1.掌握葡萄糖异构酶活性测定的方法和原理。

2.掌握半胱氨酸和咔唑法测定果糖的原理的操作方法。

【实验原理】

葡萄糖异构酶催化葡萄糖异构化为果糖。利用半胱氨酸-咔唑法测定反应生成的果糖量。葡萄糖异构酶的酶单位规定：酶在一定反应条件下，每小时生成 1 mg 果糖的酶量规定为 1 个单位，以 GIU 表示。将其除以 10.8 即为国际单位，此时以 1GIU 表示。

半胱氨酸-咔唑法测定果糖的原理：单糖与强酸反应生成糠醛或其衍生物，再与显色剂半胱氨酸及咔唑缩合成有色络合物，此络合物在 560 nm 处有最大吸收，可以比色测定。本法是微量法，适用于葡萄糖和果糖共存时果糖的测定。显色剂半胱氨酸和咔唑可与所有糖类反应,但果糖发色程度远远超过葡萄糖,即使葡萄糖含量高于果糖1倍,对测定结果影响也不大,因蔗糖在此测定条件下会水解,增加果糖含量,故此法不能用于有蔗糖共存的样品测定。

【实验材料】

链霉菌产生的葡萄糖异构酶(固定化酶)。

【实验器材】

可见光分光光度计、水浴锅等。

【药品试剂】

1. 0.2 mol/L TES-NaOH pH8.0:称取 N-Tris(羟甲基)-甲基-2-氨甲基酸9.2 g 溶于100 ml 水中,用1 mol/L NaOH 调节 pH 值至8.0,用蒸馏水定容到200 ml。

2. 3 mol/L D-葡萄糖:称取葡萄糖54 g,加蒸馏水使其溶解,并定容到100 ml。

3. 3 mmol/L CoCl$_2$:称取0.0843 g 硫酸钴(CoSO$_4$·7H$_2$O),加水溶解,并定容到100 ml。

4. 1.5% 半胱氨酸盐酸溶液:称取纯半胱氨酸盐酸盐0.375 g,用水溶解,并定容到25 ml。

5. 0.12% 咔唑酒精溶液:称取咔唑30 mg,用无水酒精溶解并定容到25 ml,放置在棕色瓶中,24小时后使用。

6. 70% 硫酸:量取分析纯浓硫酸450 ml,在不断搅拌下徐徐倒入190 ml 蒸馏水中。

7. 标准果糖溶液:称取预先在55℃真空干燥至恒重的分析纯果糖125 mg,用蒸馏水定容到25ml,此时果糖浓度为5 mg/ml,存放于冰箱中备用。使用时稀释100倍(浓度50 μg/ml)。

8. 0.3 mol/L 磷酸缓冲溶液(pH7.0):称取107.4 g 磷酸氢二钠(Na$_2$HPO$_4$·12H$_2$O),加蒸馏水溶解并定容到1 L(A液);称取46.3 g 磷酸二氢钠(NaH$_2$PO$_4$·2H$_2$O),加蒸馏水溶解,并定容到1 L(B液)。各取一定量A、B液混合,用 pH 计校正 pH 值至7.0。

9. 0.03 mol/L 硫酸镁:称取 0.739 g 硫酸镁($MgSO_4 \cdot 7H_2O$),加水溶解并定容到 100 ml。

10. 0.5 mol/L 高氯酸:取 21 ml 高氯酸($HClO_4$),用蒸馏水定容到 500 ml。

【实验方法】

1. 半胱氨酸-咔唑法制备果糖标准曲线:试管中分别加 50 μg/ml 的果糖标准溶液 0、0.2、0.4、0.6、0.8 ml,用蒸馏水分别补充体积至 1 ml,然后每支试管中加入 0.2 ml 1.5% 半胱氨酸盐酸盐溶液和 6 ml 70% 硫酸溶液,摇匀后,立即加入 0.2 ml 0.12% 咔唑酒精溶液,摇匀,于 60℃ 水浴中保温 10 分钟,取出用水冷却呈红紫色。在 560 nm 波长下比色,以吸光度对果糖浓度作图,即得果糖标准浓度曲线。

2. 葡萄糖异构酶催化反应:称取合适量的固定化酶颗粒,用 0.02 mol/L 磷酸缓冲液(pH 7.5)1 ml 在 3~7℃ 浸泡 16 小时,再加入上述磷酸缓冲液 1.5 ml,0.03 mol/L 硫酸镁溶液 0.5 ml,3 mol/L D-葡萄糖溶液 1.5 ml,再加蒸馏水调整至总体积 5 ml,70℃ 反应 1 小时,最后加入 0.5 mol/L 高氯酸溶液 5 ml 终止反应,然后利用半胱氨酸-咔唑法测定反应生成的果糖含量。

3. 半胱氨酸-咔唑法测定葡萄糖异构酶反应中果糖的产量:将上述反应终止溶液进行适当倍数的稀释(使其中果糖含量在 10~40 μg 范围内),准确吸取 1 ml,加入 0.2 ml 1.5% 半胱氨酸盐酸盐溶液和 6 ml 70% 硫酸溶液,摇匀后,立即加入 0.2 ml 0.12% 咔唑酒精溶液,摇匀,于 60℃ 水浴中保温 10 分钟,取出用水冷却呈红紫色。在 560 nm 波长下比色,根据获得的吸光度在果糖标准浓度曲线图上查得相应的果糖浓度,并计算最后的果糖含量。

【思考题】

1. 简单叙述半胱氨酸-咔唑法测定果糖含量的原理。

2. 葡萄糖异构酶在工业上有哪些应用前景?

实验五　裂解酶活性的测定
——以醛缩酶为例

【实验目的】

掌握测定醛缩酶活性的一般方法。

【实验原理】

醛缩酶（aldolase，Ald）催化 1，6-二磷酸果糖（fructose-1，6-disphosphate，FDP）裂解成一分子磷酸二羟丙酮和一分子 3-磷酸甘油醛。

血清醛缩酶活性的连续监测有两条途径：一种是 3-磷酸甘油脱氢酶耦联法，在 NADH 存在下磷酸二羟丙酮还原成 3-磷酸甘油，于波长 340 nm 监测吸光度下降速率（NADH 消耗速率）；另一种是 3-磷酸甘油醛脱氢酶（glyceraldehyde-3-phosphate dehydrogenase，GLAPD）耦联法，在 NAD 存在下 3-磷酸甘油醛氧化成 3-磷酸甘油酸，于波长 340nm 处监测吸光度上升速率（NADH 生成速率）。应用最多的是根据前一反应途径建立的测定方法。分析两法测定的主要干扰因素，前者受血液中丙酮酸的干扰；后者受血液中乳酸的干扰。一般情况下，以毫摩尔浓度相比，乳酸的含量要比丙酮酸的含量高十几倍。所以，后者所受干扰较大。

本方法在 GALPD 偶联反应前，加入乳酸脱氢酶以消除乳酸的干扰，然后加入底物，启动偶联反应，保证了测定结果的准确性。

【实验器材】

恒温水浴锅、可见/紫外分光光度计。

【药品试剂】

1. 三乙醇胺（TEA）缓冲液：60 mmol/L TEA，12 mmol/L 砷酸钠（Na_3AsO_4），7.2 mmol/L NAD，pH 8.3。取 TEA 1 ml，Na_3AsO_4

508.8 mg,NAD 477.6 mg,加入蒸馏水 80 ml,用 1 mol/L HCl 调节 pH 值为 8.3,再加蒸馏水至 100 ml,置冰箱保存。

2. 工具酶混合液:60 kU/L 3-磷酸甘油醛脱氢酶(GLAPD),12 kU/L磷酸丙糖异构酶(TPI),36 kU/L 乳酸脱氢酶(LD)。取 1.6 mol/L(NH$_4$)$_2$SO$_4$1 ml,加入 15 μl GLAPD 原液 61 U(比活 120 U/mg),7 μl LD 原液 37 U(比活 1000 U/mg)、1 μl TPI 原液 12.5 U(比活 5600 U/mg),混合备用。

3. 54.5 mmol/L FDP 溶液(酶底物):称取 300 mg 1.6-二磷酸果糖(FDPNa$_3$·8H$_2$O)溶于 10 ml TEA 缓冲液(pH 8.3)。临用前使温度平衡到 37°C。

【实验方法】

1. 取血清 0.05 ml,加入 1 ml TEA 缓冲液和 0.05 ml 工具酶混合液,混匀后,置于 37°C 水浴中温育 5 分钟。

2. 加入 0.1 ml 54.5 mmol/L FDP 溶液,混匀,立即放入分光光度计中,在波长 340 nm 处,延迟时间 30 秒,监测时间 180 秒,每 30 秒读一次吸光度,计算平均每分钟吸光度上升速率(ΔA/min)。

一般以吸光度上升速率表示酶活性的高低。也可以根据下面的公式计算出 Ald 的活性单位。式中 1/2 为一分子 1,6-二磷酸果糖分解成二分子磷酸丙糖的系数。

$$Ald\ U/L = \Delta A/min \times (10^6/6220) \times (1.20/0.05) \times (1/2)$$
$$= \Delta A/min \times 1929$$

【注意事项】

各反应物的终浓度:三乙醇胺 50 mmol/L,1,6-二磷酸果糖 4.5 mmol/L,砷酸钠 10 mmol/L,氧化型辅酶 I 6 mmol/L,3-磷酸甘油醛脱氢酶 2500 U/L,磷酸丙糖异构酶 500 U/L,乳酸脱氢酶 1500 U/L。

【思考题】

3-磷酸甘油醛脱氢酶偶联法和3-磷酸甘油脱氢酶偶联法在测定

醛缩酶活性时各有哪些优缺点? 应如何避免产生大的误差?

第二节 酶的动力学研究
——以酵母蔗糖酶为例

蔗糖酶(E.C.3 2.1.26)能催化非还原性双糖(如蔗糖)中1,2-糖苷键的裂解,释放出等量的果糖和葡萄糖。每摩尔蔗糖水解产生两摩尔还原糖,蔗糖的裂解速率可以通过Nelson法测定还原糖的产生数量来测定。一个酶活力单位规定为在标准分析条件下每分钟催化底物转化的数量。比活力单位为每毫克蛋白质含有的酶活力单位。

啤酒酵母中含有丰富的蔗糖酶,本实验以它为原料,通过破碎细胞、热处理、乙醇沉淀柱层析等步骤提取蔗糖酶,并对其性质进行测定。除非特别说明,所有的纯化步骤均在0~4℃进行。

实验六 酵母蔗糖酶的粗酶制备过程
——研磨水抽提、热处理和乙醇沉淀

【实验目的】

1. 提取酵母中的蔗糖酶。
2. 了解和掌握酶提取的一般过程和提取过程中的注意事项。

【实验原理】

酵母中的蔗糖酶以两种形式存在于酵母细胞膜的外侧和内侧,在细胞膜外细胞壁中的称为外蔗糖酶,其活力占蔗糖酶活力的大部分,是含有50%糖成分的糖蛋白。在细胞膜内侧细胞质中的称为内蔗糖酶,含有少量的糖。两种酶的蛋白质部分均为双亚基、二聚体,两种形式的酶的氨基酸组成不同,外酶中每个亚基比内酶多两个氨基酸,即Ser和Met。此外它们的分子量也不同,外酶约为270kU(或220kU,与酵母的来源有关),内酶约为 13.5kU。但是两种酶底物专一性和动力学性质仍十分相似,因此,本实验未区分内酶与外酶,而且由于内酶含量很少,极难提取,因此本实验中提取得到的大多为外酶。

本实验采用研磨水抽提、热处理和乙醇沉淀,提取获得蔗糖酶的粗酶制品,为接下来的实验做准备。

【实验器材】

研钵 1 个、50 ml 离心管 3 个、滴管 3 个、50 ml 量筒、恒温水浴锅 1 个、100 ml 烧杯 2 个、广泛 pH 试纸、高速冷冻离心机等。

【药品试剂】

酵母、二氧化硅、去离子水(使用前预冷)、碎冰、1 mol/L 乙酸、95% 乙醇。

【实验方法】

1. 用研磨水抽提方法获得蔗糖酶的粗酶提取物(级分 I)

(1)取 10 g 酵母,加 5 g 二氧化硅一起放在研钵中。

(2)缓慢加入预冷的 30 ml 去离子水,每次加 5 ml。边加边研磨,至少研磨 30 分钟。

(3)将研磨后的混合物转入离心管中,平衡后离心 15 分钟(4℃,10000 r/min)。

(4)将上清液转移到另一个 50 ml 离心管中,再次以同样条件离心。

(5)将上清液转入另一支 50 ml 离心管中,测定 pH 值,用 1 mol/L 乙酸将 pH 值调节到 5。留出 1.5 ml 该粗酶提取液,标记为"级分 I"(用于测定活力和蛋白质含量,并计算此时的比活力)。

2. 热处理和乙醇沉淀(级分 II)

(1)将上述离心管中的样品在 50℃水浴锅中加热 30 分钟,并在保温过程中不断地轻摇离心管。

(2)取出离心管,于冰浴中迅速冷却,4℃,10000 r/min,离心 10 分钟。

（3）将上清液转到量筒中测量体积，再转入小烧杯中（取出1.5 ml到EP管中，标记为级分Ⅱ），放到冰浴中，缓慢加入等体积预冷的95%乙醇，同时轻轻搅拌，再在冰浴中放置10分钟。于4℃,10000 r/min,离心10分钟,倾去上清液,滴干后,将沉淀保存在-20℃。

【思考题】

　　1.蔗糖酶提取过程中为什么可以进行热处理？

　　2.乙醇沉淀蔗糖酶的原理是什么？

实验七　蔗糖酶活力的测定和比活力的分析

【实验目的】

　　1.制备蔗糖酶酶促反应进程曲线。

　　2.掌握蔗糖酶活力测定的一般方法。

　　3.了解和掌握比活力的概念和分析方法。

【实验原理】

　　蔗糖酶特异性催化非还原糖中的α-呋喃果糖苷键水解,具有相对专一性,能催化蔗糖水解生成D-果糖和D-葡萄糖,也能水解棉子糖生成密二糖和果糖。

　　3,5-二硝基水杨酸测定还原糖的原理:3,5-二硝基水杨酸与还原糖在强碱性溶液中在沸水浴条件下生成棕红色氨基化合物,该化合物在520nm处有最大吸收,在一定范围内颜色深浅与还原糖浓度成正比。

　　要进行酶的活力测定,首先要确定酶的反应时间。酶的反应时间并不是任意规定的,应该在初速度范围内进行选择。要求出代表酶促反应初速度的时间范围就必须制作酶促反应的进程曲线。所谓进程曲线是指酶促反应时间与产物生成量(或底物减少量)之间的关系曲线。它表明了酶促反应随反应时间变化的情况。本实验的进程曲线是在酶促反应的最适条件下采用每间隔一定的时间测定产物生成量的方法,以酶促反应时间为横坐标,产物生成量为纵坐标绘制而成的(图4-1)。从酶反应进程曲线可以看出,曲线的起始部分在某一段时间范围内呈直线,其斜率代表酶促反应的初速度。但是,随着反应时间的延长,曲线的斜率不断下降,说明反应速度逐渐降低。反应速度随反应时间的延长而降低这一现象可能是由于底物浓度的降低和产物浓度的增高致使逆反应加强等原因所致。因此,要真实反映出酶活力的大小,就应该在产物生成量与酶促反应时间成正比的这一段时间内进行测定。换言之,测定酶活力应该在进程曲线的初速度时间范围内进行。制作进程曲线,求出酶促反应初速度的时间范围是酶动力学性质分析中的组成部分和实验基础。

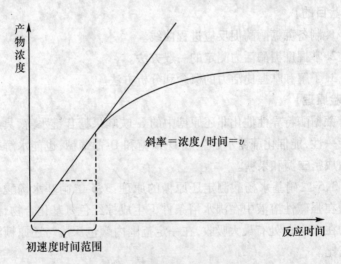

图4-1 酶促反应的速度曲线

蔗糖酶酶活力单位定义为,在一定条件下,反应5分钟,每产生1 mg 葡萄糖所需要的酶量。实际应用时将 1 ml 蔗糖酶酶液所产生的葡萄糖的量定为1ml 酶液的活力。

酶的比活力即每 mg 酶蛋白质所具有的酶活力。

【实验器材】

分光光度计、恒温水浴锅、试管等。

【药品试剂】

1. 1 mg/ml 葡萄糖标准溶液。

2. 0.1mol/L 醋酸缓冲液 pH5.0。

3. 3,5-二硝基水杨酸试剂。

甲液:将 6.9 g 结晶酚溶解于 15.2 ml 10% NaOH 溶液中,并用水稀释到 69 ml,再加入 6.9 g 亚硫酸钠。

乙液:取 255 g 酒石酸钾钠加到 300 ml 10% NaOH 溶液中,加入 800 ml 1% 3,5-二硝基水杨酸溶液。将甲液和乙液混合后储存在棕色瓶中室温放置 7~10 天后使用。

4. 0.1 mol/L NaOH 溶液。

【实验方法】

1. 蔗糖酶酶促反应曲线的制备:准备 12 支试管,按 0 到 11 的顺序对试管进行编号,空白对照管为"0"号。各管分别加入 0.6 ml 300 mmol/L蔗糖溶液和1.3 ml pH5.0醋酸缓冲液后,在25℃预热3分钟。在 1~11 管内各加入 0.1 ml 预热的酶液。酶液加入后立即精确计时并摇匀,按时间 3、5、7、10、12、15、20、25、30、40 和 50 分钟在 25℃恒温下进行定时酶反应(酶液加入时为起始时间,碳酸钠溶液加入时为终止时间)。当酶促反应进行到上述相应的时间时,加入二硝基水杨酸试剂 0.5 ml 终止反应,时间控制和反应条件详见表4-4 和表4-5。

表4-4　　　　　　　　　**酶促反应时间安排**

管号	1	2	3	4	5	6	7	8	9	10	11
酶液加入时刻 (min,11 号试管最先加样)	10	9	8	7	6	5	4	3	2	1	0
二硝基水杨酸加入时刻(min)	13	14	15	17	18	20	24	28	32	41	50

表 4-5　　　　　　　　　　酶促反应操作安排

管号	1	2	3	4	5	6	7	8	9	10	11	0
300 mmol/L 蔗糖溶液 ml						0.6 ml						
pH5.0 醋酸缓冲液 ml						1.3 ml						
25℃预热 3 分钟												
酶液(25℃预热过的)	各 0.1ml,一加入就计时,注意合理安排各管的加入时间,最好先加第 11 管,隔 1 分钟再加第 10 管。											0
25℃精确反应时间(min)	3	5	7	10	12	15	20	25	30	40	50	
二硝基水杨酸溶液 ml	0.5ml(用于终止反应并测定产生还原糖的量)											
0.1 mol/L NaOH 溶液 ml	2.5ml											
0 号试管加入酶液 0.1ml												
沸水浴(100℃)中准确煮 5 分钟,取出用自来水冷却 3 分钟												
A520												0

　　以反应时间为横坐标,A_{520} 为纵坐标绘制进程曲线,并将其贴在实验报告上,根据进程曲线求出蔗糖酶反应初速度的时间范围(直线部分涵盖的时间)。

　　2. 葡萄糖标准曲线的制备:准备 6 支试管,按照表 4-6 进行加样。加样后混匀,盖上试管帽,于沸水浴(100℃)中准确煮 5 分钟,取出用自来水冷却 3 分钟,于 520 nm 处以零号试管样品调零,测定其余 5 支试管中样品的吸收值 A_{520}。以葡萄糖含量为横坐标,以光密度为纵坐标画葡萄糖标准曲线图。

表 4-6 葡萄糖标准曲线的制备

试剂名称 ml \ 试管号	0	1	2	3	4	5
1 mg/ml 标准葡萄糖溶液	0	0.2	0.4	0.6	0.8	1.0
0.1 mol/L 醋酸缓冲液 pH5.0	0.2	0.2	0.2	0.2	0.2	0.2
H_2O	1.8	1.6	1.4	1.2	1.0	0.8
二硝基水杨酸溶液	0.5	0.5	0.5	0.5	0.5	0.5
0.1 mol/L NaOH 溶液	2.5	2.5	2.5	2.5	2.5	2.5

3. 蔗糖酶活性的测定：按照表 4-7 完成实验。

表 4-7 蔗糖酶活力的测定

	1(级分Ⅰ和级分Ⅱ测定管)	2(对照Ⅰ和对照Ⅱ)
300 mmol/L 蔗糖溶液 ml	0.6	0.6
pH5.0 醋酸缓冲液 ml	1.3	1.3
25℃水浴中保温3分钟		
稀释后的酶液 ml（级分Ⅰ和级分Ⅱ）	0.1	0
25℃水浴保温,反应5分钟 二硝基水杨酸试剂 0.5 ml		
0.1mol/LNaOH 溶液 ml	2.5	2.5
稀释后的酶液 ml（级分Ⅰ和级分Ⅱ）	0	0.1
沸水浴煮5分钟		

取出后用自来水冷却3分钟,于 520 nm 处以对照管样品调零点,测量测定管的吸收值 A_{520}。从标准曲线上查得相应的葡萄糖含

量,并乘以10(上述反应中只加入0.1 ml稀释后的酶液)和稀释倍数,即为每1ml酶溶液(级分Ⅰ和级分Ⅱ)的活力。

4.蛋白质含量的测定:用考马斯亮蓝方法测定级分Ⅰ和级分Ⅱ中蛋白质的含量,计算出每ml级分Ⅰ和级分Ⅱ中的蛋白质量。具体方法参照蛋白质含量测定实验。

5.计算各级分的比活力、纯化倍数和回收率:

比活力计算公式:$\dfrac{\text{级分Ⅰ和级分Ⅱ中的蔗糖酶的活力}}{\text{1ml级分Ⅰ和级分Ⅱ中蛋白质的含量}}$

为了测定和计算上面纯化表(表4-8)中的各项数据,对各个级分都必须取样,每次取样都会造成一定的损失,因此要对下一级分的体积进行校正,使得回收率的计算不受到影响。下表举例说明了校正体积的计算方法(表4-9)。

表4-8　　　　　　　　　　　酶的纯化表

级分	记录体积(ml)	校正体积(ml)	蛋白质(mg/ml)	总蛋白(mg)	酶活力(每ml)	总活力	比活力	纯化倍数	回收率(%)
Ⅰ									
Ⅱ									

表4-9　　　　　　　　　　　校正体积的计算

级分	记录体积(ml)	校正体积计算	取样体积(ml)	校正后体积(ml)
Ⅰ	15	15	1.5	15
Ⅱ	5	5 × 15/13.5	1.5	5.5
Ⅲ	6	6 ×15/13.5 ×5/3.5	1.5	9.5

【注意事项】

比活力:酶的总活力单位数除以总蛋白毫克数,即每毫克蛋白所含有的酶活力单位数。

回收率:每一步所测得的总活力数与第一步总活力数的比值,以百分比表示。假设第一步的回收率为100%。

纯化倍数:每一步所得的比活力与第一步比活力的比值,开始时纯化倍数假设为1。

【思考题】

1. 比活力的概念和酶纯化过程中测定比活力的含义。

2. 比较级分 I 和级分 II 的比活力,试分析级分 II 比活力高的原因。

实验八　蔗糖酶的盐析和凝胶层析脱盐

【实验目的】

1. 掌握蛋白质盐析的原理。

2. 了解并熟练掌握凝胶层析脱盐的操作方法。

【实验原理】

用大量中性盐使蛋白质从溶液中析出的过程称为蛋白质的盐析作用。蛋白质是亲水胶体,在高浓度的中性盐影响下脱去水化层,同时,蛋白质分子所带的电荷被中和,结果蛋白质的胶体稳定性遭到破坏而沉淀析出。经透析或用水稀释时又可溶解,故蛋白质的盐析作用是可逆过程。分子量大的蛋白质(如球蛋白)比分子量小的(如白蛋白)易于析出。改变盐浓度,可使不同分子量的蛋白质分别析出。通常采用的中性盐有硫酸铵、硫酸镁、氯化钠、磷酸钠等。硫酸铵浓度的计算与调整:

(1)加硫酸铵饱和液: $V = V_0(S_2 - S_1)/(1 - S_2)$;

(2)加固体硫酸铵: $t = G(S_2 - S_1)/(1 - AS_2)$

V 为所加饱和硫酸铵体积；V_0 为原溶液体积；S_2 为需达到的硫酸铵饱和度；S_1 为原溶液硫酸铵饱和度；G 和 A 为常数，0 e 时 G 为 507，A 为 0.27；20 e 时，G 为 533，A 为 0.27。t 为每升加入的克数。

凝胶层析又称排阻层析、凝胶过滤、渗透层析或分子筛层析等。对于某种型号的凝胶，一些大分子不能进入凝胶颗粒内部而完全被排阻在外，只能沿着颗粒间的缝隙流出柱外（所用洗脱液的体积为外水体积）；而一些小分子不被排阻，可自由扩散，渗透进入凝胶内部的筛孔，尔后又被流出的洗脱液带走（所用洗脱液的体积为内水体积）。分子越小，进入凝胶内部越深，所走的路程越多，故小分子最后流出柱外，而大分子先从柱中流出。一些中等大小的分子介于大分子与小分子之间，只能进入一部分凝胶较大的孔隙，亦即部分排阻，因此这些分子从柱中流出的顺序也介于大、小分子之间。这样样品经过凝胶层析后，分子便按照从大到小的顺序依次流出，达到分离的目的。

用作凝胶的载体物质有交联葡聚糖、聚丙烯酰胺和琼脂糖等。使用最多的是交联葡聚糖。交联葡聚糖的商品名为 Sephadex，是由链状葡聚糖通过交联剂 1-氯代-2,3-环氧丙烷交联而成。交联剂添加越多，孔径越小，吸水量也越小；反之越大。以 G-x 表示型号，后面的数字可以看出交联度，数字越小，交联度越大。SephadexG-25 的吸水量为 2.5 ml/g，干粒子直径 100 ~ 300 μm，筛孔 40 ~ 60。大部分蛋白质分子从外水体积流出，盐等小分子从内水体积流出。

【实验器材】

紫外分光光度计、石英比色皿、内径 1.2 cm、高 30 cm 的玻璃层析柱、乳胶管和止水夹、试管 20 支、玻璃棒、试管架等。

【药品试剂】

饱和硫酸铵溶液、固体硫酸铵、葡聚糖凝胶 SephadexG-25 等。

【实验方法】

1. 蔗糖酶盐析：

(1)乙醇沉淀后的蔗糖酶的溶解。将经过热变性和乙醇沉淀后的固体蔗糖酶(保存在 -20℃)溶解在 20 ml 蒸馏水中,4℃条件下,10000 r/min 离心 10 分钟,上清液(供试原粗酶液)用量筒量体积,冰上备用。留取 1 ml 上清液用于蛋白质含量测定和酶活力测定。

(2)第一次硫酸铵沉淀:25℃条件下,30% 硫酸铵沉淀杂蛋白。将上述蔗糖酶粗酶提取液放置到 25℃水浴锅中保温,然后根据硫酸铵溶液饱和度计算表(见附录)和测量得到的蔗糖酶溶液体积计算加入固体硫酸铵的克数,使得此时蔗糖酶粗酶提取液中硫酸铵的饱和度为 30%。在 25℃条件下边搅拌边加入固体硫酸铵,直至硫酸铵完全溶解,25℃条件下,10000 r/min 离心 10 分钟分离沉淀物,上清液用量筒量体积,保存备用。留出 1 ml30% 硫酸铵沉淀后的上清液,测定蛋白质含量和酶活力。沉淀也用适量蒸馏水溶解后备用,测定蛋白质含量和酶活力。此时蔗糖酶基本上是在上清液中。

(3)第二次硫酸铵沉淀:25℃条件下,70% 硫酸铵沉淀蔗糖酶。将上述蔗糖酶粗酶提取液放置到 25℃水浴锅中保温,然后根据硫酸铵溶液饱和度计算表(见附录)和测量得到的蔗糖酶溶液体积计算加入固体硫酸铵的克数,使得此时蔗糖酶粗酶提取液中硫酸铵的饱和度为 70%。在 25℃条件下边搅拌边加入固体硫酸铵,直至硫酸铵完全溶解,25℃条件下,10000 r/min 离心 10 分钟分离沉淀物,上清液保存备用,并测定蛋白质含量和酶活力。根据沉淀多少用适量体积蒸馏水溶解,此时蔗糖酶大多在沉淀物中。

一般情况下并不知道所要分离的蛋白质在硫酸铵中的溶解度,需要进行预实验分析。具体步骤为:取一定体积待分离的粗酶液,在 0℃或 25℃的温度下,边搅拌边加入固体硫酸铵至一定的浓度,冷冻离心分离沉淀物,记录上清液体积。根据沉淀物溶解液中酶活参数测定结果,调整试验方案,向所分离的上清液补加硫酸铵至一定浓度,直至获得较理想的酶分级分离提取效果。记录调整盐析浓度时,所添加的硫酸铵的数量。

2. 测定上述成分中的酶活力和蛋白质含量,具体方法参照前面实验二。填写表4-10。根据实验结果,选出较好的分级沉淀蔗糖酶的实验方案,或提出进一步改进分级沉淀提取蔗糖酶的实验方案。

表4-10 　　　　　　　　　　　　硫酸铵沉淀纯化表

记录序号	硫酸铵浓度（%）	酶液体积（ml）	蛋白质含量（mg）	酶活力（U/ml）	总活力	比活力（U/mg蛋白质）	提纯倍数	提取率（%）
供试原粗酶液	0							
一次沉淀试验	30%取上清液							
一次沉淀试验	30%沉淀							
二次沉淀试验	70%上清液							
二次沉淀试验	70%沉淀							

3. SDS-PAGE电泳分析盐析后蛋白质的纯度。具体方法参照蛋白质实验部分。

4. 葡聚糖凝胶柱脱盐:盐析分级沉淀得到的蔗糖酶溶液含有大量的硫酸铵,铵盐的存在对蔗糖酶的进一步分离纯化有影响,因此必须除去。当蔗糖酶液流经凝胶柱时,酶被排阻在凝胶外面先流出来,而小分子量的盐类则扩散到凝胶网孔内部后,经较长路径再流出,由于大小分子向下运动的速度不同,最终将盐和大分子的酶分离。这种方法脱盐的速度不仅比透析法脱盐快,而且大分子物质不变性。

(1)装柱:将一定体积的洗脱液加入已溶胀的凝胶中,混匀。尽量沿柱壁一次徐徐灌入柱中,以免出现不均匀的凝胶带。凝胶浆过稀易出现不均匀的裂纹;过于粘稠,会吸留气泡。

新装的柱用适当的缓冲液平衡后,将带色的蓝色葡聚糖 - 2000 配成 2 mg/ml 的溶液过柱,观察色带是否均匀下降。均匀下降说明柱层床无裂纹或气泡,否则必须重装。

(2)打开柱的上盖,让缓冲液流出,直至液面与凝胶床面相平。将一定量的酶液(上述盐析后蔗糖酶活性最高的溶液)小心加到凝胶床的表面。待样品恰好通过层床后,用少量洗脱液冲洗凝胶表面,待少量洗脱液流进层床后,补加缓冲液至合适的高度,旋紧柱上盖,开启恒流泵,以一定量的洗脱缓冲液按 0.5 ~ 1.0 ml/min 速度洗脱,每 3 ~ 5 ml 收集一管。

(3)在 280 nm 波长下,测定各收集管中溶液的蛋白质含量及脱盐情况。

5. 将脱盐后的蔗糖酶溶液中加入等体积的乙醇,具体方法同前面蔗糖酶的粗酶提取方法。将沉淀后的蔗糖酶在 -20℃保存。

【注意事项】

1. 比活力指样品中单位蛋白质(mg 蛋白质或 mg 蛋白氮)所含的酶活力单位。

2. 提纯倍数指提纯后酶液的比活力与粗酶液的比活力之比值。

3. 提取率指提纯后酶液的总活力与粗酶液酶的总活力之比。

4. 总活力 = 酶活力(U/ml) × 酶液总体积

5. 用硫酸铵分级沉淀提取蔗糖酶时,酶液体积指的是离心分离所得沉淀提取物溶解后的总体积。

【思考题】

1. 常用的蛋白质脱盐方法有哪些?

2. 蛋白质的沉淀还有哪些方法?

3. 柱层析有哪些种类,原理各是什么?

实验九　DEAE 纤维素柱层析纯化蔗糖酶

【实验目的】

1. 掌握 DEAE 纤维素柱层析的原理和方法。

2. 利用 DEAE 纤维素柱层析方法纯化蔗糖酶。

【实验原理】

离子交换层析是常用的层析方法之一。该方法是以离子交换剂为固定相,液体为流动相。离子交换剂与水溶液中离子或者离子化合物的反应主要以离子交换方式进行,或者借助离子交换剂上电荷基团对溶液中离子或者离子化合物的吸附作用进行。这些过程都是可逆的。在某一 pH 值条件下,不同蛋白质带有不同的电荷,因而与离子交换剂的亲和力不同。当洗脱液的 pH 值改变或者是盐离子强度逐渐提高时,使得某一种蛋白质的电荷被中和,从而与离子交换剂的亲和力下降,不同蛋白质按照带有电荷的强弱逐渐被洗脱下来,从而达到了分离的目的。

离子交换剂由基质、电荷基团(功能基团)和反离子构成。根据离子交换剂中反离子的电荷性质可以将离子交换剂分为阳离子交换剂和阴离子交换剂。在阳离子交换剂中反离子带有正电荷,与溶液中带有正电荷的离子或者离子化合物进行可逆交换;阴离子交换剂中反离子带有负电荷,与溶液中带有负电荷的离子或者离子化合物进行可逆交换。

当溶液 pH 大于蛋白质等电点时,该蛋白质带负电荷;相反,当溶液 pH 值小于该蛋白质的等电点时,该蛋白质带有正电荷。

【实验材料】

蔗糖酶粗分离纯化样品。

【实验器材】

高速冷冻离心机、紫外分光光度计、恒温水浴锅、石英比色皿、玻璃层析柱(内径 1.2 cm、高 30 cm)、乳胶管和止水夹、试管 20 支、玻璃棒、试管架等。

【药品试剂】

1. DEAE-Sepharose Fast Flow(弱碱性阴离子交换剂)。

2. 20 mmol/L Tris-HCl,pH 7.3 缓冲液。

3. 20 mmol/L Tris-HCl,pH 7.3,1 mol/L NaCl 缓冲液。

4. 0.2 mol/L乙酸缓冲液,pH 4.5。

【实验方法】

1. 离子交换剂的准备:称取 1.5 g DEAE-Sephadex23(DE-23)干粉,加入 0.5 mol/L NaOH 溶液,轻轻搅拌,浸没 0.5 小时,用玻璃砂漏斗抽滤,并用去离子水洗至中性,抽干后放入小烧杯中,加入 50 ml 0.5 mol/L HCl,搅拌均匀,浸泡 0.5 小时。同上面的处理,用去离子水洗至中性。将 DE-23 浸入 20 mmol/L Tris-HCl(pH 7.3)缓冲液中平衡备用。

2. 样品处理:将乙醇沉淀后的蔗糖酶蛋白样品充分溶解在 15 ml 20 mmol/L Tris-HCl pH 7.3 缓冲液中(样品Ⅰ),4℃ 条件下,15000 r/min,离心 10 分钟,收集上清液并测定总体积。留出 1 ml 用于蔗糖酶蛋白质含量测定、酶活力测定和 SDS-PAGE 分析。将其余的样品用于离子交换柱层析进一步分离纯化蔗糖酶。

3. 装柱与平衡:先将层析柱垂直装好,在烧杯内用 20 mmol/L Tris-HCl pH 7.3 缓冲液洗 DE-23 几次,然后轻轻搅匀,注意此时 DE-23纤维素不能太稀,也不能太稠,应刚好呈现流质状态。将纤维素用玻璃棒引流慢慢连续加入层析柱内。注意在装柱过程中不能在柱内产生气泡。待凝胶自然沉积 1~2 cm 后松开层析柱下端的止水夹,调节流速为 0.8~1 ml/min;待层析柱内的 DE-23 沉降至稳定高度并距离层析柱上端约 3 cm 处,用 20 mmol/L Tris-HCl pH 7.3 缓冲液进行柱平衡,直至流出液与缓冲液的 pH 一致。

4. 上样:待 20 mmol/L Tris-HCl pH 7.3 缓冲液液面与层析柱中

基质表面相切时,关闭止水夹,用胶头滴管缓慢将蔗糖酶蛋白样品加到层析柱上面,注意加样时液体应顺着层析柱内壁滴加,避免破坏层析柱胶体表面的平整。打开止水夹,使样品进入基质,样品完全进入基质后,开始用洗脱缓冲液洗脱蛋白质样品。

5. 梯度洗脱:加样后,用 20 mmol/L Tris-HCl pH 7.3 缓冲液进行平衡,此时的洗脱速度控制在 0.8 ~ 1 ml/min,洗去未被 DE-23 吸附的杂蛋白,直至层析柱流出液在紫外分光光度计上测出的基线稳定($A_{280} = 0$ 或者接近 0)。用 20 mmol/L Tris-HCl pH 7.3 缓冲液 NaCl 梯度洗脱(浓度为 0.1 mol/L NaCl),层析柱连上梯度混合器,混合区中分别为 50 ml 20 mmol/L Tris-HCl pH 7.3 缓冲液和 50 ml 含有 1 mol/L NaCl 的 20 mmol/L Tris-HCl pH 7.3 缓冲液。每 4 ml 流出液收集为一管,洗脱至缓冲液流完。

6. 测定各收集管中样品的酶活力和蛋白质含量。

7. SDS-PAGE 分析各管样品中蛋白质的纯度。

8. 将蔗糖酶含量高、酶活性高并且纯度高的几管样品混合(样品Ⅱ,测定蛋白质含量和酶活性),测量体积,用乙醇沉淀后在 −20℃ 保存。

9. 根据实验结果,填写表 4-11。

表 4-11　　　　　　　　　　DEAE 纯化表

	记录体积 (ml)	校正体积 (ml)	蛋白质 (mg/ml)	总蛋白 (mg)	酶活力 (每 ml)	总活力	比活力	纯化倍数	回收率 (%)
Ⅰ									
Ⅱ									

【思考题】

1.简述 DEAE 柱层析的原理。

2.利用离子交换层析分离蛋白质有哪些注意事项?

实验十 底物浓度对催化反应速度的影响及 米氏常数 K_m

酶的动力学性质分析是酶学研究的重要方面。测定 K_m 和 V_{max},特别是测定 K_m,是酶学研究的基本内容之一,K_m 是酶的一个基本特性常数,它包含着酶与底物结合和解离的性质,特别是同一种酶能够作用于几种不同的底物时,米氏常数 K_m 往往可以反映出酶与各种底物的亲和力强弱,K_m 值越大,说明酶与底物的亲和力越弱;反之,K_m 值越小,酶与底物的亲和力越强。

【实验目的】

1.掌握米氏常数的含义。

2.掌握双倒数作图法的原理和操作方法。

【实验原理】

1913 年,Michaelis 和 Menten 首先提出了酶促反应中反应速度和底物浓度的关系式。即米氏方程:

$$V_0 = \frac{V_{max}[S]}{K_m + [S]}$$

式中:V_0 为反应初速度;V 为最大反应速度;$[S]$ 为底物浓度;K_m 为米氏常数,其单位为摩尔浓度。K_m 值是酶的一个特征性常数,一般说来,K_m 可以近似地表示酶与底物的亲和力。测定 K_m 值是酶学研究中的一个重要方法。

Lineweaver-Burk 作图法是用实验方法测定 K_m 值的最常用的比较方便的方法。

Lineweaver 和 Burk 将米氏方程改写成倒数形式:

$$\frac{1}{V_0} = \frac{K_\mathrm{m}}{V_\mathrm{max}[\mathrm{S}]} + \frac{1}{V_\mathrm{max}}$$

实验时选择不同的[S],测定相对应的 V。求出两者的倒数,以 $1/V$ 对 $1/[\mathrm{S}]$ 作图,则得到一斜率为"K_m/V"的直线(图 4-2)。将直线外推与横轴相交,其横轴截距为 $-1/[\mathrm{S}] = 1/V$ 由此求出 K_m 值。

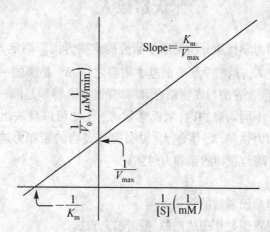

图 4-2 双倒数作图法

双倒数作图法应用最广泛,其优点是:①可以精确地测定 K_m 和 V_max;②根据是否偏离线性可以很容易看出反应是否违反 Michaelis-Menten 动力学;③可以较为容易地分析各种抑制剂的影响。此法的缺点是实验点不均匀,反应速度小的时候误差很大。

【实验材料】

纯化后的蔗糖酶。

【实验器材】

分光光度计、水浴锅、试管等。

【药品试剂】

同实验二中蔗糖酶活力测定所需试剂。

【实验方法】

1. 葡萄糖标准曲线的制备:具体步骤同实验二蔗糖酶活力的测定和比活力的分析。

2. 酶活力预试:按照表 4-12 进行操作。将纯化后的蔗糖酶进行不同倍数的稀释,然后测定稀释后蔗糖酶的活力,选择最后测得的吸收值在 1 左右的酶作为测定蔗糖酶 K_m 值的样品。在测定 K_m 值时,蔗糖酶活力过高或者是过低都不利于 K_m 的测定。

表 4-12　　　　　　　蔗糖酶活力预试实验

	1	对照
300 mmol/L 蔗糖溶液 ml	0.6	0.6
pH5 醋酸缓冲液 ml	0.2	0.2
H_2O ml	1.1	1.1
25℃水浴中保温 3 分钟		
不同稀释倍数的酶 ml	0.1	0
25℃水浴中反应 5 分钟,然后在每支试管中加入二硝基水杨酸试剂 0.5 ml		
0.1mol/LNaOH 溶液 ml	2.5	2.5
不同稀释倍数的酶 ml	0	0.1
沸水中煮 5 分钟,然后在自来水中冷却 3 分钟,以对照管调节"0",测定 A_{520}。		

3. 底物浓度对酶反应速度的影响:准备 14 支试管按照表 4-13 进行实验,其中 7 支试管分别作为另外 7 支试管的对照。对照中的反应物与反应管中的相同,只是加入的顺序不同,对照管中的酶在二硝基水杨酸和 NaOH 的后面加入,其余反应步骤也相同。

表4-13 底物浓度对酶反应速度的影响

试管号	0	1	2	3	4	5	6
300 mmol/L 蔗糖 ml	0.04	0.06	0.08	0.1	0.2	0.4	0.6
pH5 醋酸缓冲液 ml	0.2	0.2	0.2	0.2	0.2	0.2	0.2
H_2O ml	1.66	1.64	1.62	1.6	1.5	1.3	1.1
25℃水浴中预热3分钟							
稀释后的蔗糖酶 ml				0.1			
25℃水浴中反应5分钟							
二硝基水杨酸 ml				0.5			
0.1 mol/L NaOH ml				2.5			

沸水浴5min,自来水冷却3min,以对照管调"0",520nm 测 OD 值

4. 计算:根据上述实验结果填写表4-14中相应的数据并计算蔗糖酶的 K_m 值。表中 V 代表生成产物葡萄糖的速率,即5分钟单位时间内1 ml蔗糖酶反应生成的葡萄糖的量;$[S]=300 \cdot V/2$,300代表蔗糖的浓度为300 mmol/L;$[S]$代表底物蔗糖的摩尔浓度(mmol/L);V代表每支试管中加入的底物蔗糖的体积;2指的是反应的总体积是2 ml。

表4-14 数据处理和结果计算

	1	2	3	4	5	6	7
OD_{520}							
0.1ml 蔗糖酶的葡萄糖产量 mg							
V(反应速度)							
$[S]$(底物浓度)							
$1/[S]$							
$1/V$							

【思考题】

1. 简述 K_m 值的含义及测定的方法。

2. 测定 K_m 值的方法有哪些,各有什么优缺点?

实验十一 用正交法测定几种因素对蔗糖酶活力的影响

【实验目的】

1. 初步掌握正交实验设计方法的使用。

2. 求出蔗糖酶的最适温度和最适 pH 值。

【实验原理】

酶的催化作用是在一定条件下进行的,它受多种因素的影响,如底物浓度、酶浓度、溶液的 pH 值和离子浓度、温度、抑制剂和激活剂等都能影响催化反应的速度。通常是在其他因素恒定的条件下,通过对某一因素在一系列变化条件下的酶活性测定,求得该因素对酶活力的影响,这是单因素的简单比较法。本实验用正交法测定温度、pH 值、底物浓度和酶浓度四种因素对蔗糖酶活性的影响,这是多因素(≥3)的实验方法。

正交法是通过正交表安排多因素实验,利用统计数学原理进行数据分析的一种科学方法,它符合"以尽量少的试验,获得足够的、有效的信息"的实验设计原则。正交试验法的程序为下列八个步骤:

(1)确定试验目的。实验目的是多种多样的,如找出产品质量指标的最佳组合、确定最佳工艺条件等。本实验的目的是为了提高酶的反应速度,提高酶的活力。

(2)选择质量特性指标。应选择能提高或改进的质量特性及因素效应。对于本实验来说就是产物(葡萄糖)生成量的多少。

（3）选定相关因素。即选择和确定可能对实验结果或质量特性值有影响的那些因素,可人为控制与调节的因素,如温度、pH 值等。这些因素之间有相互独立性。

（4）确定水平。水平,又称位级,是因素的一个给定值或一种特定的措施,或一种特定的状态。水平也就是因素变化的各种状态。在确定水平时,应考虑选择范围、水平数和水平位置。如本实验的温度可以选择 20℃、30℃、50℃三个水平。

（5）选用正交表。应从因素数、水平数以及有无重点因素需要强化考察等各方面综合考虑选用正交表。一般情况下,首先根据水平数选用 2 或 3 系列表,然后以容纳试验因素数,选用实验次数最少的正交表。如有重点考察的因素,则根据其多考察的水平数,选混合型正交表。

（6）配列因素水平,制订实验方案。按随机原则,把因素配列于选用的正交表中,制定实验的顺序、时间等,即制定实验具体方案。

（7）实施实验方案。按实验方案,认真、正确地试验,如实记录各种实验数据。

（8）实验结果分析。对实验中取得的各种数据进行分析。如从数据中直接选出符合或接近质量特性期望值的实验条件组。如不能采用直观分析方法,则应采用其他分析方法,确定各因素主次地位可用级差分析方法,定量分析各个因素对实验结果的影响程度,则用方差分析方法。

【实验材料】

纯化后的蔗糖酶。

【实验器材】

分光光度计、水浴锅、试管等。

【药品试剂】

同本章蔗糖酶活力测定实验所需试剂。

【实验方法】

1.实验设计：

(1)确定指标：即实验的结果。本实验的指标是酶活力。这里用 A_{520} 值表示。

(2)制定因素水平表：考察四个因素(温度、pH 值、底物浓度和酶浓度)，每个因素取三个水平(如温度选择20℃、35 ℃和50 ℃三个水平)。水平是因素变化的范围(通常是根据专业知识确定。如无资料可借鉴，应先加宽范围再逐步缩小)内要进行实验的具体条件(表 4-15)。可根据自己的设计选择相应因素的水平变化范围，如温度的选择可为20 ℃、30℃、60 ℃。注意各个因素的水平应该在酶反应条件的合理范围内！

表 4-15 　　　　　　　　　　　因素水平表

因素水平	A 温度 /℃	B pH 值	C 底物浓度/(mL)	D 酶浓度/(mL)
1	25	3	0.1	0.02
2	35	4.5	0.3	0.06
3	50	6.5	0.6	0.1

(3)选择正交表：可容纳三因素三水平的正交表有 L9(34)、L27(313)、L18(36×6)和 L27(38×9)。本实验不考察各因素间的交互作用，也没设计混合水平，只有水平数均为 3 的四个因素，故选用 L9(34)表(表 4-16)。

表 4-16 　　　　　　　正交表 $L_9(3^4)$（举例）

列号 试管号	1 （温度）	2 （pH 值）	3 （底物浓度）	4 （酶浓度）
1	1	1	1	1
2	1	2	2	2
3	1	3	3	3
4	2	1	2	3
5	2	2	3	1
6	2	3	1	2
7	3	1	3	2
8	3	2	1	3
9	3	3	2	1

（4）实验安排：根据因素和各因素的水平条件设计实验。总反应体积为 2 ml。表 4-17 中列出了"1"号试管中的反应条件：蔗糖溶液即反应中的底物加入 0.1 ml（即因素 3 中的第一个水平）；缓冲液的 pH 值为 3，即因素 2 中的第一个水平，注意为了保证每支试管中离子浓度相同，加到每支试管中的缓冲液体积是一致的，即每支中加入 0.2 ml 的缓冲液；第一支试管中的反应温度为温度这个因素的第一个水平，即 25℃；加入的蔗糖酶也是这一因素中的第一个水平，即 0.02 ml，这里为了方便起见以蔗糖酶的体积表示，可以通过测定蛋白质含量计算出此时的酶浓度。再以"9"号试管为例：蔗糖溶液即反应中的底物加入 0.3 ml，即底物这个因素中的第二个水平；缓冲液的 pH 值为 6.5，即因素 2 中的第三个水平；反应温度为温度这个因

素的第三个水平,即50℃;加入的蔗糖酶也是这一因素中的第一个
水平,即0.02 ml。

表4-17　　　　　　　具体的实验安排

试管 试剂	1	2	3	4	5	6	7	8	9
蔗糖溶液 ml	0.1								0.3
缓冲液 pH	3								6.5
体积 ml	0.2								0.2
H$_2$O ml	1.68								1.47
温度℃ (3分钟)	25								50
蔗糖酶 ml	0.02								0.03
温度℃ (5分钟)	25								50
二硝基水杨酸试剂					0.5 ml				
0.1 mol/L NaOH					2.5 ml				
沸水浴5min,自来水冷却3分钟,以对照管调"0",520 nm 测 OD 值									

2.实验实施:

(1)将已配制好的三种不同 pH 值的 0.2 mol/L 的缓冲液装于
试管中。缓冲液配制参照表4-18。

表4-18　　　　　　　　　　　缓冲液的配制

pH 值	缓冲试剂	体积(ml)	缓冲试剂	体积(ml)
2.5	0.2 mol/L 磷酸氢二钠	2	0.2 mol/L 柠檬酸	8
3	0.2 mol/L 磷酸氢二钠	3.65	0.2 mol/L 柠檬酸	6.35
3.5	0.2 mol/L 磷酸氢二钠	4.85	0.2 mol/L 柠檬酸	5.15
3.5	0.2 mol/L 乙酸钠	0.6	0.2 mol/L 乙酸	9.4
4	0.2 mol/L 乙酸钠	1.8	0.2 mol/L 乙酸	8.2
4.5	0.2 mol/L 乙酸钠	4.3	0.2 mol/L 乙酸	5.7
5	0.2 mol/L 乙酸钠	7	0.2 mol/L 乙酸	3
5.5	0.2 mol/L 乙酸钠	8.8	0.2 mol/L 乙酸	1.2
6	0.2 mol/L 乙酸钠	9.5	0.2 mol/L 乙酸	0.5
6	0.2 mol/L 磷酸氢二钠	1.23	0.2 mol/L 磷酸二氢钠	8.77
6.5	0.2 mol/L 磷酸氢二钠	3.15	0.2 mol/L 磷酸二氢钠	6.85
7	0.2 mol/L 磷酸氢二钠	6.1	0.2 mol/L 磷酸二氢钠	3.9

(2)酶活预实验,确定酶的稀释倍数(可根据产物稀释的倍数来确定酶的稀释倍数),A_{520}在0.4～2.0之间即可。

(3)准备18支试管。其中9支为对照管,作为测量时的参比溶液,反应条件与试验管相同,不同之处在于酶加入的时间是在二硝基水杨酸和NaOH之后。其他9支试管为试验管,按照表4-18中的具体实验安排进行操作。以每支试验管相对应的对照管中的溶液调零测定520nm下的吸收值。

3.数据计算和分析:根据上述9支试管反应后的结果填写表4-20。在该实验中不需要计算出葡萄糖的实际得率,只需要测得的吸收值即可。如对于温度这个因素的第一个水平,共有3支试管是在第一个水平即25℃条件下进行的,即"1"号、"2"号和"3"号试管,将这三支试管测得的吸收值总和标记为 A-K1,相应的 A-K2 即为"4"号、"5"号、"6"三支试管吸收值的总和;同理对于 pH 值这个因素,B-K1 即为"1"号、"4"号和"7"号三支试管吸收值的总和。

表4-19　　　　　　　　　正交法数据计算和分析

因素 水平	A 温度 /℃	B pH 值	C 底物浓度 (mL)	D 酶浓度 (mL)
1	25℃	3	0.10	0.02
	A-K1	B-K1	C-K1	D-K1
2	35℃	4.5	0.3	0.06
	A-K2	B-K2	C-K2	D-K2
3	50℃	6.5	0.6	0.1
	A-K3	B-K3	C-K3	D-K3

对于温度这个因素,A-K1、A-K2 和 A-K3 哪个值最大,说明对应的水平是蔗糖酶相对最合适的反应温度;同理,其他的因素最适合的水平也通过比较 K 值来获得。

将各个因素中的最大 K 值减去最小的 K 值,获得的就是该因素的 R 值,即极差。比较四种因素的极差,极差最大的那个因素对于蔗糖酶的酶活性是至关重要的。

【思考题】

1. 正交试验设计法与简单比较法及全面试验法相比较,有何优缺点?

2. 设计实验方案时应遵循什么原则?

第五章 代谢产物的鉴定和测量

新陈代谢是生物体内全部有序化学变化的总称。它包括物质代谢和能量代谢两个方面。物质代谢是由合成代谢和分解代谢两个基本过程所组成。物质代谢常伴有能量转化,分解代谢常释放能量,合成代谢常吸收能量,分解代谢中释放的能量可供合成代谢的需要。

生物体内不论是合成代谢,还是分解代谢,都是在酶的催化下,通过一系列的化学反应来逐步完成的。糖类、脂肪、蛋白质和核酸等生物大分子的代谢过程十分复杂,包含一系列相互联系的合成和分解的化学反应。这一系列有组织、有次序、相互联系的化学反应依次衔接起来,就称为代谢途径。

代谢途径的研究比较复杂,可从不同的水平进行研究:如活体内实验和活体外实验。要了解代谢途径的各种反应及过程、详细机理和功能,就要对代谢途径的中间代谢物进行研究。通过分离、提纯、追踪、定位、鉴别及测定相关的代谢物及其产物,对参加代谢途径中生物分子的组成、结构、构型、构象及其各种性质等加以研究,进而解释或确定其在物质代谢中的作用和功能。常用测定中间代谢物的方法有:①酶的特异性抑制剂阻断法;②遗传缺陷与营养缺陷突变体法;③气体测量法;④同位素示踪法;⑤核磁共振波谱法;⑥量热法等。

一切生物的生命活动都是靠新陈代谢的正常运转来维持的。生物体内的代谢由许多代谢途径组成,它们不是孤立、庞杂无序的,而是交织在一起,形成一种经济有效、运转良好的代谢网络。由于生物体的外界环境处于不断变化之中,因此代谢反应必须能够被精确调控,以保持细胞内各组分的稳定,即体内平衡。代谢调控可分为分子、细胞和整体水平多个层次。在分子和细胞水平的自身调节中,代谢途径可以自调节以对底物或产物水平的变化做出反应。外部调控则指细胞在接收到来自其他细胞的信号后作出反应来改变它的代谢情况,例如激素和生长因子等,它们能够特异性地与细胞表面特定的受体分子结合,从而使信号通过第二信使系统传递到细胞内部,产生效应,达到调控代谢的目的。

本章选择和介绍代谢及其调控实验教学中一些常做的实验。

第一节 代谢产物的定性鉴定

实验一 糖酵解中间产物的鉴定

【实验目的】

1. 掌握糖酵解中间产物的鉴定方法和原理。
2. 熟悉通过酶的抑制作用调节代谢途径。
3. 了解使中间产物堆积的方法在研究中间代谢中的意义。

【实验原理】

在细胞质中,一分子葡萄糖通过一系列反应转化为两分子丙酮酸,并伴随着 ATP 生成的一系列反应是有机体获得化学能的最原始的途径,也是原核生物和真核生物糖类物质分解代谢的共同途径。利用碘乙酸对糖酵解过程中的 3-磷酸甘油醛脱氢酶特异且不可逆地抑制作用,使 3-磷酸甘油醛不再向前变化而积累。硫酸肼作为稳定剂,用来保护 3-磷酸甘油醛使其不自发分解。然后用 2,4-二硝基苯肼与 3-磷酸甘油醛在碱性条件下形成 2,4-二硝基苯肼-丙糖的棕色复合物,其棕色程度与 2-磷酸甘油醛含量成正比。从而证明糖的分解代谢过程中,含有 3-磷酸甘油醛的中间产物。

【实验材料】

新鲜酵母。

【实验器材】

试管(1.5 cm×15 cm)、吸量管(1 ml、2 ml、3 ml)、恒温水浴、烧杯(50 ml)、电子天平。

【药品试剂】

1.2,4-二硝基苯肼:0.1 g 2,4-二硝基苯肼溶于水 100 ml 2 mol/L盐酸溶液中,储于棕色瓶中备用。

2.0.56 mol/L 硫酸肼溶液:称取 7.28 g 硫酸肼溶于 50 ml 水中,这时不会全部溶解,当加入 NaOH 使 pH 值达7.4 时则完全溶解。此液也可用于水合肼溶液配制,可按其分子浓度稀释至 0.56 mol/L,此时溶液呈碱性,可用浓硫酸调 pH 值至 7.4 即可。

3.5% 葡萄糖溶液。

4.10% 三氯乙酸溶液。

5.0.75 mol/L NaOH 溶液。

6.0.002 mol/L 碘乙酸溶液。

【实验方法】

1.取小烧杯 3 支,编号,分别加入新鲜酵母 0.3 g,并按表5-1 分别加入各试剂,混匀。

表 5-1   糖酵解中间产物的鉴定——发酵产生气泡观察

杯号	5% 葡萄糖 /(ml)	10% 三氯乙酸 /(ml)	碘乙酸 /(ml)	硫酸肼 /(ml)	发酵时起泡多少
1	10	2	1	1	
2	10	0	1	1	
3	10	0	0	0	

2.将各杯混合物分别倒入编号相同的发酵罐内,放入37℃保温1.5 小时,观察发酵管产生气泡的量有何不同。

3.把发酵管中发酵液倾倒入同号小烧杯中并在 2 号和 3 号杯中按表 5-2 补加各试剂,摇匀后放 10 分钟并和第一支烧杯中内容物分别过滤,取滤液进行测定。

表 5-2　　　　　　　糖酵解中间产物的鉴定

杯号	10% 三氯乙酸(mL)	碘乙酸(mL)	硫酸肼(mL)
2	2	0	0
3	2	1	1

4.取 3 支试管,分别加入上述滤液 0.5 ml,并按表 5-3 加入试剂和处理。

表 5-3　　　　糖酵解中间产物的鉴定——二硝基苯肼反应

管号	滤液/(mL)	0.75 mol/L NaOH/(mL)
1	0.5	0.5
2	0.5	0.5
3	0.5	0.5

室温放置 10 分钟后,分别向上述试管中加入 0.5 ml 2,4-二硝基苯肼,混匀后在 38℃水浴保温 19 分钟,然后加入 0.75 mol/L NaOH 3.5 ml,观察实验结果。

【思考题】

实验中哪一发酵管生成的气泡最多? 哪一管最后生成的颜色最深? 为什么?

实验二　肌糖原的酵解作用

【实验目的】

1. 了解酵解作用在糖代谢过程中的地位及生理意义。
2. 学习鉴定糖酵解作用的原理和方法。

【实验原理】

在动物、植物、微生物等许多生物机体内,糖的无氧分解几乎都按完全相同的过程进行。本实验以动物肌肉组织中肌糖原的酵解过程为例。肌糖原的酵解作用,即肌糖原在缺氧的条件下,经过一系列的酶促反应,最后转变成乳酸的过程。肌肉组织中的肌糖原首先磷酸化,经过己糖磷酸酯、丙糖磷酸酯、甘油磷酸酯等一系列中间产物,最后生成乳酸。该过程可综合成下列反应式:

$$\frac{1}{n}(C_6H_{10}O_5)_6 + H_2O \longrightarrow 2CH_2CHOHCOOH$$

肌糖原的酵解作用是糖类供给组织能量的一种方式。当机体突然需要大量的能量,而又供氧不足(如剧烈运动)时,则糖原的酵解作用可暂时满足能量消耗的需要。在有氧条件下,组织内糖原的酵解作用受到抑制,而有氧氧化则为糖代谢的主要途径。

糖原酵解作用的实验,一般使用肌肉糜或肌肉提取液。使用肌肉糜时,必须在无氧条件下进行;而用肌肉提取液,则可在有氧条件下进行。因为催化酵解作用的酶系统全部存在于肌肉提取液中,而催化呼吸作用(即三羧酸循环和氧化呼吸链)的酶系统,则集中在线粒体中。

糖原或淀粉的酵解作用可由乳酸的生成来观测。在除去蛋白质与糖以后,乳酸可以与硫酸共热变成乙醛,后者再与对羟基联苯反应产生紫红色物质,根据颜色的显现而加以鉴定。

该法比较灵敏,每毫升溶液含 $1 \sim 5$ μg 乳酸即有明显的颜色反应。若有大量糖类和蛋白质等杂质存在,则严重干扰测定,因此实验中应尽量除净这些物质。另外,测定时所用的仪器应严格地洗干净。

【实验材料】

兔肌肉糜。

【实验器材】

试管 1.5 cm×15 cm(×8)及试管架、移液管 5 ml(×2)、移液管 2 ml(×1)、移液管 1 ml(×2)、滴管、量筒 10 ml(×4)、玻璃棒、恒温水浴锅等。

【药品试剂】

1. 对羟基联苯试剂:称取对羟基联苯 1.5 g,溶于 100 ml 0.5% NaOH 溶液,配成 1.5% 的溶液。若对羟基联苯颜色较深,应用丙酮或无水乙醇重结晶。放置时间较长后,会出现针状结晶,应摇匀后使用。

2. 0.5% 糖原溶液(或淀粉溶液)。

3. 液体石蜡。

4. 10% 三氯乙酸溶液。

5. 氢氧化钙(粉末)。

6. 浓硫酸、饱和硫酸铜溶液。

7. 0.067 mol/L 磷酸缓冲液(pH7.4)。

【实验方法】

1. 制备肌肉糜:将兔杀死后,放血,立即割取背部和腿部肌肉,在低温条件下用剪刀尽量把肌肉剪碎成肌肉糜。注意,应在临用前制备。

2. 肌肉糜的糖酵解:

(1)取 2 支试管,编号后各加入新鲜肌肉糜 0.5 g。1 号管为样品管,2 号管为空白管。向 2 号空白管内加入 20% 三氯乙酸 3 ml,用玻璃棒将肌肉糜充分打散,搅匀,以沉淀蛋白质和终止酶的反应。

(2)分别向 2 支试管内各加入 3 ml 磷酸缓冲液和 1 ml 0.5% 淀

粉溶液(或 0.5%糖原溶液)。用玻璃棒充分搅匀,加 1 ml 液体石蜡隔绝空气,并将 2 支试管同时放入 37℃恒温水浴中保温。

(3)1.5 小时后,取出试管,立即向 1 号管内加入 20%三氯乙酸 3 ml,混匀。将各试管内容物分别过滤,弃去沉淀。

(4)量取每个样品的滤液 5 ml,分别加入到已编号的试管中,然后向每管内加入饱和硫酸铜溶液 1 ml,混匀,再加入 0.5 g 氢氧化钙粉末,用玻璃棒充分搅匀后,放置 30 分钟,并不时搅动内容物,使糖沉淀完全。将每个样品分别过滤,弃去沉淀。其过程可按表5-4 程序操作。

表 5-4　　　　　　　　　　肌肉糜的糖酵解过程

试剂	试验管 1	空白管 2
肌肉糜(g)	0.5	0.5
10%三氯乙酸(ml)	——	3
用玻璃棒将肌肉碎块打散、搅匀		
pH7.4 磷酸缓冲液(ml)	3	3
0.5%淀粉(ml)	1	1
混匀		
液体石蜡(ml)	1	1
37℃水浴保温 1 小时		
10%三氯乙酸(ml)	3	——
混匀、过滤除去变性蛋白质和杂质,滤液为 5 ml,不足 5ml 用磷酸缓冲液冲洗滤纸收集		
饱和 $CuSO_4$ 溶液(ml)	1	1
$Ca(OH)_2$粉末(g)	0.5	0.5
加上塞子,放置 30 分钟,期间每隔 2 分钟振荡 1 次,过滤除去糖		
无色透明或者稍浊滤液(ml)	0.2	0.2

190

3.乳酸的测定:取2支洁净、干燥的试管,并编号,每个试管加入浓硫酸1.5 ml,将试管置于冰水浴中,再加入对羟基联苯试剂3滴,勿将对羟基联苯试剂滴到试管壁上,混匀试管内容物。分别取每个样品的滤液0.2 ml,逐滴加入到已冷却的上述浓硫酸溶液中,随加随摇动试管,避免试管内的溶液局部过热。

将试管内容物混合均匀后,放入沸水浴中煮5分钟,待显色后即取出,比较和记录各试管溶液的颜色深浅,并加以解释。具体步骤如表5-5所示。

表5-5　　　　　　　　　　　乳酸测定

	试管1	试管2
浓 H_2SO_4(ml)	1.5	1.5
置于冰水浴中,每管逐滴加入对羟基联苯3滴,摇匀(不可以出现沉淀),取出(冰浴时间不宜过长)		
逐滴加入试管1和试管2中的滤液(ml)	0.2	0.2
振荡混匀后置于沸水浴中5分钟,注意观察颜色变化		

4.结果分析:1号和2号试管液体均可变色,但试管1的颜色较深;试管2显色是由于试验样本肌肉糜中原本含有一定的乳酸,但量较少。

【注意事项】

1.对羟基联苯试剂一定要经过纯化,使其呈白色。

2.在乳酸测定中,试管必须洁净、干燥,防止污染,以免影响结果。

【思考题】

1.人体和动植物体中糖的储存形式是什么? 实验时,为什么可以用淀粉代替糖原?

2.本实验关键环节是什么? 应采取什么措施? 为什么?

实验三 ATP 的生物合成的测定

【实验目的】

1. 了解 ATP 生物合成的意义。

2. 掌握无机磷的测定方法。

3. 掌握 DEAE-纤维素薄板层析法测 ATP 的形成。

【实验原理】

从糖的酵解代谢反应过程可知,伴随着葡萄糖分解而产生能量,其中间产物固定无机磷,反应过程中生成的几种磷酸化中间产物通过底物水平磷酸化或氧化磷酸化机制合成 ATP,以供细胞的需能代谢反应活动。在适当条件下,酿酒酵母分解发酵液中的葡萄糖,释出能量,同时利用无机磷,使 AMP 转变成 ATP,一部分能量即储存于 ATP 分子中。因此,在发酵过程中,可测得发酵液中的无机磷含量降低和 ATP 含量的上升。

【实验器材】

1. 酿酒酵母,新鲜酿酒酵母悬浮于蒸馏水中,离心,弃去上清液。如此用蒸馏水洗涤酵母数次,最后将洗净的酵母沉淀冷冻保存。

2. AMP、ATP 标样。

3. 烧杯 50 ml 或 100 ml(×1)。

4. 电子分析天平。

5. 水浴锅。

6. 台式离心机。

7. 722 型(或 7220 型)分光光度计。

【药品试剂】

1. 2% 三氯醋酸溶液:2 g 三氯醋酸,溶于 100 ml 蒸馏水。

2. 过氯酸溶液:0.8 ml 过氯酸,加蒸馏水 8.4 ml。

3. 阿米酚试剂:称取 2 g 阿米酚,与亚硫酸氢钠($NaHSO_3$)40 g 共同研磨,加蒸馏水 200 ml,过滤后储棕色瓶内备用。

4. 钼酸铵溶液:20.8 g $(NH_4)_6Mo_7O_{24} \cdot 4H_2O$,溶于蒸馏水并稀释至 200 ml。

5. 1 mol/L KOH 溶液。

6. 1 mol/L HCl 溶液。

7. ATP 溶液:称取 ATP 晶体(或粉末)50 mg,溶于 5 ml 蒸馏水,临用时配制。

8. DEAE-纤维素薄板:参看第二章脂类实验中的实验三。

9. 1 mol/L NaOH 溶液。

10. 0.05 mol/L pH3.5 柠檬酸钠缓冲液:称取柠檬酸 12.2 g,柠檬酸钠 6.7 g,溶于蒸馏水,稀释至 2000 ml。

【实验方法】

1. 发酵:

(1)称取 0.1 g KH_2PO_4 及 0.58 g K_2HPO_4 溶于 3 ml 蒸馏水。

(2)另将 0.1 g AMP 溶于 1 ml 蒸馏水,倾入上述磷酸钾溶液内,加热至 37℃。

(3)取酵母液 5 ml,加 4 ml 蒸馏水稀释,加热至 37℃,倒入上述溶液中,再加入 $MgCl_2$ 0.016 g 及葡萄糖 0.5 g,再加入蒸馏水 3 ml,混匀。

(4)立即取样 0.2 ml,检测 AMP 及无机磷的含量。此时测得的磷称为初磷。薄板层析图谱上只有 AMP 斑点,无 ATP 斑点。

(5)以后每隔 30 分钟取样测定,至明显看出无机磷及 AMP 含量下降、而 ATP 含量上升即可(2~3 小时)。

2. 发酵液样品处理:将每次所取之 0.2 ml 样液置离心管中,立即加入 2% 三氯醋酸溶液 1 ml,摇匀,3000 r/min 条件下离心 10 分钟。取上清液测无机磷及 ATP 含量。

3. 无机磷测定:吸取经三氯醋酸处理、离心后的上清液 0.3 ml 置于干试管内加过氯酸溶液 8.2 ml、阿米酚试剂 0.8 ml、钼酸铵溶液 0.4 ml,混匀,10 分钟后比色测定 A_{650nm}。

本实验无需求出无机磷的绝对量,故不作标准曲线。A_{650nm} 数值下降即表示无机磷下降。一般情况下,当 A_{650nm} 下降至比初磷 A_{650nm}

小 0.2 单位时,发酵液中既有较多的 ATP 合成。

4. DEAE-纤维素薄板层析法测 ATP 的形成:用 ATP 溶液作对照。

(1)DEAE-纤维素的处理:先用水洗,抽干后用 4 倍体积 1 mol/L NaOH 溶液浸泡 4 小时(或搅拌 2 小时),抽干,蒸馏水洗至中性,再用 4 倍体积 1 mol/L HCl 浸泡 2 小时(或搅拌 1 小时)后抽干,蒸馏水洗至 pH4 备用。

(2)铺板:将处理过的 DEAE-纤维素放在烧杯里,加水调成稀糊状,搅匀后立即倒在干净玻璃板上,涂成均匀的薄层,放在水平板上,自然干燥或 60℃烘干,备用。

(3)点样:在已烘干的薄板一端 2 cm 处用铅笔轻画一基线,用微量点样管取 10 μl 样品(样品中核苷酸浓度为每毫升 5 mg 左右时,点样量为 5~10 μl),点在基线上,用冷风吹干。

(4)展层:在烧杯内置 pH3.5 柠檬酸钠冲液(液体厚度约 1 cm),把点过样的薄板倾斜插入此烧杯内(点样端在下),溶剂由下而上流动,当溶剂前沿到达距离玻璃板上端约 1 cm 处(10 分钟左右)取出薄板,用热风吹干,用 260 nm 紫外线照射 DEAE-纤维素层观看斑点(图 5-1)。DEAE-纤维素经处理可反复使用,如长期不用,需于 60℃以下烘干保存。此法具有快速、灵敏的特点。

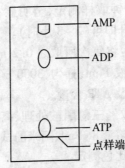

图 5-1 ATP、ADP 和 AMP 的 DEAE-纤维素薄板层析图谱

【思考题】

简述 ATP 生物合成的意义以及测定方法。

实验四　纸层析法定性检测氨基移换反应

【实验目的】

1. 学习一种鉴定氨基移换作用的简便方法及其原理。
2. 进一步掌握纸层析的原理和操作技术。
3. 了解氨基移换作用在物质代谢中的意义。

【实验原理】

氨基酸分子上的 α-氨基转移到 α-酮酸分子上的反应过程称为转氨基作用(或称氨基移换作用)。转氨基作用是氨基酸代谢的重要反应之一,该反应由转氨酶所催化。经转氨后,原来的 α-氨基酸变成了相应的 α-酮酸,原来的 α-酮酸则成为新的、相应的 α-氨基酸。

测定转氨酶活性的方法很多,如分光光度法、纸上层析法及光电比色法等。本实验利用纸上层析法,检查由谷氨酸和丙酮酸在谷丙转氨酶的作用下所生成的丙氨酸,证明组织内氨基移换作用。

氨基酸的纸上层析属于分配层析。以滤纸及其结合水作为固定相,把欲分离的混合氨基酸样品加于滤纸上,使流动相(展开剂)经此移动,样品中各组分就在两相溶剂间发生分配现象,在固定相中分配比例较大的氨基酸,随流动相移动的速度就慢;在流动相中分配比例较大的氨基酸,随流动相移动的速度就快。由于各种氨基酸的分配系数不同,就逐渐集中于滤纸上不同的部位,而彼此分离。层析完毕后,可用茚三酮乙醇液喷洒滤纸,使氨基酸显色形成斑点。

各种氨基酸都有其特征的 R_f 值,因此可根据 R_f 值来鉴定被分离的氨基酸。氨基酸组分的比移值(R_f)表示如下:

$$R_f = \frac{点样原点中心到层析点中心距离(r)}{点样原点中心到溶剂前沿距离(R)}$$

【实验材料】

家兔。

【实验器材】

培养皿、表面皿、滤纸、匀浆器、试管、试管架、恒温水浴锅、毛细管、移液管、喷雾器、剪刀、铅笔、格尺。

【药品试剂】

1.0.01 mol/L pH7.4 磷酸缓冲液:0.2 mol/L Na_2HPO_4 溶液 81 ml,0.2 mol/L NaH_2PO_4 溶液 19 ml 混匀,蒸馏水稀释 20 倍。

2.0.1 mol/L 丙氨酸溶液:称取丙氨酸 0.891 g 先溶于少量 0.01 mol/L pH7.4 磷酸缓冲液中,以 1 mol/L NaOH 仔细调节至 pH7.4 后,用磷酸盐缓冲液加至 100 ml。

3.0.01 mol/L α-酮戊二酸溶液:称取 α-酮戊二酸 1.461 g,先溶于少量 0.01 mol/L pH7.4 磷酸缓冲液中,用 1 mol/L NaOH 仔细调节至 pH7.4 后,用磷酸盐缓冲液加至 100 ml。

4.0.1 mol/L 谷氨酸溶液:称取谷氨酸 0.735 g 先溶于少量 0.01 mol/L pH7.4 磷酸缓冲液中,以 1 mol/L NaOH 仔细调节至 pH7.4 后,用磷酸缓冲液加至 100 ml。

5.0.2% 茚三酮溶液:称取茚三酮 0.2 g 溶于 100 ml 95% 乙醇中。

6.层析溶剂:水饱和的苯酚。

【实验方法】

1.酶液的制备:将兔击晕,迅速解剖,取出肝脏,在低温条件下剪碎。用表面皿称取 1.5 g 肝脏,放入匀浆器中,加入 3 ml 磷酸缓冲液。研成匀浆后,倒入离心管中,在 2500 r/min 的条件下,离心 5 分钟,取上清液,即为制备的酶液。

2.体外氨基移换反应:取干燥大试管二支,分别标明测定管与对照管,按表 5-6 进行操作:

表5-6　　　　　　　　体外氨基转移反应

试剂 ml	测定管	对照管
酶液	0.5 放入沸水中煮5分钟,冷却,摇匀	0.5
0.1 mol/L 丙氨酸溶液	0.5	0.5
0.01 mol/Lα-酮戊二酸溶液	0.5	0.5
0.01 mol/L pH7.4 磷酸缓冲液	1.5	1.5

摇匀,放进37℃水浴保温50分钟。

然后在沸水浴中煮5分钟,终止反应,取出冷却后摇匀。

取出冷却后,分别用滤纸过滤或 2000 r/min 离心 3~5 分钟,滤液或上清液分别收集到新的干燥小试管中以备点样。

3. 纸层析:取 10 cm×15 cm 层析滤纸 1 张,用铅笔在距层析滤纸一端 2 cm 画一条横线,并在横线上标示 4 个样品的点样位置,分别标定"测定"、"对照"、"谷氨酸"、"丙氨酸"。然后用 4 根毛细管分别将对照管、测定管、标准谷氨酸溶液和标准丙氨酸溶液点在层析滤纸的横线上。点样时,将毛细管口轻轻触到滤纸上,使每种溶液分别形成直径为 2~3mm 的圆斑,两点间隔约 2 cm。为了有足够量样品点在滤纸上,每种溶液应重复点 3~4 次。待自然风干(或用吹风机吹干),再点下一样品。点样量应力求均匀相等。

在洁净干燥的小培养皿中,加入约 20 ml 酚溶剂(展开剂)。将小培养皿放在层析缸底部,加盖密闭,保持 10 分钟,使缸中展开剂蒸气达到饱和。将滤纸点样端朝下悬挂于层析缸盖中心的挂钩上,放入层析缸,使点样端浸入展开剂中约 0.5 cm,不要使点样点直接与溶剂接触,加盖密闭,进行层析。待展开剂上升至滤纸上端 2 cm 处时(约需 1 小时),取出滤纸,用铅笔画出溶剂前沿,室温干燥或吹干。

4. 显色:用玻璃喷雾器向滤纸均匀喷洒 0.1% 茚三酮无水乙醇溶液,置 60~80℃烤箱中烘烤 5 分钟,即显现被染成紫红色的氨基酸斑点。

5. 实验结果:用铅笔画出条带的边框,测出表 5-7 中的数值,计算 R_f 值。与已知的标准的氨基酸 R_f 进行对比,指出条带所对应的氨基酸,并根据结果解释转氨作用。

表 5-7　　　　　　　　层析实验中 R_f 值的测定

测定参数	测定样品	谷氨酸	丙氨酸	对照
点样点到斑纹中心距离（cm）				
点样点到溶剂前沿距离（cm）				
R_f 值				

【注意事项】

1. 层析滤纸不可用手触摸,以免有手印。

2. 在滤纸上画线时只能用铅笔,不可用其他笔。

3. 点样时毛细管不能交叉污染。

【思考题】

1. 如果对照管在沸水中煮的时间不够充分,会在层析结果中出现什么现象?

2. 氨基酸纸上色谱鉴定法操作的关键是什么?

实验五　生物氧化的电子传递实验

【实验目的】

1. 掌握电子在电子传递链中的传递过程。

2. 了解体外实验中研究电子传递链的方法。

【实验原理】

生物氧化过程中代谢物脱下的氢由 NAD^+ 或 FAD 接受生成还原型 NADH 或 $FADH_2$，再经一系列电子传递体传递，最后与氧结合生成水。这些存在于线粒体内膜上的氧化还原酶及其辅酶依次排列，顺序地起传递电子或电子和质子的作用，称为电子传递链或呼吸链。

在体内，代谢中间产物琥珀酸在线粒体琥珀酸脱氢酶（辅酶 FAD）的作用下脱氢氧化生成延胡索酸，脱下的氢使 FAD 还原成 $FADH_2$，再经电子传递链传递，即 $FADH_2→Q→$细胞色素（$b→c1→c$ $→aa3$），最后与氧结合生成水。在体外实验中，组织细胞生物氧化生成琥珀酸的量可采用在琥珀酸脱氢时伴有颜色变化的化合物作氢受体来研究。

本实验以 2,6-二氯酚锭酚（DPI）为氢受体，蓝色的 DPI 从还原型黄素蛋白（$FADH_2$）接受电子，生成无色的还原型 DPI·2H，蓝色消失，其反应过程如下：

琥珀酸 + FAD → 延胡索酸 + $FADH_2$

DPI（蓝色）+ $FADH_2$ → DPI·2H（无色）+ FAD

根据褪色时间可测定生物氧化过程中各代谢物与琥珀酸之间在代谢途径中的距离。

【实验材料】

猪心。

【实验器材】

绞肉机、纱布、细砂、研钵、冰浴、恒温水浴等。

【药品试剂】

1. 磷酸钾缓冲溶液（PBS，50 mmol/L，pH7.4）：0.2 mol/L 磷酸二氢钾溶液 500 ml 和 0.2 mol/L 氢氧化钠溶液 395 ml 混合加水至 2000 ml。

2. 1.5 mmol/L 2,6-二氯酚锭酚：溶解在 PBS 溶液中。

3. 90 mmol/L 葡萄糖溶液:溶解在 PBS 溶液中。

4. 90 mmol/L 琥珀酸溶液:溶解在 PBS 溶液中。

5. 90 mmol/L 乳酸溶液:溶解在 PBS 溶液中。

6. 5 mmol/L NAD + :溶解在 PBS 溶液中。

【实验方法】

1. 心肌提取液的制备:称取绞碎的心肌糜 3 g,置于 250 ml 烧杯中,加冰冷的去离子水 200 ml,搅拌 1 分钟,静置 1 分钟,小心倾去水层,同法洗涤 3 次后,以细纱布过滤并轻轻挤压除去过多液体。将肉糜转移至冰冷的研钵中,加等量细砂和 5 ml PBS,在冰浴中研磨至糊状,再加 15 ml PBS,抽提(至少 5 分钟),双层纱布过滤,滤液收集于试管,置冰浴中备用。

2. 底物的氧化:取 6 支试管编号,按表 5-8 依次加入各试剂(单位 ml)。

表 5-8　　　　　　　琥珀酸脱氢酶催化的电子传递实验

管号	DPI	葡萄糖溶液	琥珀酸溶液	乳酸溶液	NAD +	PBS
1	0.5	0.5	0	0	0.5	0.5
2	0.5	0.5	0	0	0	1
3	0.5	0	0.5	0	0.5	0.5
4	0.5	0	0.5	0	0	1
5	0.5	0	0	0.5	0.5	0.5
6	0.5	0	0	0.5	0	1

将试管摇匀后于 37℃ 中保温 5 分钟,加入已经 37℃ 水浴预保温 5 分钟的心肌提取液各 1 ml,混匀并继续保温。

3. 观察结果:观察各管颜色变化,记录各管褪色时间,30 分钟不褪色者记为不褪色。分析实验结果所说明的问题。

【注意事项】

1.无色(还原型)DPI·2H与氧接触可重新氧化成蓝色的(氧化型)DPI,所以观察本实验结果时切勿振摇试管。

2.体外实验亦可用甲烯蓝作为受氢体,在类似实验条件下蓝色的甲烯蓝(氧化型)受氢还原成无色甲烯蓝(还原型)。

实验六　脂肪转化为糖的定性实验

【实验目的】

1.学习和了解生物体内脂肪转化为糖的过程和检验方法。

2.理解和验证在生物体中糖和脂肪可以相互转化。

【实验原理】

糖和脂肪的代谢是相互联系的,它们可以相互转化。例如花生种子发芽时脂肪即转化为糖,然后进一步转化为一些中间物或放出能量,供生命活动之需。本实验以休眠的花生种子和花生的黄化幼苗为材料,定性地了解花生种子内储存的大量脂肪转化为黄化幼苗中还原糖的现象。

【实验材料】

花生种子、花生的黄化幼苗(在20℃暗室中培养8天)。

【实验器材】

试管及试管架、试管夹、研钵、白瓷板、烧杯(100ml)、小漏斗、吸量管、量筒、水浴锅、铁三脚架、石棉网。

【药品试剂】

1.托伦试剂(银氨溶液):在洁净的试管中,加入5 ml 2%$AgNO_3$溶液和2滴5%NaOH溶液,然后一边滴加2%氨水)边振荡试管,直到生成的棕色氧化银沉淀刚好溶解为止,即制成托伦试剂。

2.碘化钾-碘溶液:将碘化钾20 g及碘10 g溶于100 ml水中。使用前需稀释10倍。

【实验方法】

1. 取 5 粒花生种子,剥去外壳,放在研钵中碾碎成匀浆。取少量种糊放在白瓷板上,加 1 滴碘化钾-碘溶液,观察有无蓝色产生。

2. 将剩下的种糊放在小烧杯中,加 50ml 蒸馏水,直接加热煮至沸腾,过滤。取 1 支试管,加 1ml 滤液和 2ml 托伦试剂,混匀后在沸水中煮 2～3 分钟,观察是否出现银镜沉淀。

3. 另取 5 棵黄化幼苗,按上述方法碾碎,少许用于碘化钾-碘溶液检查,余下的用蒸馏水进行热提取,滤液与托伦试剂反应(操作同上),观察是否有银镜生成。解释各步现象产生的原因。

【思考题】

1. 通过实验观察到花生子萌发时储存脂肪能够转化为糖,试写出它们可能的转化途径。这种转化作用是否有普遍意义?

2. 简述生物体内糖、脂肪、蛋白质代谢的相互关系。

实验七　激素对血糖浓度的调控作用

【实验目的】

了解血糖浓度测定方法,验证激素对血糖浓度的调节作用。

【实验原理】

激素是调节血糖浓度恒定的重要因素,其中胰岛素起降低血糖的作用,肾上腺素起升高血糖的作用。将实验动物——家兔进行空腹采血后,分别注射胰岛素和肾上腺素,作用一段时间后再分别采血,同时观察注射激素前后的家兔血糖浓度变化,以验证激素的调节作用。本实验测定血糖的方法采用葡萄糖氧化酶法。

葡萄糖氧化酶(GOD)将葡萄糖氧化为葡萄糖酸和过氧化氢,后者在过氧化物酶(POD)和色素原性氧受体存在下,将过氧化氢分解为水和氧,同时使色素原性氧受体 4-氨基安替比林和酚去氢缩合为红色醌类化合物,即 Trinder 反应。其色泽深浅在一定范围内与葡萄

202

糖浓度成正比。其反应式如下：

$$葡萄糖 + O_2 + H_2O \xrightarrow{\text{GOD}} 葡萄糖酸内酯 + H_2O_2$$

$$2H_2O_2 + 4\text{-}氨基安替比林 + 酚 \xrightarrow{\text{POD}} 红色醌类化合物$$

将各标本管与标准管的颜色深浅进行比较，就可判断各标本血糖浓度的高低，从而证明激素对血糖浓度的调节作用。

【实验试剂】

1.40 单位/ml 胰岛素注射液。

2.肾上腺素注射液(1:1000)。

3.250 g/L 葡萄糖溶液。

4.二甲苯及凡士林。

5.2500 单位/ml 肝素抗凝剂。

6.葡萄糖氧化酶试剂。

7.6.5 mmol/L 葡萄糖标准应用液。

【实验器材】

1ml 及 10ml 注射器、台式磅秤、兔固定箱、刀片、酒精棉球及干棉球、试管及试管架、0.5ml 及 5ml 吸管、滴管、沸水浴。

【实验方法】

1.动物准备及空腹采血：取试管 4 支，编号为①、②、③、④，分别加入肝素抗凝剂 0.01ml。取空腹家兔两只，分别编号 1 和 2，过磅称重，记录体重。可用耳静脉采血法：先剪去耳静脉处毛，再用二甲苯擦拭兔耳部静脉，使其充血，在其周围抹上凡士林以防止溶血，用刀片纵行割破边缘耳静脉，放血入抗凝管①和②，约需 2ml，边滴边摇，以防凝固。或者用兔心脏采血法：将 10ml 注射器用肝素抗凝剂淋洗后，置家兔于兔固定箱中，固定四肢，在心尖搏动处插入，采血 3ml 左右并加入抗凝管。

2.注射激素并再采血：将 1 号兔皮下注射已配制好的胰岛素稀释液(按 1.5 单位/kg 计算稀释到 1ml。观察兔子情况，40 分钟后按上述方法采血并加入抗凝管③。继续观察半小时,如发生休克,立即注射 250 g/L 葡萄糖 10ml。将 2 号兔注射 1:1000 肾上腺素注射液(按 0.37ml/kg 稀释成 1ml),观察兔子情况。30 分钟后,按同法采血入抗凝管 ④ 中。将收集的 4 管血液置离心机离心 10 分钟(2000 r/min),取上层血浆,分别制成胰前①、胰后③、肾前②、肾后④4 个标本管。

3. 血糖定性观察:取干净试管 6 支,按表 5-9 操作加入各试剂。混匀各管,置沸水浴中 8 分钟,取出,观察各管颜色的深浅。将各管与标准管比较颜色深浅,得出定性结论,并将实验结果记录下来,加以解释。

表 5-9 　　　　　　　　　激素对血糖浓度影响实验

试剂(ml)	标准管	胰脏组		肾上腺组	
		胰前①	胰后③	肾前②	肾后④
血浆标本	0	0.2	0.2	0.2	0.2
5.5 mmol/L 葡萄糖标准液	0.2	0	0	0	0
酶试剂	3	3	3	3	3

【思考题】

胰岛素和肾上腺素分别对血糖浓度有何调节作用?

第二节　代谢产物的定量测定

实验八　脂肪酸的 β-氧化——酮体测定法

【实验目的】

1. 了解脂肪酸的 β-氧化作用。

2. 掌握测定 β-氧化作用的方法及其原理。

【实验原理】

在肝脏中,脂肪酸经 β-氧化作用生成乙酰 CoA。生成的乙酰 CoA 可经代谢缩合成乙酰乙酸,而乙酰乙酸既可脱羧生成丙酮,也可经 β-羟丁酸脱氢酶作用被还原生成 β-羟丁酸。乙酰乙酸、β-羟丁酸和丙酮三种物质统称酮体。酮体为机体代谢的正常中间产物,在肝脏中生成后须被运往肝外组织才能被机体所利用。在正常情况下,动物体内含量甚微;患糖尿病或食用高脂肪膳食时,血中酮体含量增高,尿中也能出现酮体。

本实验用丁酸做底物,将之与新鲜的肝匀浆一起保温后,再测定其中酮体的生成量。

因为在碱性溶液中碘可以将丙酮氧化为碘仿(CHI_3),所以通过用硫代硫酸钠($Na_2S_2O_3$)滴定反应中剩余的碘就可以计算出所消耗的碘量,进而可以求出以丙酮为代表的酮体含量。有关的反应式如下:

$$CH_3COCH_3 + 4NaOH + 3I_2 \longrightarrow CHI_3 + CH_3COONa + 3NaI + 3H_2O$$

$$I_2 + 2Na_2S_2O_3 \longleftrightarrow Na_2S_4O_6 + 2NaI$$

根据滴定样品与滴定对照所消耗的硫代硫酸钠溶液体积之差,就可以计算由丁酸氧化生成丙酮的量。

【实验器材】

匀浆器或研钵、剪刀、镊子、漏斗、锥形瓶(50ml)、试管、刻度吸管(5ml、10ml)、微量滴定管(5ml)、恒温水浴锅、碘量瓶、电子天平。

【药品试剂】

1.10%(W/V)氢氧化钠溶液:称取 10 g 氢氧化钠,在烧杯中用少量蒸馏水将之溶解后,定容至 100ml。

2.0.1 mol/L 碘溶液:称取 12.7 g 碘和约 25 g 碘化钾,放置于研钵中。加入少量蒸馏水后,将之研磨至溶解。用蒸馏水定容到 1000ml,在棕色瓶中保存。此时可用标准硫代硫酸钠溶液标定其浓度。

3.0.5 mol/L 正丁酸:取 5ml 正丁酸,用 0.5 mol/L 氢氧化钠溶液中和至 pH7.6,并用蒸馏水稀释至 100ml。

4.0.1 mol/L 碘酸钾(KIO₃)溶液:称取 0.8918 g 干燥的碘酸钾,用少量蒸馏水将之溶解,最后定容至 250ml。

5.0.1 mol/L 硫代硫酸钠(Na₂S₂O₃)溶液:称取 25 g 硫代硫酸钠,将它溶解于适量煮沸的蒸馏水中,并继续煮沸 5 分钟。冷却后,用冷却的已煮沸过的蒸馏水定容到 1000ml。此时即可用 0.1 mol/L 碘酸钾溶液标定其浓度。

硫代硫酸钠溶液的标定:将蒸馏水 25ml、碘化钾 2 g、碳酸氢钠 0.5 g、10% 盐酸溶液 20 ml 加入一支锥形瓶内。另取 0.1 mol/L 碘酸钾溶液 25ml 加入其中,然后用硫代硫酸钠溶液将之滴定至浅黄色。再加入 0.1% 淀粉溶液 2 ml,然后继续用硫代硫酸钠溶液将之滴定至蓝色消褪为止。另设空白对照,其中仅以蒸馏水代替碘酸钾,其余操作相同。计算硫代硫酸钠溶液的浓度所依据的反应式如下:

$$5KI + KIO_3 + 6HCl \Longrightarrow 3I_2 + 6KCl + 3H_2O$$

$$I_2 + 2Na_2S_2O_3 \Longrightarrow Na_2S_4O_6 + 2NaI$$

6. 标准 0.01 mol/L 硫代硫酸钠溶液:临用时将已标定的 0.1 mol/L 硫代硫酸钠溶液稀释成 0.01 mol/L。

7.10%(V/V)盐酸溶液:取 10 ml 盐酸,用蒸馏水稀释到 100 ml。

8.0.1%(W/V)淀粉溶液:称取 0.1 g 可溶性淀粉,置于研钵中。加入少量预冷的蒸馏水,将淀粉调成糊状。再慢慢倒入煮沸的蒸馏水 90 ml,搅匀后,再用蒸馏水定容到 100 ml。

9.0.9%(W/V)氯化钠。

10. 磷酸缓冲液(pH7.7):取下列 A 液 90 ml 和 B 液 10 ml,将两者混合即可。

A 液 Na₂HPO₄溶液:称取 1.187 g Na₂HPO₄·2H₂O,将之溶解于蒸馏水中,定容到 100 ml。

B 液 KH_2PO_4溶液:称取 0.9078 g KH_2PO_4,将之溶解于蒸馏水中,最后定容至 100 ml。

11. 15%三氯乙酸溶液。

【实验方法】

1.肝糜的制备:将动物(如鸡、家兔、大鼠或豚鼠等)处死,迅速放血,取出肝脏。用0.9%氯化钠溶液洗去肝脏上的污血,然后用滤纸吸去表面的水分。称取肝组织 5 g 置于研钵中,加少量 0.9% 氯化钠溶液,研磨成细浆,再加0.9%氯化钠溶液至总体积溶液至总体积为 10 ml。

2.保温和沉淀蛋白质:

(1)取两个 50 ml 锥形瓶,编号,按表5-10 操作。

表5-10　　　　　　　　肝糜的处理

锥形瓶试剂	$A/(mL)$	$B/(mL)$
新鲜肝糜	0	2
预先煮沸的肝糜	2	0
pH7.7 的磷酸缓冲液	3	3
0.5mol/L 正丁酸溶液	2	2

(2)将加好试剂的2个锥形瓶摇匀,放入43℃恒温水浴锅中保温40 分钟后取出。

(3)于2个锥形瓶分别加入15%三氯乙酸溶液3 ml,摇匀后,于室温放置10 分钟。

(4)将锥形瓶中的混合液转移到离心管,4000 r/min 离心 10 分钟收集无蛋白质上清液于事先编号 A、B 的试管中。

3.酮体的测定

(1)取碘量瓶2个,根据上述编号顺序按表5-11 操作。

表 5-11   **酮体的测定**

碘量瓶编号试剂	A/(mL)	B/(mL)
无蛋白滤液	5.0	5.0
0.1 mol/L 碘液	3.0	3.0
10% NaOH	3.0	3.0

（2）加完试剂后摇匀,将碘量瓶于室温放置 10 分钟。

（3）每各碘量瓶中分别滴加 10% 盐酸溶液,使各瓶中溶液中和到中性或微酸性(可用 pH 试纸进行检测)。

（4）用 0.01 mol/L 硫代硫酸钠溶液滴定到碘量瓶中的溶液呈浅黄色时,往瓶中滴加数滴 0.1% 淀粉溶液,使瓶中溶液呈蓝色。

（5）继续用 0.01 mol/L 硫代硫酸钠溶液滴定到碘量瓶中溶液的蓝色消褪为止。

（6）记录下滴定时所用去的硫代硫酸钠溶液毫升数,计算样品中丙酮的生成量。

4. 结果与计算:根据滴定样品与对照所消耗的硫代硫钠溶液体积之差,可以计算由丁酸氧化生成丙酮的量。计算公式如下:

每克肝脏的丙酮含量$(mmol/g) = (A - B) \times C/(6 \times m)$

式中:

A 为滴定对照所消耗的 0.01 mol/L $Na_2S_2O_3$ 的毫升数;

B 为滴定样品所消耗的 0.01 mol/L $Na_2S_2O_3$ 的毫升数;

C 为标准 $Na_2S_2O_3$ 的浓度(0.01 mol/L);

m 为所滴定的样品里含肝脏的质量(g)。

【注意事项】

1. 肝匀浆必须新鲜,放置久则失去氧化脂肪酸能力。

2. 碘量瓶作用是防止碘液挥发,不能用锥形瓶代替。

【思考题】

1. 为什么说做好本实验的关键是制备新鲜的肝糜?

2. 什么叫做酮体? 为什么正常代谢时产生的酮体量很少? 在什么情况下血中酮体含量增高,而尿中也能出现酮体?

实验九 氨基转换作用的测定(分光光度法)

【实验目的】

1. 了解转氨酶在生物体中的生理功能。
2. 掌握测定转氨酶催化氨基转换作用的原理和方法。

【实验原理】

体内氨基酸的氨基转移反应是由转氨酶催化完成的。转氨酶催化 α-氨基酸的 α-氨基与 α-酮酸的 α-酮基之间的相互转化,从而生成一种新的氨基酸与一种新的酮酸,这种作用称为转氨基作用。它在生物体内蛋白质的合成、分解等中间代谢过程中,在糖、脂及蛋白质三大物质代谢的相互联系、相互制约及相互转变上都起着很重要的作用。

在动物机体中活力最强、分布最广的转氨酶有两种:一种为谷氨酸丙酮酸转氨酶(简称 GPT),另一种为谷氨酸草酰乙酸转氨酶(简称 GOT)。它们的催化反应如下:

$$\text{丙氨酸} + \alpha\text{-酮戊二酸} \underset{37℃}{\overset{GPT}{\rightleftharpoons}} \text{谷氨酸} + \text{丙酮酸}$$

$$\text{天冬氨酸} + \alpha\text{-酮戊二酸} \underset{37℃}{\overset{GOT}{\rightleftharpoons}} \text{草酰乙酸} + \text{谷氨酸}$$

GOT 催化生成的草酰乙酸在柠檬酸苯胺的作用下转变为丙酮酸与二氧化碳。由上可见此反应最终产物都是丙酮酸。测定单位时间内丙酮酸的产量即可得知转氨酶的活性。丙酮酸可与 2,4-二硝基苯肼反应,形成丙酮酸二硝基苯腙,在碱性溶液中显棕红色。再与同样处理的丙酮酸标准液进行比色,计算出其含量,以此测定转氨酶的活性。转氨酶的活性单位为:每毫升血清与基质在 37℃ 下作用 60min,生成 1μmol 丙酮酸为 1 个单位。

丙酮酸 + 2,4-二硝基苯肼→丙酮酸二硝基苯腙(棕红色)

【药品试剂】

1. 磷酸盐缓冲液(pH7.4):取甲液 825 ml,乙液 175 ml,混合,pH 值为 7.4 即可使用。

甲液:1/15 mol/L 磷酸氢二钠溶液:称取磷酸氢二钠(Na_2HPO_4) 9.47 g(或 $Na_2HPO_4 \cdot 12H_2O$ 23.87 g)溶于蒸馏水,定容到 1000 ml。

乙液:1/15 mol/L 磷酸二氢钾溶液:称取磷酸二氢钾(KH_2PO_4) 9.078 g,溶于蒸馏水,定容至 1000 ml。

2. GPT 基质液:称取 α-酮戊二酸 29.2 mg 及 DL-丙氨酸 1.78 g,溶于 pH7.4 的磷酸盐缓冲液 20 ml 中,溶解后再加缓冲液 70 ml,并移入 100 ml 容量瓶内。加 1 mol/L 的 NaOH 溶液 0.5 ml,校正 pH 值至 7.4。再用 pH7.4 磷酸缓冲液定容到 100 ml。4℃可保存一周。

3. GOT 基质液:称取 α-酮戊二酸 29.2 mg 及 DL - 天冬氨酸 2.66 g,溶于 pH7.4 的磷酸盐缓冲液 20 ml 中,溶解后再加缓冲液 70 ml,并移入 100 ml 容量瓶内。加 1 mol/L 的 NaOH 溶液 0.5 ml,校正 pH 值至 7.4。再以 pH7.4 的磷酸缓冲液定容到 100 ml。4℃可保存一周。

4. 2,4-二硝基苯肼溶液:称取 2,4-二硝基苯肼 20 mg,先溶于 10 ml 浓盐酸中(可加热助溶),再以蒸馏水稀释至 100 ml(有沉渣可过滤),棕色瓶内保存。

5. 丙酮酸标准液(2 μmol/mL):精确称取丙酮酸钠 22 mg,溶解后转入 100 ml 容量瓶中,用磷酸缓冲液(1/15 mol/L,pH7.4)稀释至刻度。

6. 0.4 mol/L 氢氧化钠溶液。

7. 血清。

8. 柠檬酸苯胺溶液:取柠檬酸 50 g 溶于 50 ml 蒸馏水中,再加苯胺 50 ml 充分混合即成,低温出现结晶时,可置于 37℃水浴中,待溶解后使用。

【实验方法】

1.标准曲线制作:取 6 支试管按表 5-12 操作。

表 5-12　　　　　丙酮酸标准浓度曲线的制备

试剂(ml)	1	2	3	4	5	6
丙酮酸标准液	0	0.05	0.1	0.15	0.2	0.25
GPT(GOT)基质液	0.5	0.45	0.4	0.35	0.3	0.25
pH7.4 磷酸缓冲液	0.1	0.1	0.1	0.1	0.1	0.1
	37℃水浴,10 分钟					
2,4-二硝基苯肼溶液	0.5	0.5	0.5	0.5	0.5	0.5
	37℃水浴,20 分钟					
0.4 mol/L 氢氧化钠	5	5	5	5	5	5
相当活性(单位数)	空白	100	200	300	400	500
混匀后,在 520 nm 波长处,以空白管做对照,调"0"点,读取各管光密度						

混匀后,在 520 nm 波长处,以空白调"0"点,读取各管光密度。以单位值为横坐标,光密度为纵坐标,绘制标准曲线。

2. G PT(GOT)测定:取 2 支洁净的试管按表 5-13 操作。

表 5-13　　　　　血清 GTP 活性测定

试剂	空白管	测定管
血清(ml)	0.1	0.1
GPT(GOT)基质液(ml)	——	0.5
混匀,37℃水浴,60 分钟		
GPT(GOT)基质液(ml)	0.5	——
柠檬酸苯胺溶液 (滴)	1	1
2,4 二硝基苯肼溶液(ml)	0.5	0.5
混匀,37℃水浴,20 分钟		
0.4 mol/L 氢氧化钠(ml)	5	5
混匀,放置 5 分钟,在波长 520 nm 处测定,以空白管调"0"点,读取光密度		

GPT 测定不加柠檬酸苯胺溶液,其他操作方法同 GOT 测定法。

3. 实验结果及计算:由所测得测定管之光密度值直接查丙酮酸标准曲线,即可得丙酮酸的 μmol 数(用 1 μmol 丙酮酸代表 1.0 单位酶活力),计算 100ml 血清中转氨酶的活性单位。

【思考题】

1. 转氨酶在物质代谢过程中有什么重要作用?

2. 血清转氨酶活性测定有什么意义?

实验十　二乙酰-肟法测定血清尿素氮

【实验目的】

1. 掌握血清尿素氮的测定原理和方法;

2. 了解尿素氮测定的临床意义及正常值。

【实验原理】

血液中含有许多物质代谢过程中产生的非蛋白含氮化合物,例如尿素、尿酸、肌酸、肌酐、胆红素及氨等。其中尿素含量约占 $1/3 \sim 1/2$。尿素是体内蛋白质、氨基酸分解代谢的终产物。体内蛋白质和氨基酸分解代谢产生氨和 CO_2,氨代谢的主要途径是在肝脏合成尿素后释放进入血液,然后经血液循环至肾脏排出体外。血液中尿素由肾小球滤过,$30\% \sim 40\%$ 经肾小管重吸收,肾小管可排泌少量尿素。正常生理活动时,尿素的生成和排泄处于平衡状态,使血尿素浓度保持相对稳定。正常人血尿素安静值为 $3.2 \sim 7.0$ mmol/L。

血清中尿素在氨基硫脲存在下,与二乙酰-肟在强酸溶液中共煮时,可生成双乙酰和尿素形成的红色复合物(二嗪衍生物),其反应式如下:

$$H_3C-\overset{O}{\underset{\|}{C}}-\overset{N-OH}{\underset{\|}{C}}-CH_3 + H_2O \xrightarrow{H^+} H_3C-\overset{O}{\underset{\|}{C}}-\overset{O}{\underset{\|}{C}}-CH_3 + NH_2OH$$

二乙酰-肟　　　　　　　二乙酰　　　　羟胺

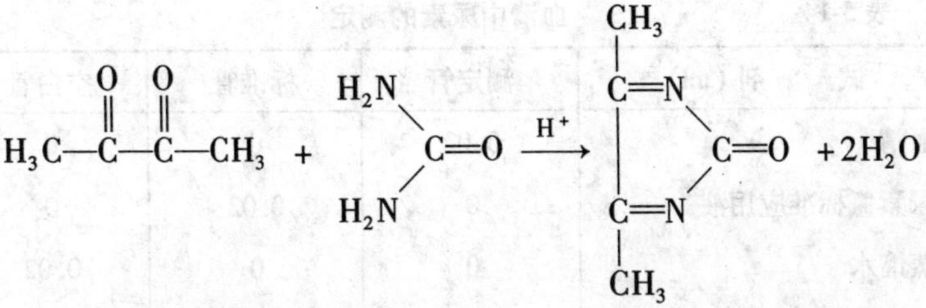

二乙酰　　　　尿素　　　　二嗪衍生物

其产生的颜色深浅与尿素含量成正比,与同样处理的尿素标准液比色,即可求得血清中尿素的含量。由于反应在强酸中进行,所产生的羟胺是干扰物质,所以必须用氧化剂将其氧化除去。在呈色反应中产生的有色复合物对光不稳定,加入氨基硫脲可增加其稳定性,还可提高尿素与双乙酰反应的灵敏度。

【药品试剂】

1. 尿素氮试剂:蒸馏水 100 ml,浓硫酸 44 ml,85%磷酸 66 ml,冷却至室温后,加氨基硫脲 50 mg,硫酸镉($3CdSO_4 \cdot 8H_2O$)2 g,溶解后稀释至 1000 ml。

2. 20 g/L 二乙酰-肟试剂:称取二乙酰-肟 20 g,加入蒸馏水约 900 ml,溶解后稀释至 1000 ml。

3. 357 mmol/L 尿素氮标准储存液:称取尿素 1.072 g,溶解于蒸馏水中,定容至 1000 ml。

4. 17.85mmol/L 尿素氮标准应用液:取储存液 5 ml,加蒸馏水至 100 ml。

【实验器材】

721 分光光度计、离心机、三用水箱、采血针、吸血管及胶头、棉签、离心管、普通试管、具塞试管、移液管。

【实验方法】

1. 取试管 3 支,注明空白管、标准管、测定管,按表 5-14 操作:

表 5-14　　　　　　　　　血清中尿素的测定

试　　剂（ml）	测定管	标准管	空白管
血清	0.02	0	0
尿素氮标准应用液	0	0.02	0
蒸馏水	0	0	0.02
二乙酰-肟试剂	0.5	0.5	0.5
尿素氮试剂	5.0	5.0	5.0

2.混匀后置沸水浴中煮沸 12 分钟,取出在冷水中冷却 5 分钟,分光光度计波长 540nm 比色,以空白管调零,测定各管吸光度值。

3.结果计算

$$血清尿素氮(mmol/L) = \frac{测定管吸光度}{标准管吸光度} \times 17.85$$

【思考题】

1.什么是非蛋白含氮,血清中的非蛋白含氮化合物包括哪些物质?

2.血清中尿素的检查有何意义?

第六章　核酸类实验

核酸是由许多核苷酸聚合而成的生物大分子化合物,为生命的基本物质之一。最早由米歇尔于 1868 年在脓细胞中发现和分离出来。核酸广泛存在于所有动物、植物细胞、微生物内,生物体内核酸常与蛋白质结合形成核蛋白。不同的核酸,其化学组成、核苷酸排列顺序不同。根据化学组成不同,核酸可分为核糖核酸(简称 RNA)和脱氧核糖核酸(简称 DNA)。DNA 是储存、复制和传递遗传信息的主要物质基础。RNA 在蛋白质合成过程中起着重要作用,其中转移核糖核酸(简称 tRNA)起着携带和转移活化氨基酸的作用;信使核糖核酸(简称 mRNA)是合成蛋白质的模板;核糖体的核糖核酸(简称 rRNA)是细胞合成蛋白质的主要场所。核酸不仅是基本的遗传物质,而且在蛋白质的生物合成上也占重要位置,因而在生长、遗传、变异等一系列重大生命现象中起决定性的作用。

核苷酸是各种核酸的基本组成单位。核苷酸可经进一步分解成核苷及磷酸。核苷由戊糖和有机含氮碱基组成。而戊糖包括 D-核糖和 D-2′-脱氧核糖。正是根据戊糖的不同,核酸被分为核糖核酸(RNA)及脱氧核糖核酸(DNA)。

核酸不但是一切生物细胞的基本成分,还对生物体的生长、发育、繁殖、遗传及变异等重大生命现象起主宰作用。因此它在生物学、医学、药学、农学等研究中的地位十分重要。对核酸的分离、鉴定、定性定量分析等方法的研究和建立一直以来是科学家们关注的焦点和研究重点。

第一节 核酸的提取和鉴定

实验一 琼脂糖凝胶电泳检测 DNA

【实验目的】

1. 掌握琼脂糖凝胶电泳 DNA 的原理。
2. 学习琼脂糖凝胶电泳 DNA 的方法与步骤。
3. 掌握紫外电泳图谱的观察分析方法。

【实验原理】

琼脂糖凝胶电泳是 DNA 研究中常用的技术,可用于分离、鉴定和纯化 DNA 片段。琼脂糖凝胶电泳也是一种非常简便、快速、最常用的分离纯化和鉴定核酸的方法。带电荷的物质在电场中的定向运动称为电泳,核酸分子是两性解离分子,在 pH8.0 时,DNA 分子带负电荷在电场中向正极移动。不同大小、不同形状和不同构象的 DNA 分子在相同的电泳条件下(如凝胶浓度、电流、电压、缓冲液等),有不同的迁移率,所以可通过电泳使其分离。琼脂糖凝胶电泳不仅可分离不同分子量的 DNA,而且也可以分离分子量相同但构型不同的 DNA 分子。影响 DNA 分子泳动速率的因素很多,如分子量大小、分子构型、凝胶浓度、电场强度、EB 含量、电泳缓冲液等。线性 DNA 分子的迁移率与其分子量的对数值成反比。DNA 分子量越大,其电场泳动速率越慢。同一种质粒的三种构型泳动速率不同:超螺旋闭合环状质粒泳动速率最快,线型质粒其次,开环型质粒最慢。一定大小的 DNA 片段在不同浓度的琼脂糖凝胶中的迁移率是不相同的。相反,在一定浓度的琼脂糖凝胶中,不同大小的 DNA 片段的迁移率也是不同的。若要有效地分离不同大小的 DNA,应采用适当浓度的琼脂糖凝胶。

表6-1　琼脂糖浓度与可分辨的线性 DNA 片段大小之间的关系

琼脂糖凝胶浓度/(%)	可分辨的线性 DNA 片段大小/(kb)
0.4	5～60
0.7	0.8～10
1.0	0.4～6
1.5	0.2～4
1.75	0.2～3
2.0	0.1～3

凝胶中的 DNA 可与荧光染料溴化乙锭(EB)结合,在紫外灯下可看到荧光条带,借此可分析实验结果。

【实验器材】

电泳仪、水平电泳槽、梳子、制胶槽、凝胶成像系统、高速离心机等。

【药品试剂】

1.琼脂糖、三羟甲基氨基甲烷(Tris)、硼酸、乙二胺四乙酸(EDTA)、溴酚蓝、蔗糖、溴化乙锭(EB)、DNA Marker(λDNA 酶切片段)、称量纸、容量瓶、瓷盘、一次性手套、取液器、三角瓶、量筒(100 ml)、Tip 头(10 μl)、胶带等。

2.5×TBE 电泳缓冲液(pH8.0):称取 Tris 54 g、硼酸 27.5 g,再加入 20 ml 的 0.5 mol/L EDTA(pH8.0),加蒸馏水定容至 1000 ml。

3.6×凝胶加样缓冲液:称取溴酚蓝 0.25 g 和蔗糖 40 g,然后加入蒸馏水定容至 100 ml,摇匀后,4℃保存备用。

【实验方法】

1.制胶:

(1)称取 0.4 g 琼脂糖置于三角瓶中,加入 50 ml 0.5×TBE 缓冲液。

(2)微波炉加热,煮沸、振摇,反复加热、振摇 2~3 次,使琼脂糖充分融化。

(3)胶带将胶床两端粘好,底部粘严,以防凝胶渗漏,插好梳子。

(4)待胶冷却至 70℃ 左右时,再加入溴化乙锭(10 mg/ml)5 μl,摇匀。立即将琼脂糖溶液小心地倒入胶床中,让胶自然冷却至完全凝固(需要 20~30 分钟)。

(5)小心向上方拔出梳子,避免前后左右摇晃,以防破坏胶面及加样孔,去掉制胶槽两边的胶带,小心将胶和胶床放入电泳槽中,样品孔在阴极端。

(6)向电泳槽中加入 0.5×TBE 电泳缓冲液,液面高于胶面约 1~2 mm。

2.上样电泳:

(1)取 2 μl 上样液(溴酚蓝指示剂)于 Parafilm 上,加 2 μl 水与 2 μl 样品 DNA 反复吹吸,混匀。

(2)同时上样 λDNA/Hind III 作为 DNA 分子量标准(23.7 kb; 9.46 kb;6.75 kb;4.26 kb;2.26 kb;1.98 kb;0.58 kb)。

(3)Tip 头垂直伸入液面下胶孔中,小心上样于胶孔中。

(4)接通电源,打开高压开关,按照 5V/cm 调节电压值,电泳开始以正、负极铂金丝有气泡出现为准。

(5)根据指示剂迁移的位置,判断是否中止电泳。切断电源后,再取出凝胶。

3.凝胶紫外观察:取出染色后的凝胶,于紫外监测仪或凝胶成像系统中观察、照相、保存、记录结果。

【注意事项】

1.制胶和加样过程中要防止气泡的产生。

2.EB 具有强诱变性,可致癌,必须戴手套操作,严格注意防护。

3.加样时,Tip 头不宜插入样品孔太深,也不要穿破胶孔壁,否则样品渗漏或 DNA 带型不整齐。

4. 电源接通时,应核实电泳的方向是否正确。

5. 每厘米凝胶电压不超过 5V,若电压过高分辨率会降低,只有在低电压时,线性 DNA 分子的电泳迁移率与所用电压成正比。

【思考题】

1. 琼脂糖凝胶电泳能否作为 DNA 简单定量检测的一个方法?如果是,请解释原理。

2. 琼脂糖凝胶电泳如何测定 DNA 的相对分子质量?

实验二 RNA 的变性琼脂糖凝胶电泳

【实验目的】

学习和掌握 RNA 的变性琼脂糖凝胶电泳的技术。

【实验原理】

RNA 可以使用非变性或变性琼脂糖凝胶电泳进行检测。在非变性电泳中,虽然可以分离混合物中不同分子量的 RNA 分子,但是无法确定分子量,主要是 RNA 分子存在二、三级结构而影响其电泳结果。只有在变性情况下,RNA 分子完全伸展,其泳动率才与分子量成正比。因此电泳时应在变性剂存在下进行,常用的变性剂为甲醛或戊二醛。

判断 RNA 提取物的完整性是进行电泳的主要目的之一。完整的未降解的 RNA 制品的电泳图谱应可清晰地看到 18S rRNA(或者 16S rRNA)、28S rRNA、5S rRNA 的三条带,且 28S rRNA 的亮度应为 18S rRNA(或者 16S rRNA)的两倍。

【实验器材】

电泳仪、水平电泳槽、梳子、制胶槽、凝胶成像系统等。

【药品试剂】

1. 实验材料:总 RNA 提取物。

2. 0.1% DEPC 水:200ml 双蒸去离子水加 0.2 ml DEPC 焦炭酸

二乙酯混匀,室温放置过夜,高压灭菌。

3.10×电泳缓冲液:0.4 mol/L 吗啉代丙烷磺酸(MOPS)(pH 7.0),0.1 mol/L NaAc,10 mmol/L 乙二胺四乙酸(EDTA)。

4.25ml 1%变性琼脂糖凝胶:10 × 电泳缓冲液 2.5 ml,琼脂糖 0.5 g,0.1% DEPC 水 18.3 ml,加热溶解,稍冷却,加入 4.25 ml 37% 甲醛。

5.上样缓冲液:50%甘油,1mmol/L EDTA,0.4% 溴酚蓝,0.4% 二甲苯蓝。

6.去离子甲酰胺。

【实验步骤】

1.将制胶用具用 70%乙醇冲洗一遍,晾干备用。

2.制胶:称取 0.25 g 琼脂糖,加入放有 18.3 ml 的 DEPC 水的锥形瓶中,加热使琼脂糖完全溶解。稍冷却后加入 2.5 ml 的 10 ×电泳缓冲液、4.25 ml 的甲醛。然后在胶槽中灌制凝胶,插好梳子,水平放置待凝固后使用。

3.加样:将凝固后的甲醛琼脂糖凝胶从制胶槽转移至电泳槽,加入电泳缓冲液(1 ×)待上样。在一个洁净的小离心管中混合以下试剂:电泳缓冲液(10 ×)2 μl、甲醛 3.5 μl、甲酰胺 10 μl、RNA 样品 3.5 μl。混匀,置 60℃保温 10 分钟,冰上速冷。加入 3 μl 的上样缓冲液混匀,取适量加样于凝胶点样孔内。同时点 RNA 标准样品。

4.电泳:连接电源线,打开电泳仪,稳压 5 V/cm 电泳。

5.观察电泳结果:当指示剂电泳至胶中部即可结束电泳,通过紫外分析仪,对电泳胶进行观察和照相,记录实验结果。

6.分析电泳结果:记录所观察的电泳图谱,注意每条带的相对位置及浓淡情况等。在正常情况下,紫外灯下可见 28S、18S(或 16S) 和 5S rRNA 三条带,观察 28S 和 18S(或 16S)二条带是否清晰,若 28S 的荧光强度为 18S(或 16S)的二倍以上,则说明 RNA 分子没有降解。

【注意事项】

1. 实验中必须防止 RNase 污染以免 RNA 降解。

2. 所有试剂用 DEPC 水配制,用具也用 DEPC 水冲洗,并蒸汽灭菌。

【思考题】

1. 如何判断总 RNA 提取物的质量?

2. 实验中怎样避免 RNase 污染?

实验三　质粒 DNA 的碱裂解法提取与纯化

【实验目的】

1. 掌握质粒 DNA 的碱裂解法提取操作步骤与原理。

2. 掌握质粒 DNA 的纯化步骤及原理。

【实验原理】

细菌质粒是一类双链、闭环的 DNA,大小范围从 1 kb 至 200 kb 以上不等。各种质粒都是存在于细胞质中、独立于细胞染色体之外的自主复制的遗传成分,通常情况下可持续稳定地处于染色体外的游离状态,但在一定条件下也会可逆地整合到寄主染色体上,随着染色体的复制而复制,并通过细胞分裂传递到后代。质粒已成为目前最常用的基因克隆的载体分子,采用合适的条件可获得大量纯化的质粒 DNA 分子。目前已有许多方法可用于质粒 DNA 的提取,本实验采用碱裂解法提取质粒 DNA。

碱裂解法是一种应用最为广泛的制备质粒 DNA 的方法,其基本原理为:当菌体在 NaOH 和 SDS 溶液中裂解时,蛋白质与 DNA 发生变性,当加入中和液后,质粒 DNA 分子能够迅速复性,呈溶解状态,离心时留在上清液中;蛋白质与染色体 DNA 不可逆变性而呈絮状,离心时可沉淀下来。

纯化质粒 DNA 的方法通常是利用了质粒 DNA 相对较小及共价

闭环两个性质。例如,氯化铯-溴化乙锭梯度平衡离心、离子交换层析、凝胶过滤层析、聚乙二醇分级沉淀等方法,但这些方法相对昂贵或费时。对于小量制备的质粒 DNA,经过苯酚、氯仿抽提,RNA 酶消化和乙醇沉淀等简单步骤去除残余蛋白质和 RNA,所得纯化的质粒 DNA 已可满足细菌转化、DNA 片段的分离和酶切、常规亚克隆及探针标记等要求,故在分子生物学实验室中常用。

【实验器材】

恒温水浴培养箱、摇床、低温超速离心机、水浴锅、冰水浴、电泳仪、稳压电源、电炉、乳胶手套、紫外投射仪、照相装置等。

【药品试剂】

1. 溶液Ⅰ:50 mmol/L 葡萄糖,25 mmol/L Tris-HCl(pH8),10 mmol/L EDTA(pH8)。取 1 mol/L Tris-HCl(pH 8)12.5 ml,0.5 mol/L EDTA(pH8)10 ml,葡萄糖 4.73 g,加蒸馏水至 500 ml。在 10l bf/in^2(6.895×10^4 Pa)高压灭菌 15 分钟,储存于 4℃。

2. 溶液Ⅱ:0.2 mol/L NaOH,1% SDS。取 2 mol/L NaOH 1 ml,10% SDS 1 ml,加蒸馏水至 10 ml。使用前临时配置。

3. 溶液Ⅲ:醋酸钾缓冲液(pH4.8):取 5 mol/L 醋酸钾 300 ml,冰醋酸 57.5 ml,加蒸馏水至 500 ml。4℃保存备用。

4. TE:10 mmol/L Tris-HCl(pH8),1 mmol/L EDTA(pH8)。取 1 mol/L Tris-HCl(pH8)1 ml,0.5 mol/L EDTA(pH8)0.2 ml,加蒸馏水至 100 ml。15l bf/in^{2}高压湿热灭菌 20 分钟,4℃保存备用。

5. 苯酚/氯仿/异戊醇(25:24:1)。

6. 无水乙醇和 70% 乙醇。

7. 5×TBE:Tris 碱 54 g,硼酸 27.5 g,EDTA-Na$_2$·2H$_2$O 4.65 g,加蒸馏水至 1000 ml。15l bf/in^{2}高压湿热灭菌 20 分钟,4℃保存备用。使用低浓度的 TBE 时加水稀释即可。

8. 10 mg/ml 溴化乙锭(EB):带好乳胶手套,称取 100 mg EB,加入 10 ml 水,磁力搅拌数小时,使充分溶解,转移至棕色瓶内,4℃保存备用。

9. RNaseA(RNA 酶 A):不含 DNA 酶(DNase-free)的 RNaseA 10 mg/ml,TE 配制,沸水加热 15 分钟,分装后储存于 -20℃。

10. 6 × loading buffer(上样缓冲液):0. 25% 溴酚蓝,0. 25% 二甲苯青 FF,40%(*W/V*) 蔗糖水溶液。

11. 1% 琼脂糖凝胶:称取 1 g 琼脂糖于三角烧瓶中,加 100 ml 0. 5 × TBE,电炉加热至完全溶化,冷却至 60℃ 左右,加 EB 母液 (10 mg/mL) 至终浓度 0. 5 μg/ml(注意:EB 为强诱变剂,操作时戴手套),轻轻摇匀。缓缓倒入架有梳子的电泳胶板中,勿使有气泡,静置冷却 30 分钟以上,轻轻拔出梳子,放入电泳槽中(电泳缓冲液 0. 5 × TBE),即可上样。

【实验方法】

1. 挑取 LB 固体培养基上生长的单菌落,接种于 2 ml LB(含相应抗生素)液体培养基中,37℃、200 r/min 振荡培养过夜(约 12 ~ 14 小时)。

2. 取 1. 5 ml 培养物入微量离心管中,室温条件下 8000 r/min 离心 1 分钟,弃上清液,将离心管倒置,使液体尽可能流尽。

3. 将细菌沉淀重悬于 100 μl 预冷的溶液 Ⅰ 中,剧烈振荡,使菌体分散混匀。

4. 加 200 μl 新鲜配制的溶液 Ⅱ,颠倒数次混匀(不要剧烈振荡),并将离心管放置于冰上 2 ~ 3 分钟,使细胞膜裂解(溶液 Ⅱ 为裂解液,故离心管中菌液逐渐变清亮)。

5. 加入 150 μl 预冷的溶液 Ⅲ,将管温和颠倒数次混匀,见白色絮状沉淀,可在冰上放置 3 ~ 5 分钟。溶液 Ⅲ 为中和溶液,此时质粒 DNA 复性,染色体和蛋白质不可逆变性,形成不可溶复合物,同时 K⁺ 使 SDS-蛋白复合物沉淀。

6. 加入 450 μl 的苯酚/氯仿/异戊醇混合物,振荡混匀,4℃ 条件下,12000 r/min 离心 10 分钟。

7. 小心移出上清液于一新微量离心管中,加入 2.5 倍体积预冷的无水乙醇,混匀,室温放置 2~5 分钟,4℃条件下,12000 r/min 离心 15 分钟。

8. 1 ml 预冷的 70% 乙醇洗涤沉淀 1~2 次,4℃条件下,10000 r/min 离心 5 分钟,弃上清液,将沉淀在室温下晾干。

9. 沉淀溶于 20 μl TE(含 RNaseA 20 μg/ml),37℃水浴 30 分钟以降解 RNA 分子,-20℃保存备用。

10. 取制备的质粒 DNA 1~2 μl,加适当 loading buffer 混匀上样,采用 1~5 V/cm 的电压,使 DNA 分子从负极向正极移动至合适位置,取出凝胶置紫外灯下检测,摄片,保存试验照片。

【注意事项】

1. 本裂解法小量制备质粒 DNA 重复性好。若所提取质粒 DNA 不能被限制性内切酶切割,可通过酚/氯仿再次抽提,以清除杂质来解决问题。

2. 加入溶液 I 后要充分悬浮。

3. 加入溶液 II 后要轻轻地颠倒混匀。

4. 酚/氯仿抽提后小心吸取上清液。

【思考题】

1. 质粒 DNA 的提取方法有哪几种,各有何特点?

2. 在生化领域,质粒 DNA 的提取目的是什么?

实验四　植物组织中 DNA 的提取

【实验目的】

1. 掌握从植物组织中提取 DNA 的方法。

2. 掌握从植物组织中提取 DNA 的原理。

【实验原理】

脱氧核糖核酸(DNA)是一切生物细胞的重要组成成分,主要存在于细胞核中,盐溶法是提取 DNA 的常规技术之一。从细胞中分离得到的 DNA 是与蛋白质结合的 DNA,其中还含有大量 RNA,即核糖核蛋白。如何有效地将这两种核蛋白分开是技术的关键。

CTAB(十六烷基三甲基溴化铵)是一种去污剂,可裂解细胞膜,CTAB 能与核酸形成复合物,在高盐溶液中(0.7 mol/L NaCl)是可溶的,当降低溶液盐浓度到一定程度(0.3 mol/L NaCl)时,从溶液中沉淀,通过离心就可将 CTAB-核酸的复合物与蛋白、多糖类物质分开。最后通过乙醇或异丙醇沉淀 DNA,而 CTAB 溶于乙醇或异丙醇而除去。因此 CTAB 法几乎成为富含多糖的样品(如细菌、植物)的基因组 DNA 抽提的首选方法。

【实验材料】

植物新鲜叶子。

【药品试剂】

1. 研磨缓冲液:称取 59.63 g NaCl,13.25 g 柠檬酸三钠,37.2 g EDTA-Na 分别溶解后合并为一,用 0.2 mol/L 的 NaOH 调至 pH7.0,并定容到 1000 ml。

2. 10×SSC 溶液:称取 87.66 g NaCl 和 44.12 g 柠檬酸三钠,分别溶解,混合后定容到 1000 ml。

3. 1×SSC 溶液:用 10×SSC 溶液稀释 10 倍。

4. 0.1×SSC 溶液:用 1×SSC 溶液稀释 10 倍。

5. 氯仿-异戊醇:按 24 ml 氯仿和 1 ml 异戊醇混合。

6. 5 mol/L 高氯酸钠溶液:称取 $NaClO_4 \cdot H_2O$ 70.23 g,先加入少量蒸馏水溶解,然后定容至 100 ml。

7. SDS(十二烷基硫酸钠)。

8. 1 mol/L HCl、0.2 mol/L NaOH、0.05 mol/L NaOH。

9. 二苯胺乙醛试剂:1.5 g 二苯胺溶于 100 ml 冰醋酸中,添加 1.5 ml 浓硫酸,装入棕色瓶,储存于暗处,使用时加 0.1 ml 乙醛液[浓乙醛:H_2O = 1:50(V/V)]。

10.1 mol/L 高氯酸溶液(HClO₄)。

11.100 μg/ml DNA 标准液:取标准 DNA 25 mg 溶于少量 0.05 mol/L NaOH 中,再用 0.05 mol/L NaOH 定容至 25 ml,后用移液管吸取此液 5 ml 至 50 ml 容量瓶中,加 5 ml 1 mol/L HClO₄,混合冷却后用 0.5 mol/L HClO₄ 定容到刻度,则得 100 μg/ml 的标准溶液。

12.2 × CTAB 提取缓冲液:100 mmol/L Tris-HCl (PH8), 20 mmol/L EDTA-Na₂,1.4 mol/L NaCl,2% CTAB(W/V),1% PVP (聚乙烯吡咯烷酮)(W/W),40 mmol/L β-巯基乙醇(相当于每 100 ml加 280 μl,用前加入)。

【实验方法】

1.植物 DNA 的 SDS 提取法:

(1)称取植物幼嫩组织 10 g 剪碎置研钵中,加 10 ml 预冷研磨缓冲液并加入 0.1 g 左右的 SDS,置冰浴上研磨成糊状。

(2)将匀浆液转入 25 ml 刻度试管中,加入等体积的氯仿-异戊醇混合液,加上塞子,剧烈振荡 30 秒,转入离心管,静置片刻以脱除组织蛋白质。4000 r/min,离心 5 分钟。

(3)离心形成三层,小心地吸取上清液至刻度试管中,弃去中间层的细胞碎片、变性蛋白质及下层的氯仿。

(4)将试管置72℃水浴中保温 3 分钟(不超过 4 分钟),以灭活组织的 DNA 酶,然后迅速取出试管置冰水浴中冷却到室温,加 5 mol/L高氯酸钠溶液(提取液:高氯酸钠溶液 =4:1,体积比),使溶液中高氯酸钠的最终浓度为 1 mol/L。

(5)再次加入等体积氯仿-异戊醇混合液至大试管中,振荡 1 分钟,静置后在室温下 4000 r/min,离心 5 分钟,取上清液置小烧杯中。

(6)用滴管吸 95% 的预冷乙醇,慢慢地加入烧杯中上清液的表面上,直至乙醇的体积为上清液的两倍,用玻璃棒轻轻搅动。此时核酸迅速以纤维状沉淀缠绕在玻璃棒上。

(7)加入 0.5 ml 10×SSC,使最终浓度为 1×SSC。

(8)重复第 6 步骤和第 7 步骤即得到 DNA 的粗制品。

(9)加入已处理的 RNase 溶液,使其最后的作用浓度为 50～70 μg/ml,并在 37℃水浴中保温 30 分钟,以除去 RNA。

(10)加入等体积的氯仿 - 异戊醇混合液,在三角瓶中振荡 1 分钟,再除去残留蛋白质及所加 RNase 蛋白,室温条件下,4000 r/min,离心 5 分钟,收集上层水溶液。

(11)再按(6)、(7)步骤处理即可得到纯化的 DNA。

2. 植物 DNA 的 CTAB 提取法:

(1)称取新鲜叶片 0.5 g,剪碎放入研钵中,在液氮中研磨成粉末。

(2)将粉末等量转移到加有 1 ml 经预热的 2×CTAB 提取缓冲液的 4 个 1.5 ml 离心管中,迅速混匀后置于 60℃水浴中,温育 60 分钟。每隔 15～20 分钟摇匀一次。

(3)取出离心管,冷却至室温,10000 r/min,离心 5 分钟,弃沉淀。

(4)取上清液移至新管,加入加等体积氯仿/异戊醇(24:1)混合液,充分混匀,室温下,10000 r/min,离心 10 分钟,弃沉淀。

(5)用一开口较大的枪头将上层水相转移至另一新的离心管中,加入等体积的氯仿/异戊醇。充分混匀,10000 r/min,离心 10 分钟。

(6)转移上清液至另一新的离心管中,加入 2 倍体积的 100%乙醇或 0.7 倍体积异丙醇,充分混匀,可见出现絮状沉淀,-20℃放置 30 分钟或 -80℃放置 10 分钟。

(7)10000 r/min,离心 10 分钟,弃上清液,回收 DNA 沉淀。

(8)沉淀用 70%乙醇洗涤 2 次,再用无水乙醇洗涤一次。晾干或在超净工作台上吹干。

(9)将风干的 DNA 直接在 4℃保存备用。或溶于 50 μl TE 溶液中,加入 1 μl 10 mg/ml 的 RNase 溶液,30℃水浴或室温 1 小时水解 RNA,于 −20℃保存。

【思考题】

核酸分离时为什么要除去小分子物质和脂类物质? 本实验是怎样除掉的?

实验五 酵母 RNA 的分离与鉴定

【实验目的】

1. 了解并掌握稀碱法提取 RNA 的基本原理及具体方法。

2. 了解 RNA 的化学组成及定性鉴定的原理与操作过程。

【实验原理】

由于 RNA 的来源和种类很多,因而提取方法各异,一般有苯酚法、去污剂法和盐酸胍法。其中苯酚法是实验室最常用的。组织匀浆用苯酚处理并离心后,RNA 即溶于上层被苯酚饱和的水相中。DNA 和蛋白质则留在酚层中。向水层加入乙醇后,RNA 即以白色絮状沉淀析出,此法能较好地除去 DNA 及蛋白质,提取的 RNA 具有生物活性。

工业上制备 RNA 多选用成本低,适于大规模操作的稀碱法及浓盐法。用发酵工业的下脚料如酵母、白地霉如青霉菌菌丝体等提取 RNA,其得率常为菌种重量的 3% ~ 5% 。而 DNA 含量仅为 0.03% ~ 0.52%,因此提取 RNA 多以酵母为原料。稀碱法是用氢氧化钠溶液,使细菌细胞壁变性,浓盐法是用高浓度盐溶液处理,同时加热,以改变细胞壁的通透性,使核酸从细胞内释放出来。用稀碱使酵母细胞裂解后,用酸中和,然后除去菌体,用乙醇沉淀上清液中的 RNA 或将 pH 值调至 RNA 的等电点(pH2.5),使蛋白质沉淀出来。

RNA 是生物高分子化合物,进一步水解可生成磷酸、戊糖和碱基。各种组分可用下述方法鉴定:

1. 磷酸与钼酸铵试剂作用能产生黄色的磷钼酸铵$[(NH_4)_3PO_4 \cdot 12MoO_3]$沉淀。

2. 核糖与地衣酚试剂反应呈鲜绿色。

3. 嘌呤碱与硝酸银产生白色的嘌呤银化合物沉淀。

【实验器材】

离心机、布氏漏斗、抽滤瓶、石蕊试纸、漏斗、表面皿。

【药品试剂】

1. 干酵母粉。

2. 0.2% 氢氧化钠溶液。

3. 乙酸、乙醚、95% 乙醇、1 mol/L 氨水、10% 硫酸。

4. 0.1 mol/L 硝酸银溶液。

5. 钼酸铵试剂：将 2 g 钼酸铵溶解在 100 ml 10% 硫酸中。

6. 地衣酚试剂：100 ml 浓盐酸中加入 100 mg 三氯化铁，摇匀，储存备用。使用前加入 476 mg 地衣酚（甲基苯二酚）。

【实验方法】

1. 酵母 RNA 提取：

（1）称 4 g 干酵母粉置于 100 ml 烧杯中，加入 40 ml 0.2% 氢氧化钠溶液，沸水浴上加热 30 分钟，不断搅拌。

（2）加入数滴乙酸溶液使提取液呈酸性（石蕊试纸检查），4000 r/min，离心 10 ~ 15 分钟。

（3）取上清液，加入 30 ml 95% 乙醇洗 2 次，每次用 10 ml。

（4）用无水乙醚洗两次，每次 10 ml，洗涤时可用小玻棒小心搅动沉淀。

（5）用布氏漏斗抽滤，沉淀在空气中干燥。

（6）称量所得 RNA 样品重量，计量得率：

$$干酵母粉 RNA 得率(\%) = \frac{RNA\ 重(g)}{干酵母粉重(g) \times 100}$$

2. RNA 组分鉴定：

（1）水解 RNA：向锥形瓶中加入少量(0.1~0.2 g)酵母 RNA 和 10%硫酸溶液 15 ml。在瓶口上插一玻璃小漏斗,漏斗上盖上表面皿,然后在沸水浴中加热水解约 30 分钟,过滤,取滤液进行下列试验。

（2）嘌呤碱基的检查：取试管一支,加入 1 ml 0.1 mol/L 硝酸银溶液,再逐滴加 1 mol/L 氨水至沉淀消失。然后加入 1 ml 滤液,放置片刻,观察有无嘌呤碱基的银化合物沉淀产生(沉淀见光变为红棕色)。

（3）磷酸的检查：取 2 ml 滤液放入 1 支试管中,加入 5 滴硝酸银和 1 ml 钼酸铵溶液后,在沸水中加热,观察有无黄色磷钼酸铵沉淀产生。

（4）戊糖的检查：取一支试管,加入 1 ml 滤液,然后加入 2 ml 地衣酚试剂,摇匀后在沸水浴上加热 10~15 分钟,观察颜色的变化。

【注意事项】

1. 稀碱法提取的 RNA 为变性 RNA,可用于 RNA 组分鉴定及单核苷酸制备,不能作为 RNA 生物活性实验材料。

2. 脱氧核糖及核糖均可与地衣酚反应。因此地衣酚试验不能作为 RNA 与 DNA 鉴别的依据。

【思考题】

1. 在酵母 RNA 的提取实验中,95% 乙醇有什么作用?

2. 若要鉴定 DNA 水解液的组分,应如何安排试验?

3. 现有三瓶未知溶液,已知它们分别为蛋白质、糖和 RNA,采用什么试剂和方法对这三种溶液进行鉴定(自行设计简便的实验)?

实验六　动物肝脏 DNA 的提取与纯化

【实验目的】

1. 了解从动物组织中提取和纯化 DNA 的原理。

2.掌握从动物组织中提取和纯化 DNA 的方法。

【实验原理】

生物体组织细胞中的大部分脱氧核糖核酸(DNA)和核糖核酸(RNA)与蛋白质结合,以核蛋白——脱氧核糖核蛋白(DNP)和核糖核蛋白(RNP)的形式存在,这两种复合物在不同的电解质溶液中的溶解度有较大差异。在低浓度的 NaCl 溶液中,DNP 的溶解度随NaCl 浓度的增加而逐渐降低,当 NaCl 浓度达到 0.14 mol/L 时,DNP的溶解度约为纯水中溶解度的 1%(几乎不溶);但当 NaCl 浓度继续升高时,DNP 的溶解度又逐渐增大,当 NaCl 浓度增至 0.5 mol/L 时,DNP 的溶解度约等于纯水中的溶解度,当 NaCl 浓度继续增至 1 mol/L时,DNP 的溶解度约为纯水中溶解度的 2 倍(溶解度很大)。而 RNP则不一样,它在浓 NaCl 溶液和稀 NaCl 溶液中的溶解度都很大。因此,可以利用不同浓度的 NaCl 溶液将 DNP 和 RNP 分别抽提出来。

将抽提得到的 DNP 用十二烷基硫酸钠(SDS)处理,DNA 即与蛋白质分开,可用氯仿-异丙醇将蛋白质沉淀除去,而 DNA 溶于溶液中,加入适量的乙醇,DNA 即析出,进一步脱水干燥,即得白色纤维状的 DNA 粗制品。为了防止 DNA(或 RNA)酶解,提取时加入乙二胺四乙酸(EDTA)。大部分多糖在用乙醇或异丙醇分级沉淀时即可除去。

【实验器材】

捣碎机、离心机、手术剪、离心管、刻度吸管、烧杯(100 ml)、玻棒、新鲜动物肝脏、石英比色皿、紫外分光光度计、微量移液器等。

【药品试剂】

1.5 mol/L NaCl 溶液:称取 NaCl 146.15 g,溶于蒸馏水并稀释到500 ml。

2.0.14 mol/L NaCl-0.15 mol/L EDTA-Na$_2$溶液:称取 NaCl 4.09 g及 EDTA-Na$_2$ 27.9 g 溶于蒸馏水稀释到 500 ml。

3.25% SDS 溶液:称取 SDS 25 g,溶于 45%乙醇 100 ml 中。

4.苯酚氯仿异戊醇混合液:苯酚:氯仿:异戊醇 = 25:24:1($V:V$)。

5.核糖核酸酶 A(RNase A)。

6.95%乙醇、80%乙醇。

7.二苯胺试剂:1 g 二苯胺溶于 100 ml 冰乙酸,再加 60% 过氯酸 10 ml,混匀。临用前加入 1 ml 1.6% 乙醛溶液。

8.0.5 mol/L 过氯酸溶液:将过氯酸(70%)5 ml 用蒸馏水稀释至 55 ml,得 1 mol/L 过氯酸。将 1 mol/L 过氯酸 25 ml 用蒸馏水稀释至 50 ml,即得 0.5 mol/L 过氯酸溶液。

9.TE 缓冲液、DNA 标准液、0.16% 乙醛。

【实验方法】

1. DNA 的提取:

(1)称取新鲜动物的肝脏(如猪肝)约 10 g,于研钵中,在冰浴中剪碎,加 2 倍组织重的冷的 0.14 mol/L NaCl-0.15 mol/L EDTA 溶液(约 20 ml)研磨成浆状,得匀浆液。

(2)将匀浆液(除去组织碎片)于 3000 r/min 离心 10 分钟,弃去上清液,收集沉淀(内含 DNP),沉淀中加两倍体积的冷的 0.14 mol/L NaCl-0.15 mol/L EDTA 溶液,搅匀,如前离心,重复洗涤 2~3 次。所得沉淀为 DNP 粗制品,移至烧杯中。

2. DNA 的纯化:

(1)取粗品 DNA,加入 5 μl RNA 酶,用玻璃棒慢慢搅拌 20 分钟。

(2)向沉淀中加入冷的 0.14 mol/LNaCl-0.15 mol/L EDTA 溶液,使总体积达到 20 ml,在缓慢搅拌的同时滴加 25% 的 SDS 溶液 1.5 ml,边加边搅拌,此步骤使核酸与蛋白质分离。

(3)加入 5 mol/L NaCl 溶液 5 ml,使 NaCl 最终浓度约为 1 mol/L,搅拌 10 分钟(速度要慢)。溶液变得黏稠并略带透明。

(4)加入等体积的苯酚/氯仿/异戊醇混合液,于冰浴中搅拌 20 分钟,3000 r/min 离心 10 分钟。分层,上层为水相(含 DNA 钠盐),

中层为变性的蛋白沉淀,下层为苯酚/氯仿/异戊醇混合液。

(5)用吸管小心地吸取上层水相,弃去沉淀,再在相同条件下重复抽提 2~3 次。

(6)取上清液放入干燥小烧杯中,加入 2 倍体积预冷的 95%乙醇。加乙醇时,用滴管吸取乙醇,边加边用玻璃棒慢慢顺一个方向在烧杯内转动,随着乙醇的不断加入可见溶液出现黏稠状物质,并能逐步缠绕于玻璃棒上,此时玻璃棒搅动的目的在于把黏稠丝状物缠在玻璃棒上,直至再无黏稠丝状物出现为止。黏稠丝状物即是 DNA。

(7)用 2 ml 80%乙醇洗涤沉淀物 1 次。

(8)室温干燥,直到附于玻璃棒的残余液滴干净。

(9)用 1~2 ml TE 重新溶解沉淀物,然后置于 4℃或 −20℃保存备用。

【注意事项】

1. 选择的实验材料要新鲜,处理时间不宜过长。

2. 提取和纯化的 DNA 不纯,加溶解液太少使浓度过大,或者沉淀物太干燥,这些因素都会导致提取的 DNA 不易溶解。

3. 酚/氯仿/异戊醇抽提后,其上清液太黏不易吸取,表明含高浓度的 DNA,可加大抽提前缓冲液的量或减少所取组织的量。

【思考题】

1. 核酸分离时为什么要除去小分子物质和脂类物质?

2. DNA 与 RNA 通过什么样的方法分开的?

第二节　核酸的定量测定

实验七　紫外吸收法测定核酸的含量

【实验目的】

1. 学习和掌握应用紫外分光光度法直接测定核酸含量的原理及技术。

2.熟悉紫外分光光度计的基本原理与使用。

【实验原理】

DNA 和 RNA 都有吸收紫外光的性质,它们的吸收高峰在 260nm 波长处。吸收紫外光的性质是嘌呤环和嘧啶环的共轭双键系统所具有的,所以嘌呤和嘧啶以及一切含有它们的物质,不论是核苷、核苷酸或核酸都有吸收紫外光的特性,核酸和核苷酸的摩尔消光系数(或称吸收系数)用 $E(P)$ 来表示,$E(P)$ 为每升溶液中含有一摩尔原子核酸磷的消光值(即光密度或称光吸收)。RNA 的 $E(P)_{260 nm}$ (pH7.0)为 7700~7800。RNA 的含磷量约为 9.5%,因此每毫升溶液含 $1\mu g$ RNA 的光密度值相当于 0.022~0.024。小牛胸腺 DNA 钠盐的 $E(P)260 nm$(pH7.0)为 6600,含磷量为 9.2%,因此每毫升溶液含 $1\mu g$ DNA 钠盐的光密度值为 0.020。故测定未知浓度 RNA 或 DNA 溶液在 260nm 波长的光吸收值即可计算出其中核酸的含量。此法操作简便,迅速。

蛋白质由于含有芳香氨基酸,因此也能吸收紫外光。通常蛋白质的吸收高峰在 280nm 波长处,在 260nm 处的吸收值仅为核酸的十分之一或更低,故核酸样品中蛋白质含量较低时对核酸的紫外测定影响不大。当样品中蛋白质含量较高时比值即下降,会引起测定误差较大,因此采用紫外分光光度法测定核酸含量时应先设法除去杂质。

利用紫外分光光度法还可以定性地鉴定核酸的纯度。测出样品的 A_{260nm} 与 A_{280nm} 波长的光吸收值,从 A_{260nm}/A_{280nm} 的比值即可判断样品纯度。纯 DNA 的 A_{260nm}/A_{280nm} 的比值应大于 1.8,纯 RNA 的 A_{260nm}/A_{280nm} 的比值应达到 2.0。

【实验器材】

容量瓶(50ml)、离心管、离心机、比色杯、紫外分光光度计。

【药品试剂】

1.0.25% 钼酸铵 -2.5% 过氯酸沉淀剂:取 3.6 ml70% 过氯酸和 0.25 g 钼酸铵溶于 96.4 ml 蒸馏水中。

2. RNA 或 DNA 样品干粉。

【实验步骤】

1. 将样品配制成每毫升含 5 ~ 50 μg 核酸的溶液,于紫外分光光度计上测定 260nm 和 280nm 吸收值,计算核酸浓度、含量以及两者吸收比值。

$$\text{RNA 浓度}(\mu g/ml) = \frac{OD_{260}}{0.024 \times L} \times \text{稀释倍数}$$

$$\text{DNA 浓度}(\mu g/ml) = \frac{OD_{260}}{0.020 \times L} \times \text{稀释倍数}$$

式中:

OD_{260}——260nm 波长处光密度读数;

L——比色杯的厚度;

0.024——每 ml 溶液内含 1 μgRNA 的光密度;

0.020——每 ml 溶液内含 1 μgDNA 钠盐时的光密度。

$$\text{核酸\%} = \frac{\text{待测液中测得的核酸微克数}}{\text{待测液中制品的微克数}} \times 100$$

2. 如果待测的核酸样品中含有酸溶性核苷酸或可透析的低聚多核苷酸,则在测定时需加钼酸铵-过氯酸沉淀剂,沉淀除去大分子核酸,测定上清液 260nm 处吸收值作为对照。具体操作如下。

(1)取两支小离心管,甲管加入 0.5 ml 样品和 0.5 ml 蒸馏水;乙管加入 0.5 ml 样品和 0.5 ml 钼酸铵-过氯酸沉淀剂,摇匀。

(2)在冰浴中放置 30 分钟,以 3000 r/min 离心 10 分钟,从甲、乙两管分别吸取 0.4 ml 上清液到两个 50 ml 容量瓶内,定容到刻度。于紫外分光光度计上测定 260nm 处吸收值。

(3)按照如下公式计算样品中核酸浓度和含量。

$$\text{RNA(或 DNA)浓度}(\mu g/ml) = \frac{\Delta OD_{260}}{0.024(\text{或} 0.020) \times L} \times \text{稀释倍数}$$

式中:

ΔOD_{260}——甲管稀释液在 260nm 波长处的吸收值减去乙管稀释液在 260nm 波长处的吸收值。

$$核酸\% = \frac{待测液中测得的核酸微克数}{待测液中制品的微克数} \times 100$$

【注意事项】

1. 待测样品为固体时,需用 5% ~6% 氨水调至 pH7.0 助溶,氨水助溶时要随加随混匀,避免局部过碱引起核酸降解。

2. 如果待测的核酸样品中含有酸溶性的核苷酸或可透析低聚多核苷酸,需加沉淀剂,若样品为纯品则可将样品配成一定浓度在紫外光及可见光分光光度计上直接测量。

3. DNA 稀释或溶解最好用无菌双蒸水。如果 DNA 中含有酸溶性的核苷酸类,也需要加入沉淀剂进行对比测定。RNA 的稀释或溶解最好用无菌双蒸水或用 DEPC(焦碳酸二乙酯)处理的水,以防止 RNA 降解。

【思考题】

1. 用该法测定样品的核酸含量,有何优点及缺点?

2. 若样品中含有蛋白质,如何排除干扰? 你认为最简便的方法是什么?

实验八　定磷法测定核酸的含量

【实验目的】

1. 了解定磷法测定核酸含量的原理。

2. 掌握定磷法测定核酸含量的方法。

【实验原理】

在酸性环境中,定磷试剂中的钼酸铵以钼酸形式与样品中的磷酸反应生成磷钼酸,当有还原剂存在时磷钼酸立即转变蓝色的还原产物——钼蓝。

$$H_3PO_4 + 12H_2MoO_4 \rightarrow H_3P(Mo_3O_{10})_4 + 12H_2O$$

$$\downarrow 还原剂$$

钼蓝

钼蓝最大的光吸收在 650 ~ 660nm 波长处。当使用抗坏血酸为还原剂时,测定的最适范围为 1 ~ 10 μg 无机磷。

测定样品核酸总磷量,需先将它用硫酸或过氯酸消化成无机磷再行测定。总磷量减去未消化样品中测得的无机磷量,即得核酸含磷量,由此可以计算出核酸含量。

【实验器材】

分析天平、50 ml 和 100 ml 容量瓶、台式离心机、离心管、25 ml 凯氏烧瓶、恒温水浴锅、200℃烘箱、硬质玻璃试管、吸量管、分光光度计。

【药品试剂】

1. 标准磷溶液:将分析纯磷酸二氢钾(KH_2PO_4)预先置于 105℃烘箱烘至恒重。然后放在干燥器内使温度降到室温,精确称取 0.2195 g(含磷 50 mg),用水溶解,定容至 50 ml(含磷量为 1 mg/mL),作为储存液置冰箱中待用。测定时,取此溶液稀释 100 倍,使含磷量为 10 μg/ml。

2. 定磷试剂:按照 3mol/L 硫酸:水:2.5% 钼酸铵:10% 抗坏血酸 = 1:2:1:1(体积比)比例和顺序配制。溶液配制后当天使用。正常颜色呈浅黄绿色,如呈棕黄色或深绿色不能使用,抗坏血酸溶液在冰箱放置可用 1 个月。

3. 沉淀剂:称取 1 g 钼酸铵溶于 14 ml 70% 过氯酸中,加 386 ml 水。

4. 5 mol/L 硫酸。

5. 30% 过氧化氢。

【实验方法】

1. 标准曲线的绘制:

(1)取 12 支洗净烘干的硬质玻璃试管,按表 6-2 加入标准磷溶液、水及定磷试剂,平行做 2 份。

表 6-2　　　　　　　　　　标准曲线的制备

编　号	标准磷溶液 /(mL)	水 /(mL)	无机磷量 /(μg)	定磷试剂 /(mL)
1	0	3.0	0	3
2	0.2	2.8	2	3
3	0.4	2.6	4	3
4	0.6	2.4	6	3
5	0.8	2.2	8	3
6	1.0	2.0	10	3

(2)将试管内溶液立即摇匀,于 45℃ 恒温水浴内保温 25 分钟。取出冷却至室温,于 660nm 处测定光密度。

(3)取两管平均值,以标准磷含量(μg)为横坐标,光密度为纵坐标,绘出标准曲线。

2. 测总磷量:

(1)取 4 个微量凯氏烧瓶,1、2 号瓶内各加 0.5 ml 蒸馏水作为空白对照,3、4 号各加 0.5 ml 制备的 RNA 溶液(约 3 mg RNA),然后各加 1~1.5 ml 的 5 mol/L 硫酸。

(2)将凯氏烧瓶置烘箱内,于 140~160℃ 消化 2~4 小时。待溶液呈黄褐色后,取出稍冷,加入 1~2 滴 30% 过氧化氢(勿滴于瓶壁),继续消化,直至溶液透明为止。

(3)取出,冷却后加 0.5 ml 蒸馏水,于沸水浴中加热 10 分钟,以分解消化过程中形成的焦磷酸。

(4)将凯氏烧瓶中的内容物用蒸馏水定量地转移到 50 ml 容量瓶内,定容至刻度。

(5)取4支硬质玻璃试管,分成两组,分别加入1 ml上述消化后定容的样品和空白溶液,如前法进行定磷比色测定。测得的样品光密度减去空白光密度,并从标准曲线中查出磷的 μg 数,再乘以稀释倍数即得每毫升样品中的总磷量。

3. 测无机磷量:

(1)取4支离心管,于2支中各加水0.5 ml,另2支中各加0.5 ml制备的 RNA 溶液。

(2)然后于4支离心管中各加 0.5 ml 沉淀剂,摇匀,以3500 r/min离心15分钟。

(3)取0.1 ml上清液,加2.9 ml水和3 ml定磷试剂,同上法比色测定。

(4)由标准曲线查出无机磷的 μg 数,再乘以稀释倍数即得每毫升样品中的无机磷量。

4. 计算 DNA 核酸含量:

(1)DNA 的含磷量为9.9%,因此可以根据磷含量计算出核酸量,即1 μg DNA 磷相当于10.1 μg DNA。

(2)将测得的总磷量减去无机磷量即 DNA 磷量。如样品中含有 RNA 时,DNA 磷量需减去 RNA 磷量,才得到 DNA 磷量。RNA 的含磷量平均为9.5%。

(3)按如下公式计算样品中 RNA 量和含量。

DNA 量 =(总磷量 - 无机磷量 - RNA 量×9.5%)×10.1

$$DNA\% = \frac{待测液中测得的 DNA 微克数}{待测液中制品的微克数} \times 100$$

5. 计算 RNA 核酸含量:

(1)RNA 的含磷量为9.5%,因此可以根据磷含量计算出核酸量,即1 μg RNA 磷相当于10.5 μg RNA。

(2)将测得的总磷量减去无机磷量即 RNA 磷量。如样品中含有 DNA 时,RNA 磷量需减去 DNA 磷量,才得到 RNA 磷量。DNA 的含磷量平均为 9.9%。

(3)按如下公式计算样品中 RNA 量和含量。

RNA 量 =（总磷量 － 无机磷量 － DNA 量 ×9.9%）×10.5

$$RNA\% = \frac{待测液中测得的 RNA 微克数}{待测液中制品的微克数} \times 100$$

【思考题】

1.定磷法的操作中有哪些关键环节？

2.为什么所用水的质量、消化时间、钼酸铵的质量和显色时酸的浓度对测定结果影响很大？

实验九 二苯胺法测定 DNA 的含量

【实验目的】

1.学习和掌握二苯胺法定量测定 DNA 含量的原理。

2.熟练掌握二苯胺法定量测定 DNA 含量的方法。

【实验原理】

脱氧核糖核酸（DNA）中的 2-脱氧核糖在酸性环境中与二苯胺试剂一起加热产生蓝色反应，在 595nm 处有最大吸收。DNA 浓度在 40～400 μg/mL 范围内，光密度与 DNA 的浓度成正比。在反应液中加入少量乙醛，可以提高反应灵敏度。除 DNA 外，脱氧木糖，阿拉伯糖也有同样反应。其他多数糖类，包括核糖在内，一般无此反应。

DNA 分子中的脱氧核糖基，在酸性溶液中变成 ω-羟基-γ-酮基戊醛，与二苯胺试剂作用生成蓝色化合物（$\lambda max = 595nm$）。可用比色法测定。其反应原理如下。

DNA（脱氧戊糖基）$\xrightarrow{[H^+]}$ ω-羟基-γ-酮基戊醛 $\xrightarrow{\text{二苯胺}}$ 蓝色化合物

【实验器材】

分析天平、恒温水浴锅、试管、吸管、比色杯、分光光度计。

【药品试剂】

1. DNA 标准溶液(须经定磷确定其纯度):取小牛胸腺 DNA 钠盐以 5 mmol/L 氢氧化钠溶液配成 200 μg/ml 的溶液。

2. 样品待测液:准确称取 DNA 干燥制品以 5 mmol/L 氢氧化钠溶液配成 50～200 μg/ml 的溶液。在测定 RNA 制品中的 DNA 含量时,要求 RNA 制品的每毫升待测液中至少含有 20 μg DNA,才能进行测定。

3. 二苯胺试剂:临用时将 A 液 20 ml 与 B 液 0.1 ml 混合即得二苯胺试剂。

A 液:称取 1 g 重结晶二苯胺,溶于 100 ml 分析纯的冰乙酸中,再加入 10 ml 过氯酸(60% 以上),混匀储于棕色瓶中待用。

B 液:配制 1.6% 的乙醛液,临用前配制。

【实验方法】

1. 标准曲线测定:取干燥试管 7 支,按表 6-3 操作。

2. 样品溶液测定:取 2 支试管按表 6-3 的 7、8 两管操作。

表 6-3　　　　　　　　　标准曲线的准备以及样品的测定

管号 试剂(ml)	0	1	2	3	4	5	6	7	8
DNA 标准液 (200 μg/ml)	0	0.4	0.8	1	1.2	1.6	2	0	0
蒸馏水	2	1.6	1.2	1	0.8	0.4	0		0
二苯胺试剂	4	4	4	4	4	4	4		4
DNA 待测液	0	0	0	0	0	0	0	2	2
摇匀,70℃水浴保温 1 小时,在 595nm 处测吸光度(OD 值或 A 值)									
OD_{595} DNA 含量(μg)	0	80	160	200	240	320	400		

3. DNA 标准曲线绘制:根据测定数据,以 DNA 含量(μg)为横坐标,OD_{595}值为纵坐标,绘制出标准曲线。

4. DNA 含量的计算:根据样品液测定的吸光度(OD 值或 A 值),在绘制 DNA 标准曲线上获得对应的 DNA 含量,然后按下式计算样品中 DNA 的百分含量。

$$DNA\% = \frac{\text{样液中测得的 DNA 量}(\mu g)}{\text{样液中所含样品量}(\mu g)} \times 100$$

【思考题】

1. 利用二苯胺法测定 DNA 含量时,若 DNA 样品中混有 RNA 或蛋白质、糖类时,是否会有干扰?

2. 简述二苯胺法测定 DNA 含量的原理。

3. 二苯胺法测定 DNA 含量实验中有哪些注意事项?

实验十　地衣酚(苔黑酚)法测定 RNA 的含量

【实验目的】

1. 了解和掌握地衣酚法测定 RNA 含量的基本原理。

2. 熟练掌握地衣酚法测定 RNA 含量的方法。

【实验原理】

RNA 含量测定,除可用紫外吸收法及定磷法外,常用地衣酚法测定。其反应原理是:当 RNA 与浓盐酸共热时,即发生降解,形成的核糖继而转变成糠醛,后者与 3,5-二羟基甲苯(地衣酚)反应,在 Fe^{3+} 或 Cu^{2+} 催化下,生成鲜绿色复合物。反应产物在 670nm 处有最大吸收。RNA 浓度在 20 ~ 250 $\mu g/ml$ 范围内,光吸收与 RNA 浓度成正比。地衣酚法特异性差,凡戊糖均有此反应,DNA 和其他杂质也能与地衣酚反应产生类似颜色。因此,测定 RNA 时可先测得 DNA 含量再计算 RNA 含量。

【实验器材】

分析天平、沸水浴锅、试管、吸管、比色杯、分光光度计。

【实验试剂】

1. RNA 标准溶液(须经定磷确定其纯度):取酵母 RNA 配成 100 μg/ml 的溶液。

2. 样品待测液:配成每毫升溶液含 RNA 干燥制品 50~100 μg。

3. 地衣酚试剂:先配 0.1% 三氯化铁的浓盐酸(分析纯)溶液,实验前用此溶液作为溶剂配成 0.1% 地衣酚溶液。

【实验步骤】

1. 标准曲线的制作:

(1)取 12 支干净烘干的试管,按表6-4编号及加入试剂。平行作两份。

(2)将试管置沸水浴加热 25 分钟,取出冷却,以零号管作对照,于 670nm 波长处测定光吸收值。

(3)分别取两平行管的平均值,以 RNA 浓度为横坐标,光吸收值为纵坐标作图,绘制标准曲线。

表6-4　　　　　　　　　标准曲线的制备

试剂/(ml)	0	1	2	3	4	5
标准 RNA 溶液	0	0.4	0.8	1.2	1.6	2
蒸馏水	2	1.6	1.2	0.8	0.4	0
地衣酚-Cu^{2+}	2	2	2	2	2	2

2. 样品的测定:

取两支试管,各加入 2 ml 样品液,再加 2 ml 地衣酚-Cu^{2+} 试剂。如前述进行测定。

3. RNA 含量的计算:

根据测得的样品光吸收值,从标准曲线上查出相当该光吸收的 RNA 含量,按下式计算出制品中 RNA 的百分含量:

$$\text{RNA}\% = \frac{\text{待测液中测得的 RNA 含量}(\mu g/ml)}{\text{待测液中制品的含量}(\mu g/ml)} \times 100$$

【注意事项】

1. 样品中蛋白质含量较高时,应先用 5% 三氯乙酸溶液沉淀蛋白质后再测定。

2. 本法特异性较差,凡属戊糖均有反应。微量 DNA 无影响,较多 DNA 存在时,亦有干扰作用。如在试剂中加入适量 $CuCl_2 \cdot 2H_2O$ 可减少 DNA 的干扰,甚至某些己糖在持续加热后生成的羟甲基糖醛也能与地衣酚反应,产生显色复合物。此外,利用 RNA 和 DNA 显色复合物的最大光吸收不同,且在不同时间显示最大色度加以区分。反应 2 分钟后,DNA 在 600nm 呈现最大光吸收,而 RNA 则在反应 15 分钟后,在 670nm 下呈现最大光吸收。

【思考题】

利用本法测定 RNA 的含量,灵敏度较高,但特异性较差,有哪些干扰因素?如何排除干扰?

附　录

一　生物化学实验室规则

1. 学生进入实验室必须服从指导教师和实验室工作人员安排，应遵守实验室一切规章制度，自觉遵守课堂纪律。

2. 实验前必须认真预习实验内容，熟悉本次实验的目的、原理、操作步骤，了解所用仪器的正确使用方法。

3. 实验过程中要严格按操作规程操作，并简要、准确地将实验结果和数据记录在实验记录本上，经任课教师签字后，再详细写出实验报告。

4. 实验台面应随时保持整洁，仪器、药品摆放整齐。公用试剂用毕，应立即盖严放回原处，勿使试剂药品洒在实验台面和地上。实验完毕，玻璃仪器需洗净放好，将实验台面抹拭干净，经指导教师验收后才能离开实验室。

5. 药品、试剂和各种物品必须注意节约使用。要注意保持药品和试剂的纯净，严防混杂污染。使用和洗涤仪器时，要小心仔细，防止损坏仪器。使用贵重精密仪器时，应严格遵守操作规程，每次使用后应登记姓名并记录仪器使用情况，如发现故障要立即报告指导教师，不得擅自动手检修。

6. 注意安全。实验室内严禁吸烟！不得将含有易燃溶剂的实验容器接近火焰。漏电设备不得使用。离开实验室前应检查水、电、门、窗。严禁用口吸取(或用皮肤接触)有毒药品和试剂。凡产生烟雾、有毒气体和不良气味的操作步骤均应在通风橱内进行。

7. 废弃液体(强酸、强碱溶液必须先用水稀释)可倒入水槽内，同时放水冲走。废纸、火柴及其他固体废物和带渣滓沉淀的废物都应倒入废品缸内，不能倒入水槽或到处乱扔。

8. 仪器损坏时，应如实向指导教师报告，并填写损坏仪器登记表，然后补领。

9. 实验室内一切物品，未经本室负责教师批准，严禁携出室外，借物必须办理登记手续。

10. 每次实验课由班长安排轮流值日生，值日生要负责当天实验室的卫生、安全和一些服务性的工作。

二 实验误差

1. 误差、准确度和精确度的概念以及计算方法

在进行定量实验的过程中，很难使测定所得的数值与客观存在的真值完全相同，真值与测定值之间的差值称为误差。测定误差的大小通常用准确度和精密度来评价。

准确度是指测定值与真值相接近的程度，通常用误差的大小来表示，误差愈小，准确度愈高。误差又分为绝对误差和相对误差。

$$绝对误差 = 测定值 - 真值$$

$$相对误差/\% = \frac{测定值 - 真值}{真值} \times 100\%$$

一般应该用相对误差来表示实验的准确性。但是由于真值是不知道的，因此在实际工作中无法求出分析的准确度，而只能用精密度来评价分析的结果。精密度是指在相同条件下，进行多次测定后所得数据相近的程度。精密度一般用偏差来表示。偏差也分绝对偏差和相对偏差：

绝对偏差＝个别测定值－算术平均值(不计正负号)

$$相对偏差/\% = \frac{个别测定值 - 算术平均值}{算术平均值} \times 100\%$$

当然和准确度的表示方法一样,用相对偏差来表示实验的精密度,比用绝对偏差更有意义。在实验中,对某一样品通常进行多次平行测定求得算术平均值,作为该样品的分析结果。对于该结果的精密度,常用平均绝对偏差和平均相对偏差来表示。

平均绝对偏差是个别测定值的绝对偏差的算术平均值。

$$平均相对误差 = \frac{平均绝对误差}{算术平均值} \times 100\%$$

应该指出误差和偏差具有不同的含义,误差以真值为标准,偏差以平均值为标准。我们平时所说的真值其实只是采用各种方法进行多次平行分析所得到的相对正确的平均值,用这一平均值代替真值计算误差,得到的结果仍然只是偏差。

还应指出,用精密度来评价分析的结果是有一定的局限性的。平均相对偏差很小,精密度很高,并不一定说明实验准确度也很高。因为如果分析过程中存在系统误差,可能并不影响每次测定数值之间的重合程度,即不影响精密度,但此分析结果却必然偏离真值,也即分析的准确度并不一定很高。当然,如果精密度也不高,则无准确度可言。

2.产生误差的原因和减小误差的方法

一般根据误差的性质和来源,可将误差分为系统误差和偶然误差两类。

系统误差与分析结果的准确度有关。它是由分析过程中某些经常发生的原因造成的,对分析结果的影响比较恒定,在重复测定时常重复出现,其大小与正负在同一实验中完全相同,因而可以设法减少纠正之。其来源主要有:①方法误差,由方法本身不够完善造成,如化学反应的特异性不高;②仪器误差,由仪器本身不够精密所致,如量器、比色杯不符合要求;③试剂误差,来源于试剂的不纯或变质;

④操作误差,如个人对条件的控制、终点颜色的判断常有差异。为了纠正系统误差常采取下列措施:

(1)空白试验:为了消除试剂等因素引起的误差,可在测定时不加样品,按样品测定完全相同的操作手续,在完全相同的条件下进行分析所得的结果为空白值。将样品分析的结果扣除空白值,可得到比较准确的结果。

(2)回收率测定:取一已知精确含量的标准物质与待测未知样品同时做平行测定,测得的量与所取的量之比的百分率就称为回收率,可以检验表达分析过程的系统误差,也可通过下式对样品测量值进行校正:

$$被测样品的实际含量 = \frac{样品的分析结果(含量)}{回收率}$$

(3)量具校正:偶然误差与分析结果的精密度有关。它来源于难以预料的因素,例如取样不均匀或由于某些外界因素的影响。其出现似乎没有一定的规律性,但如进行多次测定便可发现测定次数增加时,由于正误差和负误差出现的概率相等,此种误差可相互抵消。为了减少偶然误差,一般采取的措施是:

①平均取样,如动物组织制成匀浆后取样;全血标本取样时要摇匀等。

②多次取样,平行测定的次数愈多,其平均偶然误差就愈小。

除了以上两类误差以外,还有因操作事故引起的"过失误差",如溶液溅出、标本搞错等,在计算算术平均数时此种数值应弃去不用。

三 实验室安全知识

在生物化学实验室工作,经常与易燃烧、具有爆炸危险和有腐蚀性甚至毒性较强的化学药品接触,使用的器皿大多是易碎的玻璃和陶瓷制品,实验中也常用煤气(天然气)、水、高温电热设备和各种高、低压仪器,因而在实验中难免有许多危险存在,每一位在生物化学实验室学习和工作的人员都必须有充分的安全意识、严格的防范措施和丰富实用的防护救治知识,教员应当经常对学生进行实验室安全观念的教育,以确保发生意外时能正确地进行处置,防止事故进一步扩大。

1. 防火

实验室起火的原因有电流短路、不安全地使用电炉、煤气灯和易燃易爆药物的着火。为防患于未然,实验室必须配备一定数量的消防器材,并按消防规定保管使用。预防火灾必须严格遵守以下操作规程。

(1)严禁在开口容器和密闭体系中用明火加热有机溶剂,只能使用加热套或水浴加热。

(2)废弃有机溶剂不得倒入废物桶,只能倒入回收瓶内,再集中处理;量少时,用水稀释后排入下水道。

(3)不得在烘箱内存放、干燥、烘焙有机物。

(4)在有明火的实验台面上不允许放置盛有有机溶剂的开口容器或倾倒有机溶剂。

(5)使用可燃物,特别是易燃物(如乙醚、丙酮、乙醇、苯、金属钠等)时,应特别小心,不要大量放在实验台上,更不应放在靠近火焰处,只有在远离火源或将火焰熄灭后,才可大量倾倒这类液体。

(6)易燃、易爆物质的残渣(如金属钠、白磷、火柴头)不得倒入污物桶或槽中,应收集在指定的容器中。

(7)严禁在实验室吸烟。

(8)如果不慎洒出了相当量的易燃液体,应按以下方法处理:立即切断室内所有的火源和电加热器的电源;关门,开启窗户;用毛巾或抹布擦拭洒出液体,并将液体回收到大的带塞的瓶内。

实验室中一旦发生了火灾,切不可惊慌失措,应保持镇静。首先立即切断室内一切火源和电源。然后根据具体情况积极正确地进行抢救和灭火。可燃液体燃着时,应立刻转移着火区域的一切可燃物质。关闭通风器,防止扩大燃烧。若着火面积较小,可用石棉布、湿布、铁片或沙土覆盖,隔绝空气使之熄灭。但覆盖时要轻,避免碰坏或打翻盛有易燃溶剂的玻璃器皿,导致更多的溶剂流出而再着火;酒精及其他可溶于水的液体着火时,可用水灭火;汽油、乙醚、甲苯等有机溶剂着火时,应用石棉布或沙土扑灭,绝对不能用水,否则反而会扩大燃烧面积;金属钠着火时,可用砂子倒在它的上面;衣服被烧着时切忌奔走,可用衣服、大衣等包裹身体或躺在地上滚动,以灭火;发生火灾时应注意保护现场。较大的着火事故应立即报警。

2. 防爆

在生物化学实验室内防止爆炸事故的发生是极为重要的,因为一旦发生爆炸其毁坏力极大,后果将十分严重。在实验室中一定要坚决避免下述事件的发生。

(1)随意混合化学药品,并使其受热、受摩擦或撞击。加热时会发生爆炸的混合物包括有机化合物 + 氧化铜、浓硫酸 + 高锰酸钾,三氯甲烷 + 丙酮等。

(2)在密闭的体系中进行蒸馏、回流等加热操作。

(3)在加压或减压实验中使用了不耐压的玻璃仪器,或因反应过于激烈而失去控制。

(4)易燃易爆气体大量逸入室内。生物化学实验室内常用的易燃物蒸气在空气中的爆炸极限(体积百分数)见附表1。

附表1　　　易燃物蒸气在空气中的爆炸极限

名称	爆炸极限(体积百分数)	名称	爆炸极限(体积百分数)
乙醚	1.9～36.5	丙酮	2.6～13
氢气	4.1～74.2	乙炔	3～82
甲醇	6.7～36.5	乙醇	3.3～19

（5）高压气瓶减压阀摔坏或失灵。

3. 防中毒

生物化学实验室中常见的化学致癌物有石棉、砷化物、铬酸盐、溴化乙锭等，剧毒物有氰化物、砷化物、乙脂、甲醇、氯化氢、汞及其化合物等。中毒的原因主要是由于不慎吸入、误食或出皮肤渗入。为避免中毒情况的发生，在实验室中要注意以下几点：

（1）保护好眼睛最重要，使用有毒或有刺激性气味的气体时，必须戴防护眼镜，并应在通风橱内进行。

（2）取用有毒物品时必须戴橡皮手套。

（3）严禁用嘴吸吸量管，严禁在实验室内饮水、进食、吸烟，禁止赤膊和穿拖鞋。

（4）不要用乙醇等有机溶剂擦洗溅洒在皮肤上的药品。

一旦发生中毒事件，要根据具体情况进行紧急处理。下面简单列出了部分意外事件发生时的处理方法，但是切记对于严重的患者一定要立即送往医院治疗，不可以自行处理。

（1）试剂吸入口中应立即吐出，切勿咽下，并用水漱口数次。

（2）食入酸类应立即服 $Mg(OH)_2$ 乳液，勿服催吐剂；食入碱类应立即服乙酸溶液，亦勿服催吐剂；误食氧化物应立即给 H_2O_2 溶液，再将胃抽空，并立即送医院；误食汞化合物应先给蛋白溶液，再将胃抽空，并立即送医院；误食银化合物应先给25％盐水溶液，然后服催吐剂，再给蛋白溶液，并立即送医院。

（3）如果吸入 CO 及煤气，应及时将患者移至空气流通处，施以人工呼吸，并立即送医院；如果吸入 Cl_2 或 Br_2 等，应及时将患者移至空气流通处，施以人工呼吸，并立即送医院；如果吸入氨气，可立即吸入乙酸蒸气，必要时送医院。

（4）如果眼内着酸时，应立即用水洗净，再用1％硼砂溶液洗；眼内着碱时，亦应立即用水洗净，再用饱和 H_3BO_3 溶液洗涤；皮肤着酸碱时，亦处理如上。

4.外伤

在生物化学实验过程中,由于大量使用强酸、强碱以及煮沸等实验方法,要求学生一定要严格按照操作步骤进行实验。下面简单列举几种实验室常见外伤的紧急处理方法。

(1)化学灼伤:眼内若溅入化学药品,应立即用大量水冲洗15分钟,切记不可用稀酸或稀碱冲洗;皮肤酸灼伤时,先用吸水纸吸收酸液,注意不要扩散灼伤的面积,然后用大量水冲洗,再用稀$NaHCO_3$溶液或稀氨水浸洗,最后再用水冲洗;皮肤碱灼伤,先用大量水冲洗,再用1%硼酸或2%乙酸溶液浸洗,最后再用水冲洗;溴灼伤比较危险,伤口不易愈合,一旦被溴水灼伤,应立即用20%的硫代硫酸钠溶液外洗,再用大量水冲洗,然后包上消毒纱布后就医。

(2)烫伤:发生烫伤后应立即用大量水冲洗和浸泡,若皮肤上起了水泡,不可挑破,包上纱布后立即就医。轻度烫伤可涂抹鱼肝油和烫伤膏等进行处理。

(3)割伤:发生严重割伤时应立即包扎止血,就医时务必检查受伤部位神经是否被切断。若有玻璃碎片进入眼内,必须十分小心谨慎,不可自取,不可转动眼球,可任其流泪,若碎片不出,则用纱布轻轻包住眼睛急送医院处置。若有木屑、尘粒等异物进入眼内,可由他人翻开眼睑,用消毒棉签轻轻取出或任其流泪,待异物排出后再滴几滴鱼肝油。

在实验室里应准备一个完备的小药箱,专供急救时使用。药箱内应备有医用酒精、红药水、紫药水、止血粉、创可贴、烫伤油膏(或万花油)、鱼肝油、1%硼酸溶液或2%乙酸溶液、1%碳酸氢钠溶液、20%硫代硫酸钠溶液、医用镊子和剪刀、纱布、药棉、棉签、绷带等。

5.预防生物危害

生物材料如微生物或动物的组织、细胞培养液、血液、分泌物都可能存在细菌和病毒感染的潜在性危险。如通过血液感染的血清性肝炎(澳大利亚抗原)就是最大的生物危害之一,感染途径除通过血液外,也能通过其他体液传播病毒,因此在处理各种生物材料时必须谨慎、小心,做完实验后必须用肥皂、洗涤剂或消毒液充分洗净双手。使用微生物作为实验材料,特别是使用和接触含病原的生物材料时,尤其要注意安全和清洁卫生。被污染的物品必须进行高压消毒或烧成灰烬,被污染的玻璃用具应在清洗和高压灭菌之前立即浸泡在适当的消毒液中。

6.警惕放射性伤害

放射性同位素在生物化学实验中应用得愈来愈普遍,放射性伤害也应引起实验者的高度警惕。放射性同位素的使用必须在指定的具有放射性标志的专用实验室中进行,切忌在普通实验室中操作和存放带有放射性同位素的材料。

四　关于有毒化学药品的知识

(一)高毒性固体

高毒性固体很少量就能使人迅速中毒甚至致死,常见高毒性固体见附表2。

附表2　　　　　　　　　　高毒性固体

高毒性固体	TLV[①](mg/m³)	高毒性固体	TLV[①](mg/m³)
三氧化铱	0.002	砷化合物	0.5(按 As 计)
汞化合物,特别是烷基汞	0.01	五氧化二钒	0.5
铊盐	0.1(按 Tl 计)	草酸和草酸盐	1
硒和硒化合物	0.2(按 Se 计)	无机氰化物	5(按 CN 计)

①TLV(Threshold Limid Value)极限安全值。即空气中含该有毒物质蒸气或粉尘的浓度,在此限度以内,一般人重复接触不致受害。

(二)毒性危险气体(附表3)

附表3　　　　　　　毒性危险气体

毒性危险气体	TLV(mg/m^3)	毒性危险气体	TLV(mg/m^3)
氟	0.1	氟化氢	3
光气	0.1	二氧化氮	5
臭氧	0.1	亚硝酸酰	5
重氮甲烷	0.2	氰	10
磷化氢	0.3	氰化氢	10
三氟化硼	1	硫化氢	10
氯	1	一氧化碳	50

(三)毒性危险液体和刺激性物质

长期少量接触这些物质可能引起慢性中毒,其中许多物质的蒸气对眼睛和呼吸道有强刺激性(附表4)。

附表4　　　　　　毒性危险液体和刺激性物质

毒性危险液体或刺激性物质	TLV(mg/m^3)	毒性危险液体或刺激性物质	TLV(mg/m^3)
羧基镍	0.001	烯丙醇	2
异氰酸甲酯	0.02	2-丁烯醛	2
丙烯醛	0.1	氢氟酸	3
溴	0.1	四氯乙烷	5
3-氯-1-丙烯	1	苯	10
苯氯甲烷	1	溴甲烷	15
苯溴甲烷	1	二硫化碳	20
三氯化硼	1	乙酰氯	
三溴化硼	1	腈类	
2-氯乙醇	1	硼氟酸	

续表

毒性危险液体或刺激性物质	TLV(mg/m³)	毒性危险液体或刺激性物质	TLV(mg/m³)
硫酸二甲酯	1	五氯乙烷	
硫酸二乙酯	1	三甲基氯硅烷	
四溴乙烷	1	3-氯丙酰氯	

(四)其他有毒物质

(1)许多溴代烷和氯代烷,以及甲烷和乙烷的多卤衍生物(附表5)。

附表5　　　　　**有毒的溴代烷和氯代烷等**

烷烃卤衍生物	TLV(mg/m³)	烷烃卤衍生物	TLV(mg/m³)
溴仿	0.5	1,2-二溴乙烷	20
碘甲烷	5	1,2-二氯乙烷	50
四氯化碳	10	溴乙烷	200
氯仿	10	二氯甲烷	200

(2)芳胺和脂肪族胺类:低级脂肪族胺的蒸气有毒。全部芳胺,包括它们的烷氧基、卤素、硝基取代物都有毒性(附表6)。

附表6　　　　　**有毒的芳胺和脂肪族胺类**

芳胺或脂肪族胺类	TLV	芳胺或脂肪族胺类	TLV
对苯二胺(及其异构体)	0.1mg/m³	苯胺	5g/m³
甲氧基苯胺	0.5mg/m³	邻甲苯胺(及其异构体)	5g/m³
对硝基苯胺(及其异构体)	1g/m³	二甲胺	10g/m³
N-甲基苯胺	2g/m³	乙胺	10g/m³
N,N-二甲基苯胺	5g/m³	三乙胺	25g/m³

(3)酚和芳香族硝基化合物

酚或芳香族硝基化合物	TLV	酚或芳香族硝基化合物	TLV
苦味酸	$0.1mg/m^3$	硝基苯	$1mg/m^3$
二硝基苯酚,二硝基甲苯酚	$0.2mg/m^3$	苯酚	$5mg/m^3$
对硝基氯苯(及其异构体)	$1mg/m^3$	甲苯酚	$5mg/m^3$
间二硝基苯	$1mg/m^3$		

(五)致癌物质

下面列举一些已知的危险致癌物质。

1. 芳胺及其衍生物:联苯胺(及某些衍生物)、二甲氨基偶氮苯、β-萘胺、α-萘胺;

2. N-亚硝基化合物:N-甲基-N-亚硝基苯胺、N-甲基-N-亚硝基脲、N-亚硝基二甲胺、N-亚硝基氢化吡啶;

3. 烷基化剂:双(氯甲基)醚、氯甲基甲醚、重氮甲烷、硫酸二甲酯、碘甲烷、β-羟基丙酸内酯;

4. 稠环芳烃:苯并[α]芘、二苯并[α,h]蒽、二苯并[c,g]咔唑、7,12-二甲基苯并[α]蒽;

5. 含硫化合物:硫代乙酰胺(thioacetamide)、硫脲;

6. 石棉粉尘。

(六)具有长期积累效应的毒物

这些物质进入人体不易排出,在人体内累积,可引起慢性中毒。这类物质主要有:苯、铅化合物,特别是有机铅化合物;汞和汞化合物,特别是二价汞盐和液态的有机汞化合物。在使用以上各类有毒化学药品时,都应采取妥善的防护措施,避免吸入其蒸气和粉尘,不要使它们接触皮肤。有毒气体和挥发性的有毒液体必须在效率良好的通风橱中操作。汞的表面应该用水掩盖,不可直接暴露在空气中。装盛汞的仪器应放在一个搪瓷盘上以防溅出的汞流失。溅洒汞的地方应迅速撒上硫磺石灰糊。

(七)溴化乙锭溶液的净化处理

溴化乙锭是强诱变剂,具有中度毒性,取用含有这一染料的溶液时务必戴手套。该溶液经使用后应按下面介绍的方法进行净化处理。

1. 溴化乙锭浓溶液(即浓度大于 0.5 mg/ ml 的溴化乙锭溶液)的净化处理:加入足量的水使溴化乙锭的浓度降低至 0.5 mg/ ml 以下。然后加入 1 倍体积的 0.1 mol/L 高锰酸钾溶液,小心混匀后再加 1 倍体积的 2.5 mol/L 盐酸。小心混匀后,于室温放置数小时。再加入 1 倍体积的 2.5mol/L 氢氧化钠溶液,小心混匀后可丢弃该溶液。

2. 溴化乙锭稀溶液(如含有 0.5 μg/ ml 溴化乙锭的电泳缓冲液)的净化处理:每 100 ml 溴化乙锭溶液中加入 100 mg 粉状活性炭。然后于室温放置 1 小时,不时摇动,或加入 2.9 g Amberlit XAD-166 吸附剂,于室温放置 12 小时,不时摇动。用 Whatman 1 号滤纸过滤溶液,丢弃滤液。用塑料袋封装滤纸和活性炭,作为有害废物予以丢弃。

(八)实验操作中对所用的特殊化学试剂应注意的安全事项

1. 对浓酸和浓碱的操作应十分小心,要戴上手套和面罩。取用易挥发的浓酸应在通风橱中操作。

2. 氰化甲烷极易挥发和易燃,也是一个有刺激性的化学窒息剂。皮肤的吸收会对人体产生有害作用。操作中应在通风橱中进行,并戴上手套和安全镜。

3. 未聚合的丙烯酰胺和甲叉双丙烯酰胺是强的神经毒素,可通过皮肤吸收(效应具有积累作用)。在操作粉状或溶液状态的丙烯酰胺和甲叉双丙烯酰胺时,应戴上手套和面罩,尽可能在通风橱内称量。多聚合丙烯酰胺被认为是没有毒性的,但是在操作时也应引起注意,因为它可能含有没有完全聚合的丙烯酰胺。

4.放线菌素 D 是胎儿畸形诱发源和致癌剂,具有极强的毒性。人体吸入、吞咽或通过皮肤吸收都可能是致命的。操作中应戴上手套和安全镜,并在通风橱中进行。

5.木瓜蛋白酶抑制剂、胃蛋白酶抑制剂和抑蛋白酶肽对人体可能是有害的,不要吸入、吞咽或通过皮肤吸收。操作中戴上手套和安全镜。抑蛋白酶肽也可能会引起过敏反应。直接接触会引起胃肠不良反应,如肌肉疼痛、血压变化和支气管痉挛;

6.人的血液、血产品和组织可能含有隐藏的传染性物质,会引起实验室获得性传染。任何人的血液、血样品和组织都被认为具有生物学危险,注意安全操作。要戴上一次性的手套和护目镜、穿上工作服,使用机械移液设备,在通风橱内或者生物学安全柜内操作,预防发生烟雾(例如离心或涡旋的实验操作)并在处理废品前进行消毒。对污染的塑料制品高压消毒后再处置,对污染的液体高压消毒或用体积分数为 10% 的漂白剂至少处理 30 分钟后再扔掉。

7.n-丁醇、2-丁酸和 sec-丁醇对黏膜、上呼吸道、皮肤,特别是眼睛有刺激效应。操作时应戴上手套、安全镜和面罩。n-丁醇、2-丁醇和 sec-丁醇还是极易燃产品。

8.氯仿对黏膜、上呼吸道、皮肤和眼睛有刺激效应,是致癌物,也可能损害肝和肾。操作中应戴上手套和安全镜,并在化学试剂通风橱中进行。

9.m-甲酚对呼吸道黏膜、眼睛和皮肤具有极大的危害性。吸入、吞咽或通过皮肤吸收可能是致命的。接触可能会引起烧伤,也可能危害肾和眼睛。操作中应戴上手套和安全镜,穿上工作服,并在通风橱中进行。

10.DAPI 是可能的致癌物,对人体会引起有害的刺激反应,避免吸入、吞咽或通过皮肤吸收。操作中应戴上手套和面罩。

11. 二乙胺对呼吸道黏膜、眼睛、皮肤和上呼吸道具有极大的危害,吸入可能是致命的,吞咽或通过皮肤吸收可能是有害的。操作中应戴上手套、面罩和安全镜,穿上工作服,并在通风橱中进行。二乙胺还是极易燃物。

12. 乙醚是易挥发、易燃物,对眼睛、黏膜和皮肤有刺激效应。它也是一个中枢神经抑制剂,具有麻醉效应。吸入、摄取或通过皮肤吸收都是有害的。操作中应戴上手套和安全镜,并在通风橱中进行。

13. DEPC 是强的蛋白变性剂和致癌物。开瓶时要使瓶子尽可能远离你,因内部的压力可能导致飞溅。操作中应戴上手套,穿上工作服,并在通风橱中进行。

14. DMF 对黏膜、眼睛和皮肤有刺激效应。吸入、摄取或通过皮肤吸收对人体都会发挥毒性作用。长期的吸入能导致肝和肾的损害。操作中应戴上手套、面罩和安全镜,穿上工作服,并在化学试剂通风橱中进行。

15. 溴化乙锭(EB)是强的诱变剂和具有中度的毒性。使用溴化乙锭溶液时应戴上手套。

16. 甲醛具有毒性,也是一个致癌物。它随时可被皮肤吸收产生刺激效应。操作中应戴上手套、面罩和安全镜,穿上工作服,并在通风橱中进行。

17. 甲酰胺是胎儿畸形诱发源,气态对眼睛、黏膜、上呼吸道和皮肤有刺激效应。操作中应戴上手套和安全镜,并在通风橱中进行。

18. 戊二醛具有毒性,随时可被皮肤吸收,对眼睛、黏膜、上呼吸道和皮肤会产生刺激效应。操作中应戴上手套和安全镜,并在通风橱中进行。

19. 羟胺对眼睛、黏膜、上呼吸道和皮肤具有极大的危害。吸入可能是致命的,吞咽或通过皮肤吸收可能是有害的。操作中应戴上手套和安全镜,穿上工作服,并在通风橱中进行。

20. 8-羟基喹啉对眼睛、黏膜、上呼吸道和皮肤都会产生刺激效应。吸入、摄取或通过皮肤吸收可能是有害的。操作中应戴上手套、安全镜和面罩。

21. 液氮的温度是 −185℃。处理冻存样品时应十分小心。使用液氮时应戴上隔热手套和面罩。

22. 吸入或通过皮肤吸收 β-巯基乙醇是致命的。高浓度的巯基乙醇对眼睛、黏膜、上呼吸道和皮肤具有极大的危害。操作中应戴上手套和安全镜,并在通风橱中进行。

23. 甲醇是有毒的,能引起眼睛的失明。为了限制对气体的接触,足够的通风是必要的。

24. 四氧化锇(锇酸)极毒,不要吸入、吞咽或通过皮肤吸收。锇酸气体会损害眼睛角膜组织,能引起眼睛失明。操作时应戴上手套和安全镜,并在通风橱中进行。

25. 酚具有强腐蚀性,能引起严重烧伤。操作中要戴上手套、面罩和安全镜,穿上工作服,并在通风橱中进行。与酚接触的皮肤应用大量的水清洗和肥皂水洗,而不要用乙醇洗。

26. 吸入、吞咽或通过皮肤吸收对苯二胺可能是有害的。操作中应戴上手套和安全镜。

27. 吡啶对眼睛、黏膜、上呼吸道和皮肤是极度有害的。吸入、吞咽或通过皮肤吸收可能是有害的,它可能是一个诱变剂。保持吡啶远离热源和火焰。操作中应戴上手套和安全镜,并在通风橱中进行。

28. PMSF 是极毒的胆碱酯酶抑制剂,对呼吸道的黏膜、眼睛和皮肤具有极度的损害作用。吸入、吞咽或通过皮肤吸收可能是致命性的。操作中应戴上手套、面罩和安全镜、并在通风橱中进行。万一接触,应用大量的水冲洗眼睛或皮肤。扔掉被污染的工作服。

29. 放射性物品的操作应戴上手套和安全镜,穿上工作服。

30. 吸入 SDS 是有害的,称取时应戴上面罩。

31. 叠氮钠极毒,能阻挠细胞色素电子传递系统。含叠氮钠的溶液应该有醒目的标志。操作时应十分小心,须戴上手套。

32. 高氯酸钠对眼睛、黏膜和上呼吸道有刺激效应,如果吸入、吞咽可能是有害的。操作时应戴上手套和安全镜,穿上工作服,并在通风橱中进行。高氯酸钠是强氧化剂,与其他物品接触时可能引起着火。

33. 三氯乙酸(TCA)的操作应十分小心,要戴上手套和面罩。

34. 甲苯的气体对眼睛、皮肤、黏膜和上呼吸道具有刺激效应。吸入、摄取或通过皮肤吸收是有害的。操作时应戴上手套、安全镜和面罩,防止吸入气体。甲苯还易燃。

35. 三乙胺是可燃物,而且对眼睛、皮肤、黏膜和上呼吸道具有强腐蚀性。吸入、摄取或通过皮肤吸收是有害的。应在通风橱中操作,并戴上手套及安全镜。

36. 紫外辐射是危险的,特别是对眼睛更是如此。为了减少最大程度的接触,确定紫外光源有足够的遮蔽。戴上护眼罩或者整个安全面罩阻断紫外光。处理紫外光下的物品时,要戴上手套。紫外辐射也是诱变剂和致癌物。

37. 二甲苯是可燃物,可能引起麻醉效应,对肺的刺激作用、胸疼和水肿。应在通风橱中操作,并戴上手套和安全镜。

五　生物化学实验室基本知识和操作

(一)玻璃仪器的洗涤、清洁与干燥

1. 玻璃仪器的洗涤

生化实验常用各种玻璃仪器,其清洁程度将直接影响测量体积的可靠性和反应的准确性。因此,玻璃仪器的清洁不仅是实验前后的常规工作,而且是一项重要的基本技术。洗涤的玻璃仪器要求清洁透明,玻璃表面不含可溶解的物质,水沿内壁能自然流下,内壁均匀润湿且无水条纹,不挂水珠。玻璃仪器的清洗方法很多,需要根据实验的要求,以及污物性质选用不同的清洁方法。

新购玻璃器皿表面附着油污和灰尘,特别是附着有可游离的金属离子。因此,新购玻璃器皿需要用肥皂水刷洗,流水冲净后,浸于$10\% \ Na_2CO_3$溶液中煮沸。用流水冲净后,再浸泡于$1\% \sim 2\%$ HCl溶液中过夜。流水洗净酸液,用蒸馏水少量多次冲洗后,干燥备用。

对于使用过的玻璃仪器进行清洗时。如果是一般非计量玻璃仪器或粗容量仪器,如试管、烧杯、量筒、三角瓶等先用肥皂水刷洗或用毛刷蘸去污粉或合成洗涤剂刷洗,再用自来水冲洗干净,最后用蒸馏水冲洗$2 \sim 3$次后,倒置于清洁处晾干。对于容量分析仪器,如吸量管、移液管、滴定管、容量瓶等,视其脏污程度,选择合适的洗涤液和洗涤方法。倒少量洗涤液于容器中,摇动几分钟后倒出,然后用自来水冲洗干净,再用蒸馏水或去离子水润洗几次,干燥备用。对于分光光度计中配套使用的比色杯,用毕立即用自来水反复冲洗,如有污物粘附于杯壁,宜用盐酸或适当溶剂清洗。然后用自来水、蒸馏水冲洗干净。切忌用刷子、粗糙的布或滤纸等擦拭。洗净后,倒置晾干备用。

2. 玻璃仪器的干燥

一般的玻璃仪器洗净后可以放在电烘箱(温度控制在105℃左右)或红外灯干燥器中烘干。玻璃仪器在进烘箱前应尽量将水倒净;带有刻度计量的玻璃仪器不能用加热烘干的方法干燥,可用电吹风或气流烘干器吹$1 \sim 2$分钟冷风,待大部分水蒸发后吹入热风至干燥,然后再用冷风吹去残余的蒸汽;不急用的仪器可以洗净后放在通风干燥处自然晾干。

(二)清洗液的原理与配制

1. 铬酸洗液

铬酸洗液广泛用于玻璃仪器的洗涤,其清洁效力来自于它的强氧化性和强酸性。由重铬酸钾($K_2Cr_2O_7$)和浓硫酸配制而成。硫酸越浓,铬酐越多,其清洁效力越强。因洗液具有强腐蚀性,所以使用时必须注意安全。当洗液由棕红色变为绿色时,不宜再用。

常用铬酸洗液,浓度为 3% ~5%。配制方法如下:称取重铬酸钾 5 g 置 250 ml 烧杯之中,加入热水 5 ml 搅拌,为使其尽量溶解,在烧杯下放一石棉网,向烧杯中缓慢注入工业用浓硫酸 100 ml,边加边搅拌,注意不要溅出来。因为放热较多,H_2SO_4 不宜加入过快,此时溶液由红黄色变为黑褐色。冷却后,装瓶备用。盖严以防吸水。

2. 肥皂水和洗衣粉溶液

这是最常用的洗涤剂,主要是利用其乳化作用以除去污垢,一般玻璃仪器均可用其刷洗。

3. 5% $Na_3PO_4 \cdot 12H_2O$ 水溶液

该溶液呈碱性,可用于洗涤油污。所洗仪器不可用于磷的测定。

4. 乙二胺四乙酸二钠(EDTA 二钠)洗液

该溶液呈浓度为 5% ~10% 的 EDTA 二钠洗液,加热煮沸,可去除玻璃器皿内部钙镁盐类的白色沉淀和不易溶解的重金属盐类。

5. 尿素洗液

45% 的尿素溶液是清洗血污和蛋白质的良好溶剂。

6. 草酸洗液

称取 5 ~10 g 草酸,溶于 100 ml 水中,加入少量硫酸或浓盐酸,可洗脱高锰酸钾的痕迹。

7. 盐酸-乙醇洗液

3% 的盐酸-乙醇可以除去玻璃器皿上的染料附着物。

8. 乙醇-硝酸混合液

该溶液用于清洗一般方法难以洗净的有机物。最适合于洗净滴定管。

(三)吸量管的种类和使用

吸量管是生化实验最常用的仪器之一,测定的准确度和吸量管的正确选择和使用有密切关系。

1. 吸量管的分类

常用的吸量管可以分为三类。

(1)奥氏吸量管:供准确量取 0.5 ml、1 ml、2 ml、3 ml 液体所用。

此种吸量管只有一个刻度。当放出所量取的液体时,管尖余留的液体必须吹入容器内。

(2)移液管:常用来量取 50 ml、25 ml、10 ml、5 ml、2 ml、1 ml 的液体,这种吸量管只有一个刻度。放液时,量取的液体自然流出后,管尖需在盛器内壁停留 15 秒钟。注意管尖残留液体不要吹出。

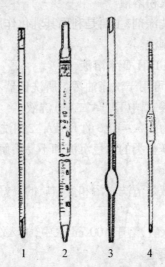

附图 1　常用的三种吸量管
1,2—刻度吸量管;3—奥氏吸量管;4—移液管

(3)刻度吸量管:供量取 10 ml 以下任意体积的溶液。一般刻度包括尖端部分。将所量液体全部放出后,还需要吹出残留于管尖的溶液。此类吸量管为"吹出式",吸量管上端标有"吹"字。未标"吹"字的吸量管,则不必吹出管尖的残留液体。

2. 吸量管的使用方法

(1)选用原则:量取整数量液体,并且取量要求准确时,应选用奥氏吸量管。量取大体积时要用移液管。量取任意体积的液体时,应选用取液量最接近的吸量管。如欲取 0.15 ml 液体,应选用 0.2

ml 的刻度吸量管。

　　同一定量试验中,如欲加同种试剂于不同管中,并且取量不同时,应选择一支与最大取液量接近的刻度吸量管。如各试管应加的试剂量为 0.3 ml、0.5 ml、0.7 ml、0.9 ml 时,应选用一支 1 ml 刻度吸量管。

　　(2)吸量管的使用方法:附图 2 和附表 7 中列出了正确使用吸量管的方法。

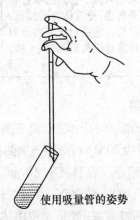

使用吸量管的姿势

附图 2　吸量管的使用方法

附表 7　　　　　　　　　　　正确使用吸量管的方法

正误步骤	正确	错误
拿法	中指和拇指拿住吸管上端,食指顶住吸量管顶端	用拇指顶住吸量管顶端,其余四指拿住吸量管
取液	用橡皮球吸液体至刻度上,眼睛看着液面上升,吸完后用食指顶住吸量管上端,并用滤纸擦干其外壁	眼睛不看液面上升不用滤纸擦或调刻度后再擦

正误步骤	正确	错误
调刻度	吸量管与地面保持垂直,下口与试剂瓶接触,并成一角度,用食指控制液体下降至最上一刻度处,液体凹面、刻度和视线应在一水平面上	吸量管倾斜,悬空调刻度液体凹面、刻度、视线不在一水平面上
放液	吸量管移入准备接受溶液的窗口中,仍使其出口尖端接触器壁,并成一角度,吸量管仍保持垂直。放开食指,使液体自动流出,奥氏吸量管和刻度到底的吸量管应吹出尖端残留的液体。移液管应最后靠壁15秒,不要吹	吸量管倾斜,其尖端不与窗口壁接触并成一角度过早吹,奥氏吸量管和刻度到底吸量管未吹出尖端液体

(四)容量瓶及量筒

容量瓶是一细长颈梨形的平底瓶,具有磨口塞,颈上有标线,表示在所示温度下(一般为20℃)当液体充满到标线时,液体体积恰好与瓶上所注明的体积相等。容量瓶有 10 ml、25 ml、50 ml、100 ml、200 ml、250 ml、500 ml、1000 ml、2000 ml 等规格。

使用容量瓶配制溶液时,一般是先将固体物质在烧杯中用少量溶剂溶解,然后将溶液沿玻棒定量地转移到量瓶中,烧杯用少量水冲洗 2～3 次,并注入容量瓶中,再加入溶剂混匀稀释。当稀释至溶液面接近标线时,应等待 1～2 分钟,使附在瓶颈内壁的水流下,并待液面的小气泡消失后,再用滴管逐滴加入溶剂,使之恰至刻度处。即溶液弯月面下缘的最低点和标线相切。然后将容量瓶塞塞好,将它反复倒置摇动数次混匀之。

容量瓶不能直接用火加热,水浴加热时也不宜骤热和骤冷,也不能置烘箱烘烤,以免变形而引起容量误差。

量筒为粗量器,当所量取的液体要求不十分准确时,可使用之。常用的有 25 ml、50 ml、100 ml、250 ml、500 ml、1000 ml,量取时视线与量筒内液体凹面的最低点应在同一水平上,偏高或偏低都会造成较大的误差。量筒之底座及筒身是焊接在一起的,因而不能量取过热液体,更不能直接加热,以防炸裂。

(五)滴定管

滴定管是供容量分析滴定之用,按其容量大小可分为常量滴定管和微量滴定管两种。

常量滴定管:常用的有 25 ml 和 50 ml 两种规格,按其用途分为酸式滴定管和碱式滴定管两种:①酸式滴定管附有玻璃活塞,可盛酸性、中性以及氧化性($KMnO_4$、I_2 和 $AgNO_3$)等溶液,不宜盛碱性溶液,因为碱常使活塞与活塞套粘合,难以转动;②碱式滴定管,碱式滴定管下端套有一段约 10 cm 长的橡皮管(内装玻璃珠)接尖嘴玻璃管。可盛碱性溶液,不宜盛氧化性溶液,因为氧化性溶液易与橡皮起作用。

微量滴定管:总容积有 1 ml、2 ml 和 5 ml,最小刻度为 0.05 ml 或0.01 ml,有的附有自动加液装置,微量滴定管尖的口径小。故流出的液滴细小。

使用滴定管应注意以下事项:

1. 检查是否清洁干燥、是否漏水、玻璃塞是否滑润,如有漏水转动不灵,应拆下活塞重新涂抹凡士林。涂抹前要将玻璃塞擦干,用手指沾少量凡士林在活塞两头各擦一薄层,将活塞插入槽内,然后向同一方向转动活塞,直到从外面看全部透明为止。油涂好后,在活塞的小头的槽上套一橡皮圈,以防活塞滑脱。

2. 使用前必须认出每一格表示多少毫升。先用少量滴定液清洗滴定管 2~3 次,然后方可装液。装液体后,管内如有气泡必须排出。

3. 滴定前先应读取起始点。滴定时,左手控制玻璃塞,右手持瓶,边滴边摇,密切注意被滴定溶液的颜色变化。

4. 装置滴定管时,管身必须与地面垂直。读数时眼睛与溶液月形面下缘同一水平线上,不要仰头或低头读数。

（六）易变质及需要特殊方法保存的试剂（附表8）

附表8　　　　　　　　常见试剂的保存

保存方法	变质原因	试　　　剂
需要密封	易潮解吸湿	氧化钙、氢氧化钠、氢氧化钾、碘化钾、三氯乙酸
	易失水风化	结晶硫酸钠、硫酸亚铁、含水磷酸氢二钠、硫代硫酸钠
	易挥发	氨水、氯仿、醚、碘、麝香草酚、甲醛、乙醇、丙酮
	易吸收 CO_2	氢氧化钾、氢氧化钠
	易氧化	硫酸亚铁、醚、醛类、酚、抗坏血酸和一切还原剂
	易变质	丙酮酸钠、乙醚和许多生物制品（常需冷藏）
需要避光	见光变色	硝酸银（变黑）、酚（变淡红）、氯仿（产生光气）、茚三酮（变淡红）
	见光分解	过氧化氢、氯仿、漂白粉、氰氢酸
	见光氧化	乙醚、醛类、亚铁盐和一切还原剂
特殊方法保管	易爆炸	苦味酸、硝酸盐类、过氯酸、叠氮化钠
	剧毒	氰化钾（钠）、汞、碘化物、溴
	易燃	乙醚、甲醇、乙醇、丙醇、苯、甲苯、二甲苯、汽油
	腐蚀	强酸、强碱

　　需要密封的化学试剂，可以先用塞子塞紧，然后再用蜡封口；有的平时还要保存在干燥容器内，干燥剂可以用生石灰、无水氯化钙和硅胶，一般不宜用硫酸。需要避光保存的试剂，可置于棕色的瓶内或用黑纸包裹。

（七）溶液的配制

1.用固体试剂配制溶液

　　首先明确配制试剂是质量浓度（如 g/L）还是物质的量浓度（如 mol/L），然后计算一定体积中溶液中所需要的固体试剂的用量，用台秤称取所需的量，放入烧杯中，再用量筒量取适量蒸馏水注入同一烧杯中并搅拌，使固体完全溶解。将溶解后的溶液用量筒定容到所需体积。将配制好的溶液倒入试剂瓶中,贴上标签,在合适条件下保存。注意有些试剂只能是现用现配;有些试剂只能在低温下保存;有些试剂配制后有一定的使用期限,有些溶液还要求避光保存。

2. 用液体(或浓溶液)配制溶液

体积比溶液的配制:按体积比,用量筒量取液体(或浓溶液)和溶剂的用量,按一定方法在烧杯中将两者混合并搅拌均匀。将溶液转移到试剂瓶中,贴上标签,在合适条件下保存备用。

物质的量浓度溶液的配制:从有关的表中查出液体(或浓溶液)相应的质量浓度、相对密度,算出配制一定体积的物质的量浓度所需要的液体(或浓溶液)的量。用量筒量取所需的液体(或浓溶液),加到装有少量水的烧杯中混匀。如果溶液发热,需冷却至室温后再将溶液转移到相应的容量瓶中,用蒸馏水定容,然后移入试剂瓶中,贴上标签,在合适条件下保存备用。

(八)溶液的混匀

生物化学实验中,为保证化学反应的充分进行,加入试剂后,一定要充分混匀,是保证实验成功的重要步骤之一。混匀方式大致有如下几种:①使试管作圆周运动;②指弹混匀;③吸量管混匀;④玻棒搅动;⑤电磁搅拌混匀;⑥振荡器混匀。混匀操作时,应防止管内液体溅出,以免造成液体损失。同时严禁用手指堵住试管口混匀液体,防止污染和标样的损失。

(九)过滤

在生物化学实验中过滤常用于收集滤液、收集沉淀或洗涤沉淀。在生化实验中如用于收集滤液应选用于滤纸,不应将滤纸先弄湿,湿滤纸将影响滤液的稀释比例。滤纸过滤一般采用平折法(即对折后,再对折)并且使滤纸上缘与漏斗壁完全吻合,不留缝隙。向漏斗内加液时,要用玻棒引导而且不应倒入过快,勿使液面超过滤纸上缘。较粗的过滤可用脱脂棉或纱布代替滤纸。有时以离心沉淀法代替过滤法可达到省时、快捷的目的。

六　生物化学实验常用仪器的使用

(一)722S 型分光光度计的使用方法

1. 722S 型分光光度计的性能指标

波长范围:340 ~ 1000nm

波长精度:≤ ±2nm

波长重复性:≤1nm

光谱带宽:6nm

透射比范围:0.0 ~ 199.9% (T)

吸光度范围: − 0.3 ~ 2.999(A)

浓度显示范围:0 ~ 9999(C)

透射比准确度: ±0.5% (T)

透射比重复性:0.3% (T)

杂光: < 0.5% (T)(在 360nm 处,以 $NaNO_2$ 测定)

2. 722S 型分光光度计的结构简介(附图 3 和附表 9)

附图 3　722S 型分光光度计的结构

1—液晶显示屏;2—0% T 调节按钮,数字下调按钮;3—100% T 调节按钮,数字上调按钮;4—模式转换按钮;5—功能按钮;6—模式显示;7—波长调节旋钮;8—波长指示窗;9—样品槽;10—样品移动拉杆

附表9　722S 型分光光度计各部分机构及功能

编号	结构	名称	功能
1	1000	数值显示窗	显示测试值、出错信息和溢出信息(4 位 LED 数字)
2	0%ADJ ⬇	0% ADJ 键	当透射比指示灯亮时,用作自动调整 0%（T）(一次未到位可加按一次);当吸光度指示灯亮时,该键不起作用;当浓度因子指示灯亮时,用于增加浓度因子的设定值;当浓度直读指示灯亮时,用于增加浓度直读的设定值
3	100%ADJ ⬆	100% ADJ 键	当透射比指示灯亮时,按下一次,自动调整 100%（T）(一次未到位可加按一次);当吸光度指示灯亮时,仍作为 100%（T）的设定键,显示吸光度值 0.000;当浓度因子指示灯亮时,用于减小浓度因子的设定值;当浓度直读指示灯亮时,用于减小浓度直读的设定值
4	MODE	MODE 键	用于选择操作模式。连续按下 MODE 键,按透射比、吸光度、浓度因子、浓度直读的工作次序,指示灯分别循环点亮,指示仪器当前的操作模式
5	FUNC	FUNC 键	预定功能扩展键:浓度因子指示灯亮时,用于设定浓度因子时的数字移位;浓度直读指示灯亮时,用于设定浓度直读时的数字移位;在透射比、吸光度、浓度因子和浓度直读各操作模式下,用于将当前显示从 RS232C 串行口发送到 PC 机
6	● TRANS ● ABS ● FACT ● CONC	模式指示灯	"TRANS"透射比指示灯:当指示灯亮时,指示仪器处于测量透射比的操作模式;"ABS"吸光度指示灯:当指示灯亮时,指示仪器处于测量吸光度的操作模式;"FACT"浓度因子指示灯:当指示灯亮时,指示仪器处于设定浓度因子的操作模式;"CONC"浓度直读指示灯:当指示灯亮时,指示仪器处于测量浓度和浓度直读的操作模式

编号	结构	名称	功能
7		波长旋钮	改变波长用
8		波长视窗	指示设定波长
9		样品室	供安装各种样品室附件用,本型号设备将光门设计在样品室盖上,开启样品室盖可切断光路,此时光源发出的光不能直接经过样品进入检测设备
10		样品架拉杆	用于改变样品架的位置(四位置)。拉动拉杆,使不同的样品依次进入光路

3. 仪器的基本操作

(1)预热:为使仪器内部达到热平衡,开机后预热时间不少于30分钟。开机后预热时间少于30分钟时,请注意随时操作置0%(T)、100%(T),确保测试结果有效。由于仪器检测器(光电管)有一定的使用寿命,应尽量减少对光电管的光照,所以在预热的过程中应打开样品室盖,切断光路。

(2)改变波长:通过旋转波长调节手轮可以改变仪器的波长显示值(顺时针方向旋转波长调节手轮波长显示值增大,逆时针方向旋转则显示值减少)。调节波长时,视线一定要与视窗垂直。

(3)置参比样品和待测样品:首先选择测试用的比色皿;然后把盛好参比样品和待测样品的比色皿放到四槽位样品架内;用样品架拉杆来改变四槽位样品架的位置。当拉杆到位时有定位感,到位时请前后轻轻推拉一下以确保定位正确。

(4)置0%(T):该步骤的目的是校正读数标尺的零位,配合置100%(T)进入正确测试状态。分光光度计的检测器是其以光电效应的原理,但当没有光照射到检测器上时,也会有微弱的电流产生(暗电流),调 0% T 主要用于消除这部分电流对实验结果的影响。一般在改变测试波长时或者是测试一段时间后要进行 0% 的调节。

具体的操作如下:首先检视透射比指示灯是否亮。若不亮则按MODE 键,点亮透射比指示灯。然后打开样品室盖,切断光路(或将黑体置入四槽位样品架中,用样品架拉杆来改变四槽位样品架的位置,使黑体遮断光路)后,按"0% ADJ"键即能自动置 0% (T),一次未到位可加按一次。

(5)置 100% (T):该步骤的目的是校正读数标尺的零位,配合置 0% (T)进入正确测试状态。一般在改变测试波长时或者是测试一段时间后进行。

具体操作如下:将用作参比的样品置入样品室光路中,关闭掀盖后按 "100% ADJ"键即能自动置 100% (T),一次未到位可加按一次。置 100% (T)时,仪器的自动增益系统调节可能会影响 0% (T),调整后请检查 0% (T),若有变化请重复调整 0% (T)。

由于溶液对光的吸收具有加和效应,溶液的溶剂及溶液中的其他成分对任何波长的光都会有或多或少的吸收,这样都会影响测试结果的可靠性,所以应设置参比样品以消除这些因素的影响。参比样品应根据测试样品的具体情况进行科学合理的设置。

(6)改变操作模式:本仪器设置有四种操作模式,开机时仪器的初始状态设定在透射比操作模式。分别为透射比,即测试透射比;吸光度,即测试吸光度;浓度因子,即设定浓度因子;浓度直读,即测试浓度和浓度直读。

4.应用操作

(1)测定溶液的透射比

①预热 → ②设定波长 → ③置参比样品和待测样品 →④置 0% (T)→ ⑤置 100% (T)→ ⑥选择透射比操作模式→ ⑦拉动拉杆,使待测样品进入光路 → ⑧记录测试数据

(2)测定溶液的吸光度

①预热 → ②设定波长 → ③置参比样品和待测样品 →④置0%（T）→ ⑤置100%（T）→ ⑥选择吸光度操作模式→ ⑦拉动拉杆,使待测样品进入光路 → ⑧记录测试数据

(3)测定样品的 T-λ(透射比-波长)曲线

在要求测量的波长范围内以合适的波长间隔逐点按测定样品透射比的步骤重复执行,并将各波长对应的透射比标记在方格纸上,即呈现该材料的 T-λ(透射比-波长)曲线。

(4)运用 A-C(吸光度-浓度)标准曲线测定物质浓度

①按照分析规程配制不同浓度的标准样品溶液并记录 → ②按分析规程配制标准参比溶液 → ③预热,改变波长,置参比样品和待测样品,置0%（T）,置100%（T）→④选择吸光度操作模式→ ⑤测出不同浓度的标准溶液和待测样品对应的吸光度,并记录各数组→⑥根据不同浓度的标准溶液对应的吸光度数组手工绘制 C-A 曲线,或运用仪器的 RS232C 接口配合仪器的专用软件拟合出 C-A 曲线→⑦根据待测样品吸光度,在 C-A 曲线上找出对应的浓度。

(5)浓度直读应用

当分析对象比较稳定且其标准曲线基本过原点的情况下,用户不必采用较复杂的标准曲线法检测待测样品的浓度,而可直接采用浓度直读法做定量检测。

要求:待测溶液的浓度大概在标准样品浓度的2/3 左右。操作步骤如下:

①测出待测样品和标准样品的吸光度 → ②选择测试浓度操作模式 → ③设定浓度直读为标准含量或含量值的 10^n 倍 →④浓度值 = 显示值×10^n 倍,记录测试数据

(6)浓度因子功能应用

按"浓度直读"执行前3 步后、置浓度因子操作模式,在数值显示窗中将显示这一标准样品的浓度因子,记录该浓度因子数值,则在

下次测试同一种样品时,开机后不必重新测量标准样品的浓度因子,而只需直接重新输入该浓度因子数值,即可直接对待测样品进行浓度直读来测定浓度。操作步骤如下:

①预热,校正波长准确度,改变波长,置参比样品和待测样品,置0%(T),置100%(T)→②置浓度因子操作模式 →③设定浓度因子为已测得的浓度因子值 →④置浓度直读操作模式 →⑤记录待测样品浓度

5.仪器日常维护

(1)清洁仪器外表宜用温水,切忌使用乙醇、乙醚、丙酮等有机溶液,用软布和温水轻擦表面即可擦净。必要时,可用洗洁精擦洗表面污点,但必须即刻用清水擦净。仪器不使用时,请用防尘罩保护。

(2)波长范围由定位机构限定,旋转波长调节手轮至短波端335nm 和长波端1000nm 时,调准为止,切勿用力过大,以免损坏限位机构(为确保仪器工作于标定波长范围,本机短波端限位在332nm 附近,长波端限位在1003nm 附近)。

6.比色皿的使用

(1)比色皿要配对使用,因为相同规格的比色皿仍有或多或少的差异,致使光通过比色溶液时,吸收情况将有所不同。

(2)注意保护比色皿的透光面,拿取时,手指应捏住其毛玻璃的两面,以免沾污或磨损透光面。

(3)在已配对的比色皿上,于毛玻璃面上做好记号,使其中一支专置参比溶液,另一支专置试液。同时还应注意比色皿放入比色皿槽架时应有固定朝向。

(4)如果试液是易挥发的有机溶剂,则应加盖后,放入比色皿槽架上。

(5)凡含有腐蚀玻璃的物质的溶液,不得长时间盛放在比色皿中。

(6)倒入溶液前,应先用该溶液淋洗比色皿内壁三次,倒入量不可过多,以比色皿高度的4/5 为宜。

(7)每次使用完毕后,应用蒸馏水仔细淋洗,并以吸水性好的软纸吸干外壁水珠,放回比色皿盒内。

(8)不能用强碱或强氧化剂浸洗比色皿,而应用稀盐酸或有机溶剂,再用水洗涤,最后用蒸馏水淋洗三次。

(9)不得在火焰或电炉上进行加热或烘烤比色皿。

(10)若发现比色皿被玷污时,可以用洗液清洗,也可用20W的玻璃仪器清洗超声波清洗半小时,一般都能解决问题。

(二)UV/VIS-5100 紫外-可见分光光度计的使用

UV5100 是由上海元析仪器有限公司生产的紫外-可见分光光度计,因波长范围是:200～1000nm 的连续光谱,所以能在紫外、可见、近红外光谱区区域对样品物质作定性和定量分析。

1. UV/VIS-5100 型分光光度计的性能指标

波长范围:200～1000nm

光谱带宽:4nm

波长精度:≤±2nm

波长重复性:≤0.5nm

光度准确度:±0.5%T

光度重复性:0.3%T

稳定性:　0.003A/h

杂散光:　≤0.2%T

数据输出:　USB

打印输出:　并行口

显示系统:　128×64 位液晶显示器

光源:　钨灯、氘灯

透射比范围:0.0～200%(T)

吸光度范围:-0.3～3(A)

浓度显示范围:0～9999(C)

外形尺寸:　430mm×300mm×160mm

2. 仪器的外部结构以及功能键的使用(见附图4和附表10)

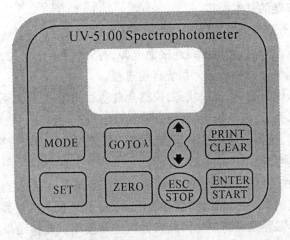

附图 4　UV-5100 可见/紫外分光光度计的外部结构

附表 10　**UV-5100 可见/紫外分光光度计的外部按键及功能**

按钮	功　能
MODE	用于测量模式(T,A,C,F)切换
SET	用于系统参数设定
GOTOλ	用于波长设置
ZERO	校空白键,用于调 0.000Abs 和 100.0%T
PRINT CLEAR	用于打印测试结果及数据删除
⬆	上键,选择向上移动
⬇	下键,选择向下移动
ESC STOP	返回上级菜单和停止键
ENTER START	确认键,用于数据和菜单的确认

3. 仪器的基本操作

（1）开启和自检

①仪器开启：用电源线连接上电源，打开仪器开关（位于仪器的后右侧），仪器开机后进入系统自检过程。

②系统自检：在自检状态，仪器会自动对滤光片、灯源切换、检测器、氘灯、钨灯、波长校正、系统参数和暗电流进行检测。如果某一项自检出错，仪器会自动鸣叫报警，同时显示错误项，用户可按任意键跳过，继续自检下一项。

③系统预热：仪器开机后，因电器件需要预热一定的时间后方可达到稳定状态；另外氘灯周围环境也需要一定时间方能达到热平衡，所以仪器需要预热约 20 分钟后，方可正常使用。自检结果后，仪器进入预热状态，预热时间为 20 分钟，预热结束后仪器会自动检测暗电流一次。预热时可以按任意键跳过。

④进入系统主菜单：仪器自检结束后进入主界面。按"MODE"键可以在 T、A、C、F 间自由转换，分别实验透过率测试，吸光度测试，标准曲线和系统法等功能。

（2）透过率测试

在此功能下，可进行固定波长下的透过率测试，也可以将测量结果打印输出。

①设定工作波长：在系统主界面下，系统的默认功能项为透过率测试，此时直接按"GOTO λ"键可以进入波长设定界面，用上下键来改变波长值，每按一次该键则屏幕上的波长值会相应增加或减少 0.1nm，按"ENTER"键确认。可以长按此二键，则数字会快速变化，直至所需的波长值为止，按"ENTER"键确认。波长设定完成后自动返回上级界面。

②按"ZERO"键对当前工作波长下的空白样品进行调 100.0%T：在调 100.0%T 之前记得将空白样品拉（推）入光路中，否则调 100.0%T 的结果不是空白液的 100.0%T，使得测量

结果不正确。

　　③进行测量:当调 100.0%T 完成后,把待测样品拉(推)入光路中,按"ENTER"键进入测量界面(若已经在测量界面下,则无需此项操作,直接进行后面的操作即可),按"ENTER"键即可在当前工作波长下对样品进行透过率的测量。每按下一次"ENTER"键,系统会自动将当时所显示的数值记录到数据存储区,但当查看时,液晶显示屏的每一屏只可显示 5 行数据,其余数据可通过按上下键进行翻页显示。

　　④数据打印与清除:数据存储区最多可存储 200 组数据。如果要打印或消除已测量数据,可在测量结果显示界面下,按"PRINT/CLEAR"键,进入打印或删除界面,用上下键选择对应的操作即可。按"ESC"键即退出该界面。

　　(3)吸光度测试

　　①按"MODE"键切换至 A 模式(即吸光度测量模式)

　　②设定工作波长,设定方法同"透光率测试"。

　　③按"ZERO"键对当前工作波长下的空白样品进行调 0.000A。

　　④进行测量。当调 0.000A 完成后,把待测样品拉(推)入光路中,按"ENTER"键进入测量界面,并按"ENTER"键将测量的数据存入数据存储区。

　　(4)标准曲线法

　　标准曲线法是用已知浓度的标准样品,建立标准曲线,然后用所建立的标准曲线来测量未知样品浓度的一种定量测试方法。

　　①进入标准曲线法主界面(C 模式):按"MODE"键至光标切换到"C"上即可进入标准曲线模式。在此功能下,可以利用标准样品建立标准曲线,并可用所建标准曲线对未知样品浓度进行测试。

　　接下来的操作按照标准曲线是否为新建分为新建标准曲线和直接打开标准曲线两种方法(附图 5)。

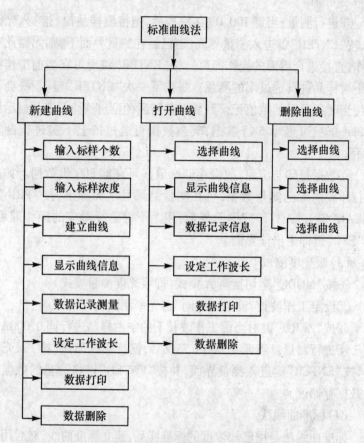

附图 5 标准曲线法功能框架图

②新建标准曲线法的操作步骤：

A. 新建曲线：在标准曲线法主界面下，用上下键选定"新建曲线"，按"ENTER"键进入建立标准曲线步骤，根据仪器界面的提示逐步操作。

B. 进入标准样品个数设定界面。选定"新建曲线"后，按"EN-

TER"键,进入标准样品个数设定界面。根据需要,按下下键选择标准样品个数,并按"ENTER"键确认。标样数的设定范围为:1～12,在此界面下进行波长设定。

C. 标准样品浓度设定:当样品个数输入完成后自动进入浓度设置界面。此时首先将参比样拉入光路,然后按"ZERO"键校空白。然后根据提示将 1 号标样拉入光路,并输入 1 号标准样品的浓度,输入方法如下:光标最初停留在第一位上闪烁,此时按上下键,则该位数字会在 0～9 和小数点间变化,选择所需的数字并按"ENTER"键确认,则光标会自动移到第二位上,用同样的方法输入第二位及以后的各位数字。当输入完最后一位数字时按"ENTER"键,则系统会自动记录其吸光度并转入 2 号标样输入界面。然后将 2 号标样拉入光路,并参照 1 号标样的输入方法输入 2 号标样的浓度。重复上述步骤。直至最后一个标样的浓度输入完成。

D. 绘制标准曲线:当最后一个标样的浓度输入完成并按"EN-TER"键确认后,系统会自动显示所建立的标准曲线与曲线方程和相差系数 R。

注意事项:

A)浓度的设定范围为:0～9999.9,否则视为无效,需要重新输入,标准样品一般按照浓度由低向高依次放入光路中,即 1 号样品往往是配制的标准样品中浓度最低的。

B)仪器在曲线建立过程中,若系统认为采入的数据有误(有可能是操作错误,也有可能是溶液配制有问题),则会蜂鸣 3 声后返回主界面,且标准曲线无法正常绘出。

E. 进入浓度测试界面:在标准曲线界面下,按"ENTER"键即可进入浓度测试界面。

F. 未知样浓度测定:将参比溶液拉(推)入光路,调 0.000A/100.0%T,再将未知浓度的样品拉(推)入光路中,按"ENTER"键,显示器上便可显示相应样品的浓度。重复上述步骤,可以完成多个样品的浓度测试。

G. 数据的打印或删除：系统最多可以存储 200 组测试数据，若按"ENTER"键即可进入打印选择界面。如果仪器连接了打印机，可以选择"打印数据"，然后按"ENTER"进行数据打印；如果系统未连接打印机且用户仅想消除数据，可直接选择"删除数据"后按"ENTER"键确认。按"取消"键退出。打印数据后，系统内的存储数据将被清除。

③打开曲线直接测定法：所有建立的曲线都会被自动存储在系统里并按顺序自动编号。下次使用时可以直接调出曲线进行测试，无需重复建立。当想调出曲线时，在标准曲线法主界面下，用上下键选定"打开曲线"，按"ENTER"键即可进入已建曲线选择界面。

系统共可存储 50 条标准曲线，进入曲线选择界面后，用上下键将光标移动到所需要的曲线上，按"ENTER"键确认，则系统会显示出曲线，再按"ENTER"键即可用选定的曲线对未知浓度样品进行测试。

④删除曲线：此功能用来删除已保存的曲线，若要删除某条曲线，在标准曲线法主界面下，用上下键选定"删除曲线"，按"ENTER"键进入删除曲线选择界面。用上下键选定所要删除的曲线方程，按"ENTER"进入删除再确认界面，选择"是"并按"ENTER"键后曲线方程即被删除，同时返回上级菜单。按"ESC"返回上级菜单。

（5）系统法（F 模式）

系统法是工作曲线法的简单应用，如果用户已知曲线方程，可以直接将方程的系数 K 和 B 输入仪器，并利用该方程进行未知浓度样品的测试。

①进入系统法：在定量测量主界面下，按"MODE"键即可进入系数测量主界面。

②设定系数 K:用上下键将光标移动到"曲线参数 K"上,按"ENTER"键确认,系统即进入 K 设定界面。K 值的设定方法同前面建立标准曲线中浓度的输入方法相同,在此不再详述。需要指出的是在输入 K 值前,首先要对 K 值的正负进行选择。

③设定系数 B:用上下键将光标移动到"曲线参数 B"上,按"ENTER"键确认,系统进入参数 B 设定界面。方法同 K 值设定。

④测试:B 值设定并确认后,系统自动返回到上级界面。用上下键将光标移动到"测试"上,并按"ENTER"键确认,则系统进入到预测试界面,继续按"ENTER"键进入到数据记录界面,此时将参比溶液放入光路,按"ZERO"键调 100% T,然后把待测样品接入光路,按"START"键进行测试,系统将测试结果自动存储。系统共可存储200 组数据。如果波长未设定,需要在预试界面或测试界面进行波长设定。

4. 如何校正 0% T

UV-5100 型分光光度计属于全自动型仪器,在测试过程中不需要每次测量都校正 0% T,仪器中校正 0% T 对应的操作为"暗电流校正"。如果仪器的使用环境发生改变(如温度、工作电压、环境光线发生变化),则需要进行暗电流校正操作,在"系统应用"中选择"暗电流校正",确认即可。

(三)酸度计的使用

酸度计(pH meter)亦称 pH 计,是通过测量原电池的电动势,确定被测溶液中氢离子浓度的仪器。它具有结构简单,测量范围宽,速度快,适应性广,易于实现流线自动分析等特点。根据测量要求不同,酸度计分为普通型、精密型和工业型三类,读数值精度最低为0.1,最高为 0.001。酸度计使用时要求满足下述条件:①环境温度:5~40℃;②相对湿度:不大于 85%;③供电电源一般为 AC(220 ± 22)V,(50 ±1)Hz;④除地球磁场外无其他磁场干扰;⑤避免接触具有腐蚀性的空气和水蒸气;⑥避免阳光直射。

　　下面简要介绍 pHS-3D 型 pH 计的使用方法。pHS-3D 型 pH 计是一台精密数字显示 pH 计,它采用大屏幕、带蓝色背光、双排数字显示液晶,可同时显示 pH 值、温度值或电位(mV)、温度。该仪器适用于大专院校、研究院所、环境监测、工矿企业等部门的化验室取样测定水溶液的 pH 值和电位(mV)值,配上 ORP 电极可测量溶液ORP(氧化还原电位)值,其配上离子选择性电极,可测出该电极的电极电位值。该 pH 计的基本结构如附图 6 所示。

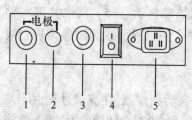

pHS-3D 型 pH 计的后面板

1—测量电极插座;2—参比电极接口;
3—保险丝;4—电源开关;
5—电源插座

pHS-3D 型 pH 计的外形结构

1—机箱(多功能电极架固定座已安装
　在机箱底部);2—显示器;3—键盘;
4—多功能电极架;5—电极

附图 6　pHS-3D 型 pH 计的基本结构

　　pHS-3D 型 pH 计的操作步骤如下:

　　1. 开机前的准备:将多功能电极架插入多功能电极架插座中,将pH 复合电极安装在电极架上,然后将 pH 复合电极下端的电极保护套拔下,并且拉下电极上端的橡皮套使其露出上端小孔。如不用复合电极,则在测量电极插座处插入玻璃电极插头,参比电极接入参比电极接口处。最后用蒸馏水清洗电极。

2. 标定：

(1)自动标定(适用于 pH = 4、pH = 6.86、pH = 9.18 标准缓冲溶液)：

①打开电源开关,仪器进入 pH 值测量状态,预热 30 分钟。

②按"模式"键一次,使仪器进入溶液温度显示状态(此时温度单位℃指示灯闪亮),按"△"键或"▽"键调节温度显示数值上升或下降,使温度显示值和溶液温度一致,然后按"确认"键,仪器确认溶液温度值后回到 pH 值测量状态。

③把用蒸馏水或去离子水清洗过的电极插入 pH = 6.86(或 pH = 4;或 pH = 9.18)的标准缓冲溶液中,待读数稳定后按"模式"键两次(此时 pH 指示值全部锁定,液晶显示器下方显示"定位",表明仪器在定位标定状态),然后按"确认"键,仪器显示该温度下标准缓冲溶液的 pH 值。

④把用蒸馏水或去离子水清洗过的电极插入 pH = 4(或 pH = 9.18;或 pH = 6.86)的标准缓冲溶液中,待读数稳定后按"模式"键三次(此时 pH 指示值全部锁定,液晶显示器下方显示"斜率",表明仪器在斜率标定状态),然后按"确认"键,仪器显示该温度下标准缓冲溶液的标称值,仪器自动进入 pH 值测量状态。如果误使用同一标准缓冲溶液进行定位、斜率标定,在斜率标定过程中按"确认"键时,液晶显示器下方"斜率"显示会连续闪烁三次,通知斜率标定错误,仪器保持上一次标定结果。

⑤用蒸馏水及被测溶液清洗电极后即可对被测溶液进行测量。

(2)手动标定(适用于 pH = 0 ~ 14 的任何标准缓冲溶液)：

①打开电源开关,仪器进入 pH 值测量状态。

②按"模式"键一次,使仪器进入溶液温度状态(此时温度单位℃指示灯闪亮),按"△"键或"▽"键调节温度显示数值上升或下降,使温度显示值和溶液温度一致,然后按"确认"键,仪器确定溶液

温度后回到 pH 值测量状态。

③把用蒸馏水或去离子水清洗过的电极插入已知标准缓冲溶液 1 中,待读数稳定后按"模式"键两次(此时 pH 指示值全部锁定,液晶显示器下方显示"定位",表明仪器在定位标定状态),按"△"键或"▽"键调节 pH 值定位显示数值上升或下降,使之达到要求的标称定位数值,然后按"确认"键,仪器按照要求的定位数值完成定位标定并进入 pH 值测量状态。

④用蒸馏水或去离子水清洗过的电极插入已知标准缓冲溶液 2 中,待读数稳定后按"模式"键三次(此时 pH 指示值全部锁定,液晶显示器下方显示"斜率",表明仪器在斜率标定状态),按"△"键或"▽"键调节 pH 值上升或下降,使之达到要求的标称数值,然后按"确认"键,仪器按照要求完成斜率标定并进入 pH 值测量状态。如果误使用同一标准缓冲溶液进行定位、斜率标定,在斜率标定过程中按"确认"键时,液晶显示器下方"斜率"显示会连续闪烁三次,通知斜率标定错误,仪器保持上一次标定结果。

⑤用蒸馏水清洗电极后即可对被测溶液进行测量。

3. 测量 pH 值

经标定过的仪器,即可用来测量被测溶液,根据被测溶液与标定溶液温度是否相同,其测量步骤也有所不同。具体操作步骤如下:

(1)被测溶液与标定溶液温度相同:

①用蒸馏水清洗电极头部,再用被测溶液清洗一次。

②把电极浸入被测溶液中,用玻璃棒搅拌溶液,使其均匀,在显示屏上读出溶液的 pH 值。

(2)被测溶液和标定溶液温度不同:

①用蒸馏水清洗电极头部,再用被测溶液清洗一次。

②用温度计测出被测溶液的温度值。

③按"模式"按钮一次,使仪器进入溶液温度状态(此时℃温度单位指示灯闪亮),按"△"键或"▽"键调节温度显示数值上升或下

降,使温度显示值和被测溶液温度值一致,然后按"确认"键,仪器确定溶液温度后回到 pH 值测量状态。

④把电极插入被测溶液内,用玻璃棒搅拌均匀后,读出该溶液的 pH 值。

4.关闭仪器电源,清洗电极。

(四)离心机的使用

离心机是利用离心力对混合液进行分离和沉淀的一种专用仪器。初级阶段的离心机为手摇离心沉淀器,以后根据生产和科学实验的发展需要,发明了水流驱动离心机和蒸汽驱动离心机。1910 年出现了小型电动离心机。1924 年,制成了油涡轮驱动的分析型离心机。1927 年发明了压缩空气驱动离心机。20世纪 40 年代后,美国开始正式出售各种型号离心机。从此,离心机的制造和应用越来越普及。如 1948 年由 Ivan Sorvall 先生创建的索福公司开始研究制造离心机,于 1950 年推出全球第 1台高速冷冻离心机 RC-1,以后发展了 RC-2、RC-2B、RC-5、RC-5BPLUS 和 RC-5C PLUS。1963 年首次推出低速大容量离心机 RC-3 系列。目前使用的离心机种类繁多,功能各异。一般分为低速离心机(6000 r/min 以下)、高速离心机(25000 r/min 以下)和超速离心机(25000 r/min 以上)。

1.仪器特性:Eppendorf 5810R 离心机是德国 Eppendorf 公司生产的台式高速大容量冷冻离心机,用户可直接输入转速、相对离心力和半径修正值,并在离心过程中改变参数值;转速从 200r/min 开始设定到最高转速,以 10r/min 递增;有可选择的程序记忆功能,最多可储存 34 个用户程序;对于敏感样品,有 10 个加速和 10 个刹车可选;在正常室温条件下和最高转速时,几乎有转子均可达到 4℃(除转子 F-34-6-38 外);涵盖 PCR 排管、1.5/2.0 mL 标准管、大容量的离心管/瓶和滤板系统;自动搜索转子特异性数据,转子自动识别功能防止超速离心。

2. 仪器参数（附表 11）：

附表 11 　　　　**Eppendorf 5810R 离心机的参数**

最高转速(r/min)	14 000(固定角转)
	5 000(水平转子)
	最低 200,增幅 10
最大相对离心力(rcf)(×g)	20 800(固定角转)
	4 500(水平转子)
尺寸(长×宽×高)(cm)	70 ×61 ×35
重量(不包括转子)(kg)	99
最大功率要求(w)	1 350

3. 仪器结构和功能（附图 7 和附表 12）：

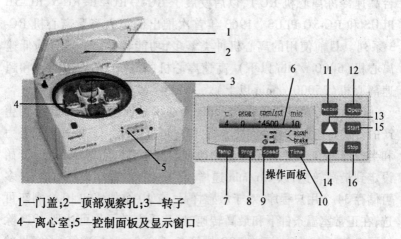

1—门盖;2—顶部观察孔;3—转子

4—离心室;5—控制面板及显示窗口

附图 7 　Eppendorf 5810R 离心机的结构和面板

附表 12　　　**Eppendorf 5810R 面板功能**

编号	名称	功能
6	液晶显示屏	显示各项参数、运行状态及出错信息等
7	温度调节键	激活温度预设,用上下键调节温度,温度设置范围为 $-9 \sim 40$℃。当达到预设的温度后,如温度偏差大于 ± 3℃,则显示屏上的温度显示会闪动。如偏差大于 5℃则会定时发出报警声,并且自动关机。
8	程序设定键	设定及运行预设程序(包括点动程序)
9	转速调节键	激活转速设定,重复按该键可在 rpm、rcf 及 rad(转子半径)间转换
10	时间设定键	激活时间设定及加速和刹车级别设定,用上下键调节
11	快速降温键	按该键后机器会根据转子的型号自动运行一个离心程序,使离心室的温度快速降至预设温度(到达预设温度后机器发出提示音)。
12	开盖键	离心程序结束并且转子停止转动后,发出提示音且开盖灯会亮,此时按该键可开启门盖。
13	向上调节键	用于向上调节各项参数及向上选择各个选项
14	向下调节键	用于向下调节各项参数及向下选择各个选项
15	启动键	开始运行,机器开始运行后,液晶显示屏上会有一个■图标闪动,显示屏上还会显示转速(rpm/ ＊ rcf)、样品的温度及剩下的时间(分钟),在运行过程中,可以随时修改离心的各项参数
16	停止键	在离心运行过程中,按该键中断离心程序,转子刹车直至转速降到 0,在刹车过程中,时间闪动并显示已离心时间。

4. 仪器使用简易指南(附表13):

附表13　　　　　**Eppendorf 5810R 仪器使用指南**

任务/功能	离心机盖	按键	显示
参数设置	▮ ◆ ▮	1. 选择Time或Speed等	被选中的参数闪动
		2. 选择▲或▼	新设定的值出现
柔和启动/停止	▮ ◆	1. 重复按Time	加速:∫9(快)…0(慢)
		2. 用▲或▼选定加速或刹车级别	减速:＼9(快)…0(慢)
提示音 ON/OFF	▮ ◆ ▮	Time + Speed	"alarm on" "alarm off"
程序设定(只能在机器不运转时进行)	▮ ◆ ▮	1. 设定参数	显示设定的参数
		2. 按两次Prog	首个字母为"P"的"P…"
		3. 贮存:按Prog 2秒以上	"OK"

5. 装卸转子:

(1)装转子之前,用布擦拭转轴和转子上的离心管孔;

(2)将转子装到转轴上,并用厂家提供的扳手将转子上的螺帽顺时针方向拧紧;

(3)卸下转子时,用扳手将转子上的螺帽逆时针方向拧松;

(4)如果转子被腐蚀或有机械损伤,请勿使用。

6. 预先设定转速和离心时间的常规离心:

(1)打开电源开关(位于机器的右侧),液晶显示屏上显示上次离心的各项参数。对称地装上转子并放入预先经过对称重量平衡的样品,拧紧转子盖,关上离心机门盖,这时"Open"键上的灯会变绿。

(2)按 Speed 键激活速度设置,此时显示屏上的速度参数会闪动;

(3)按 ▲ 或 ▼ 键修改数值,新设定的数值会显示在显示屏上,如果使用的是 rcf,请检查输入的转子半径(rad);

(4)重复按 Speed,可以转换 rpm、rcf 和 rad,如果是 rcf,数值前会有一个" * "图标;

(5)按 Time 激活时间设置,时间参数闪动,用上下键修改数值;

(6)按 Temp 激活温度设置,用上下键修改温度数值(℃);

(7)按 Start 开始运行,显示屏上有一"■"图标闪动;

(8)如果想正在运行时中止离心,按 Stop 键;

(9)在离心正在运行的过程中可以修改离心时间、温度、转速等参数。

(五)可调式微量移液器的使用

移液器的工作原理是活塞通过弹簧的伸缩运动来实现吸液和放液。在活塞推动下,排出部分空气,利用大气压吸入液体,再由活塞推动空气排出液体。使用移液器时,配合弹簧的伸缩性特点来操作,可以很好地控制移液的速度和力度。移液器的基本使用方法如下:

1.选择适当型号的微量移液器,各种型号的移液器各有其吸取体积范围,请依取用溶液体积取用适当的微量移液器。

2.设定体积:转动移液器的调节旋钮,反时针方向转动旋钮,可提高设定取液量。顺时针方向转动旋钮,可降低取液量。在调整旋钮时,不要用力过猛,并应注意使移液器显示的数值不超过其可调范围。

3.套上微量移液器头。吸取溶液时,尖端请先套上微量移液器头(tip,吸头),千万不能用未套吸头的移液器去吸取液体。1000 μl 的使用蓝色微量移液器头,200 μl 的使用黄色微量移液器头,10 μl 的使用白色的微量移液器头。

4. 吸取溶液:选择合适吸头放在移液器套筒上,稍加压力使之与套筒之间无空气间隙。把按钮压至第一停点,垂直握持加样器(附图 8A),使吸头浸入液面下 3~5mm 处(如浸入过深,液压会对吸液的精确度产生一定的影响),然后缓慢平稳地松开按钮,吸入液体(附图 8B)。释放按钮不可太快,以免溶液冲入吸管柱内而腐蚀活塞。

5. 放液:将吸头口贴到容器内壁底部并保持倾斜,平稳地把按钮压到第一停点(附图 8C),停一两秒再把按钮压到第二停点以排出剩余液体(附图 8D)。压住按钮,同时提起加样器,使吸头贴容器壁擦过。松开按钮,按吸头弹射器除去吸头。

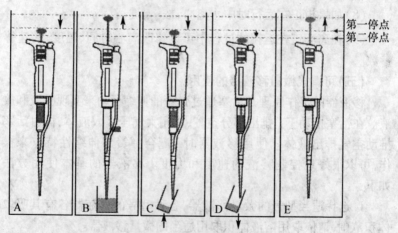

附图 8　移液器的使用方法

A—保持微量移液器垂直,将按钮压至第一段;B—微量移液器头尖端浸入溶液,缓慢释放按钮;C—保持微量移液器垂直,将微量移液器头与容器壁接触,慢慢压下按钮至第一段;D—压至第二段把溶液完全释放出;E—释放按钮回原状。

【注意事项】

1. 用移液器反复撞击吸头来上紧的方法是不可取的,长期这样操作,会导致移液器中的零部件因强烈撞击而松散,甚至会导致调节刻度的旋钮卡住(附图9)。

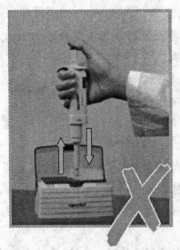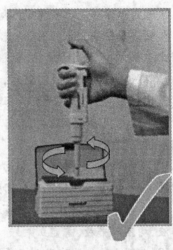

附图9　移液器吸头的安装方法

2. 当装上一个新吸头时,先吸入一次液体并将之排回原容器中。当我们安装了新的吸头或增大了容量值以后,应该把需要转移的液体吸取、排放两到三次,这样做是为了让吸头内壁形成一道同质液膜,确保移液工作的精度和准度,使整个移液过程具有极高的重现性。其次,在吸取有机溶剂或高挥发液体时,挥发性液体会在套筒室内形成负压,从而产生漏液的情况,这时就需要我们预洗四到六次,让套筒室内的气体达到饱和。负压就会自动消失。

3. 卸掉的吸头一定不能和新吸头混放,以免产生交叉污染。

4.使用完毕,可以将移液器竖起挂在移液枪架上,但小心别掉下来。当移液器枪头里有液体时,切勿将移液器水平放置或倒置,以免液体倒流腐蚀活塞弹簧。

5.如不使用,要把移液枪的量程调至最大值的刻度,使弹簧处于松弛状态以保护弹簧。

6.勿将微量移液器本体浸入溶液中。

7.吸取黏度高之试液时,请先将微量移液器头尖端以刀片或剪刀将出口切大,并先行预润后再吸取。

8.取酸液或具腐蚀性溶液后,请将微量移液器拆解开,各部位零件以蒸馏水冲洗干净,擦干后再正确组合恢复原状。

9.最好定期清洗移液枪,可以用肥皂水或60%的异丙醇,再用蒸馏水清洗,自然晾干。

10.微量移液器的任何部分切勿用火烧烤,亦不可吸取温度高于70℃的溶液,避免蒸汽侵入腐蚀活塞。

11.套有微量移液器头的微量移液器,无论微量移液器头中是否有溶液,均不可平放,需直立架好。

12.若不小心使溶液进入吸管柱内时,应予以拆解,将活塞组件、吸管柱、O-ring、铁氟龙垫等各部位以清水冲洗干净后,再以酒精擦拭,擦干后再正确组合恢复原状。

13.定期自行以天平检查准确度,若有任何问题请送厂维修。校准可以在20~25℃环境中,通过重复几次称量蒸馏水的方法来进行。这是一种对移液器进行快速检查的简单方法,通过检查,可判断移液器是否处于正常的工作状态。

14.使用时要检查是否有漏液现象。方法是吸取液体后悬空垂直几秒钟,看看液面是否下降。如果漏液,原因大致有以下几方面:枪头是否匹配;弹簧活塞是否正常;如果是易挥发的液体(许多有机溶剂都如此),则可能是饱和蒸汽压的问题,可以先吸放几次液体,然后再移液。

七　生物化学实验常用数据及参数

（一）硫酸铵饱和度的计算表

附表 14　　　调整硫酸铵溶液饱和度的计算表（25℃）

硫酸铵终浓度（% 饱和度）

（%）浓度	10	20	25	30	33	35	40	45	50	55	60	65	70	75	80	90	100
					每升溶液加固体硫酸铵的量（g）*												
0	56	114	114	176	196	209	243	277	313	351	390	430	472	516	561	662	767
10		57	86	118	137	150	183	216	251	288	326	365	406	449	494	592	694
20			29	59	78	91	123	155	189	225	262	300	340	382	424	520	619
25				30	49	61	93	125	158	193	230	267	307	348	390	485	583
30					19	30	62	94	127	162	198	235	273	314	356	449	546
33						12	43	74	107	142	177	214	252	292	333	426	522
35							31	63	94	129	164	200	238	278	319	411	506
40								31	63	97	132	168	205	245	285	375	469
45									32	65	99	134	171	210	250	339	431
50										33	66	101	137	176	214	302	392
55											33	67	103	141	179	264	353
60												34	69	105	143	227	314
65													34	70	107	190	275
70														35	72	153	237
75															36	115	198
80																77	157
90																	79

＊指在 25℃下，硫酸铵溶液由初浓度调到终浓度时，每升溶液所加固体硫酸铵的克数。

附表15

调整硫酸铵溶液饱和度的计算表(0℃)

硫酸铵初浓度(%饱和度)	硫酸铵终浓度(%饱和度)																
	20	25	30	35	40	45	50	55	60	65	70	75	80	85	90	95	100
	每100 ml 溶液加固体硫酸铵的量(g) *																
0	10.6	13.4	16.4	19.4	22.6	25.8	29.1	32.6	36.1	39.8	43.6	47.6	51.6	55.9	60.3	65.0	69.7
5	7.9	10.8	13.7	16.6	19.7	22.9	26.2	29.6	33.1	36.8	40.5	44.4	48.4	52.6	57.0	61.5	66.2
10	5.3	8.1	10.9	13.9	16.9	20.0	23.3	26.6	30.1	33.7	37.4	41.2	45.2	49.3	53.6	58.1	62.7
15	2.6	5.4	8.2	11.1	14.1	17.2	20.4	23.7	27.1	30.6	34.3	38.1	42.0	46.0	50.3	54.7	59.2
20	0	2.7	5.5	8.3	11.3	14.3	17.5	20.7	24.1	27.6	31.2	34.9	38.7	42.7	46.9	51.2	55.7
25		0	2.7	5.6	8.4	11.5	14.6	17.9	21.1	24.5	28.0	31.7	35.5	39.5	43.6	47.8	52.2
30			0	2.8	5.6	8.6	11.7	14.8	18.1	21.4	24.9	28.5	32.3	36.2	40.2	44.5	48.8
35				0	2.8	5.7	8.7	11.8	15.1	18.4	21.8	25.4	29.1	32.9	36.9	41.0	45.3
40					0	2.9	5.8	8.9	12.0	15.3	18.7	22.2	25.8	29.6	33.5	37.6	41.8
45						0	2.9	5.9	9.0	12.3	15.6	19.0	22.6	26.3	30.2	34.2	38.3
50							0	3.0	6.0	9.2	12.5	15.9	19.4	23.0	26.8	30.8	34.8
55								0	3.0	6.1	9.3	12.7	16.1	19.7	23.5	27.3	31.3
60									0	3.1	6.2	9.5	12.9	16.4	20.1	23.1	27.9
65										0	3.1	6.3	9.7	13.2	16.8	20.5	24.4
70											0	3.2	6.5	9.9	13.4	17.1	20.9
75												0	3.2	6.6	10.1	13.7	17.4
80													0	3.3	6.7	10.3	13.9
85														0	3.4	6.8	10.5
90															0	3.4	7.0
95																0	3.5
100																	0

* 指在0℃下，硫酸铵溶液由初浓度调到终浓度时，每100 ml 溶液所加固体硫酸铵的克数。

附表16　　　　不同温度下的饱和硫酸铵溶液

温度(℃)	0	10	20	25	30
每1000 ml 水中含硫酸铵的量(mol)	5.35	5.53	5.73	5.82	5.921
质量分数(%)	41.42	42.22	43.09	43.47	43.85
1000 ml 水用硫酸铵饱和所需的量(g)	706.8	730.5	755.8	766.8	777.5
每升饱和溶液含硫酸铵的量(g)	514.8	525.2	536.5	541.2	545.9
饱和溶液的浓度(mol/L)	3.90	3.97	4.06	4.10	4.13

(二)常用酸、碱的密度和浓度(附表17)

附表17　　　　　常用酸、碱的密度和浓度

试剂名称	密度(g/cm³)	质量分数(%)	浓度(mol/L)
盐酸	1.18~1.19	36~38	11.6~12.4
硝酸	1.39~1.40	65.0~68.0	14.4~15.2
硫酸	1.83~1.84	95~98	17.8~18.4
磷酸	1.69	85	14.6
高氯酸	1.68	70.0~72.0	11.7~12.0
冰醋酸	1.05	99.8(优级纯)　99.0(分析纯/化学纯)	17.4
氢氟酸	1.13	40	22.5
氢溴酸	1.49	47.0	8.6
氨水	0.88~0.90	25.0~28.0	13.3~14.8

（三）氨基酸的主要参数（附表18）

附表18　　　　　　氨基酸的主要参数

中文名	英文名	三字符	单字符	相对分子质量	等电点	极性
甘氨酸	Glycine	Gly	G	75.07	5.97	疏水性
丙氨酸	Alanine	Ala	A	89.09	6.02	疏水性
缬氨酸	Valine	Val	V	117.15	5.97	疏水性
亮氨酸	Leucine	Leu	L	131.17	5.98	疏水性
异亮氨酸	Isoleucine	Ile	I	131.17	6.02	疏水性
甲硫酸	Methionine	Met	M	149.21	5.75	疏水性
脯氨酸	Proline	Pro	P	115.13	6.30	疏水性
苯丙氨酸	Phenylalanine	Phe	F	165.19	5.48	疏水性
色氨酸	Trptophan	Trp	W	204.22	5.89	疏水性
丝氨酸	Serine	Ser	S	105.09	5.69	亲水性
苏氨酸	Threonine	Thr	T	119.12	6.53	亲水性
天门冬酰胺	Asparagine	Asn	N	132.1	5.41	亲水性
谷氨酰胺	Glutamine	Gln	Q	146.15	5.65	亲水性
天门冬氨酸	Aspartic acid	Asp	D	133.1	2.98	解离性
谷氨酸	Glutamic acid	Glu	E	147.13	3.22	解离性
半胱氨酸	Cysteine	Cys	C	121.12	5.07	解离性
酪氨酸	Tyrosine	Tyr	Y	1481.19	5.66	解离性
组氨酸	Histidine	His	H	155.16	7.58	解离性
赖氨酸	Lysine	Lys	K	146.19	9.74	解离性
精氨酸	Arginine	Arg	R	174.4	10.76	解离性

（四）常用蛋白质相对分子质量标准参照物（附表19）

附表19　　　　常用蛋白质相对分子质量标准参照物

高相对分子质量 标准参照物		中相对分子质量 标准参照物		低相对分子质量 标准参照物	
蛋白质	相对分子 质量（Mr）	蛋白质	相对分子 质量（Mr）	蛋白质	相对分子 质量（Mr）
肌球蛋白	212 000	磷酸化酶 B	97 400	碳酸酐酶	31 000
β-半乳糖苷酶	116 000	牛血清蛋白	66 200	大豆胰蛋白酶 抑制剂	21 500
磷酸化酶 B	97 400	谷氨酸脱氢酶	55 000	马心肌球蛋白	16 900
牛血清蛋白	66 200	卵清蛋白	42 700	溶菌酶	14 400
过氧化氢酶	57 000	醛缩酶	40 000	肌球蛋白（F1）	8 100
醛缩酶	40 000	碳酸酐酶	31 000	肌球蛋白（F2）	6 200
		大豆胰蛋白酶 抑制剂	21 500	肌球蛋白（F3）	2 500
		溶菌酶	14 400		

（五）核酸、蛋白质换算数据

1. 质量换算：$1\ \mu g = 10^{-6} g$　　　$1\ ng = 10^{-9} g$　　　$1\ pg = 10^{-12} g$

$1\ fg = 10^{-15} g$

2. 分光光度换算：

$1A_{260}$ 双链 DNA $= 50\ \mu g/ml$　　　$1A_{260}$ 单链 DNA $= 33\ \mu g/ml$

$1A_{260}$ 单链 RNA $= 40\ \mu g/ml$

3. DNA 的摩尔换算：

$1\mu g$ 1000 bp DNA $= 1.52\ pmol = 3.03\ pmol$ 末端

$1\ \mu g$ pBR322 DNA $= 0.36\ pmol$

1 pmol 1000 bp DNA $= 0.66 \mu g$

1 pmol pBR322 DNA $= 2.8$ μg

1 kb 双链 DNA(钠盐) $= 6.6 \times 10^5 U$

1 kb 单链 DNA(钠盐) $= 3.3 \times 10^5 U$

1 kb 单链 RNA(钠盐) $= 3.4 \times 10^5 U$

脱氧核糖核苷的平均相对分子质量 $= 3245U$

4. 蛋白质摩尔换算：

100 pmol 相对分子质量 1000000 蛋白质 $= 10$ μg；

100 pmol 相对分子质量 50000 蛋白质 $= 5$ μg

100 pmol 相对分子质量 10000 蛋白质 $= 1$ μg；

氨基酸的平均相对分子质量 $= 126.7U$

5. 蛋白质/DNA 换算：

1 kb DNA $= 333$ 个氨基酸编码容量 $= 3.7 \times 10^4 MW$ 蛋白质；

10000 MW 蛋白质 $= 270$ bp DNA；

30000 MW 蛋白质 $= 810$ bp DNA；

50000 MW 蛋白质 $= 1.35$ kb DNA；

100000 MW 蛋白质 $= 2.7$ kb DNA。

八 缓冲液的配制

由一定物质所组成的溶液,在加入少量的酸或碱时,其氢离子浓度改变甚微或几乎不改变,此溶液称为缓冲溶液,这种作用称为缓冲作用。其溶液内所含物质称为缓冲剂。缓冲剂的组成,多为弱酸及这种弱酸与强碱所组成的盐,或弱碱及这种弱碱与强酸所组成的盐,调节两者的比例可以配制成各种 pH 值的缓冲液。

(一)常用缓冲溶液的配制

储存液和缓冲液应该用去除 CO_2 的蒸馏水配制,附表 20 ~ 附表 27 为常用缓冲溶液的配制表。

附表20 磷酸氢二钠—磷酸二氢钠缓冲液(0.2mol/L)

pH 值	0.2mol/L Na_2HPO_4/ml	0.2mol/L NaH_2PO_4/ml	pH 值	0.2mol/L Na_2HPO_4/ml	0.2mol/L NaH_2PO_4/ml
5.8	8.0	92.0	7.0	61.0	39.0
5.9	10.0	90.0	7.1	67.0	33.0
6.0	12.3	87.7	7.2	72.0	28.0
6.1	15.0	85.0	7.3	77.0	23.0
6.2	18.5	81.5	7.4	81.0	19.0
6.3	22.5	77.5	7.5	84.0	16.0
6.4	26.5	73.5	7.6	87.0	13.0
6.5	31.5	68.5	7.7	89.5	10.5
6.6	37.5	62.5	7.8	91.5	8.5
6.7	43.5	56.5	7.9	93.0	7.0
6.8	49.0	51.1	8.0	94.7	5.3
6.9	55.0	45.0			

$Na_2HPO_4 \cdot 2H_2O$ 相对分子质量 178.05;0.2mol/L 溶液含 35.61g/L。
$Na_2HPO_4 \cdot 12H_2O$ 相对分子质量 358.22;0.2mol/L 溶液含 71.64g/L。
$NaH_2PO_4 \cdot H_2O$ 相对分子质量 138.01;0.2mol/L 溶液含 27.601g/L。
$NaH_2PO_4 \cdot 2H_2O$ 相对分子质量 156.03;0.2mol/L 溶液含 31.211g/L。

附表21 磷酸氢二钠-磷酸二氢钾缓冲液(1/15mol/L)

pH 值	1/15mol/L Na_2HPO_4/ml	1/15mol/L KH_2PO_4/ml	pH 值	1/15mol/L Na_2HPO_4/ml	1/15mol/L KH_2PO_4/ml
4.92	0.10	9.90	7.17	7.00	3.00
5.29	0.50	9.50	7.38	8.00	2.00
5.91	1.00	9.00	7.73	9.00	1.00
6.24	2.00	8.00	8.04	9.50	0.50
6.47	3.00	7.00	8.34	9.75	0.25
6.64	4.00	6.00	8.67	9.90	0.10
6.81	5.00	5.00	8.18	10.00	0
6.98	6.00	4.00			

$Na_2HPO_4 \cdot 2H_2O$ 相对分子质量 = 178.05;1/15mol/L 溶液含 11.876 g/L。
KH_2PO_4 相对分子质量 = 136.09;1/15mol/L 溶液含 9.078 g/L。

附表22　　　　　　　　**磷酸氢二钠-柠檬酸缓冲液**

pH 值	0.2mol/L Na₂HPO₄/ ml	0.1mol/L 柠檬酸/ ml	pH 值	0.2mol/L Na₂HPO₄/ ml	0.1mol/L 柠檬酸/ ml
2.2	0.4	19.6	5.2	10.72	9.28
2.4	1.24	18.76	5.4	11.15	8.85
2.6	2.18	17.82	5.6	11.60	8.40
2.8	3.17	16.83	5.8	12.09	7.91
3.0	4.11	15.89	6.0	12.63	7.37
3.2	4.94	15.06	6.2	13.22	6.78
3.4	5.70	14.30	6.4	13.85	6.15
3.6	6.44	13.56	6.6	14.55	5.45
3.8	7.10	12.90	6.8	15.45	4.55
4.0	7.71	12.29	7.0	16.47	3.53
4.2	8.28	11.72	7.2	17.39	2.61
4.4	8.82	11.18	7.4	18.17	1.83
4.6	9.35	10.65	7.6	18.73	1.27
4.8	9.86	10.14	7.8	19.15	0.85
5.0	10.30	9.70	8.0	19.45	0.55

Na_2HPO_4 $M_r = 141.98$，0.2mol/L 溶液为 28.40g/L；$Na_2HPO_4 \cdot 2H_2O$ $M_r = 178.05$，0.2 mol/L 溶液为 35.61g/L，$C_6H_8O_7 \cdot H_2O$ $M_r = 210.14$，0.1 mol/L 溶液为 21.01 g/L。

附表23　　　　　　**Tris-盐酸缓冲液(0.05mol/L，25℃)**

50 ml 0.1 mol/L Tris 溶液与 x ml 0.1mol/L 盐酸混匀后，加水稀释到 100 ml

pH 值	x	pH 值	x	pH 值	x
7.1	45.7	7.8	34.5	8.5	14.7
7.2	44.7	7.9	32.0	8.6	12.4
7.3	43.4	8.0	29.2	8.7	10.3
7.4	42.2	8.1	26.2	8.8	8.5
7.5	40.3	8.2	22.9	8.9	7.0
7.6	38.5	8.3	19.9	9.0	5.7
7.7	36.6	8.4	17.2		

Tris[三羟甲基氨基甲烷],$(CH_2OH)_3CNH_2$ Mr = 121.14,0.1 mol/L 溶液为 12.114 g/L。Tris 溶液可从空气中吸收二氧化碳,使用时注意将瓶盖严。

附表24　　　　　　　　巴比妥盐-盐酸缓冲液(18℃)

pH 值	0.04mol/L 巴比妥钠溶液 ml	0.2mol/L 盐酸/ ml	pH 值	0.04mol/L 巴比妥钠溶液 ml	0.2mol/L 盐酸/ ml
6.8	100	18.4	8.4	100	5.21
7.0	100	17.8	8.6	100	3.82
7.2	100	16.7	8.8	100	2.52
7.4	100	15.3	9.0	100	1.65
7.6	100	13.4	9.2	100	1.13
7.8	100	11.47	9.4	100	0.70
8.0	100	9.39	9.6	100	0.35
8.2	100	7.21			

巴比妥钠 Mr = 206.18,0.04 mol/L 溶液为 8.25g/L。

附表25　　　　　　　柠檬酸-氢氧化钠-盐酸缓冲液

pH 值	钠离子浓度 /(mol · L^{-1})	柠檬酸/g $C_6H_8O_7 \cdot H_2O$	氢氧化钠/g 97% NaOH	盐酸/ ml HCl(浓)	最终体积/L
2.2	0.20	210	84	160	10
3.1	0.20	210	83	116	10
3.3	0.20	210	83	106	10
4.3	0.20	210	83	45	10
5.3	0.35	245	144	68	10
5.8	0.45	285	186	105	10
6.5	0.38	266	156	126	10

　*使用时可以每升中加入 1g 酚,若最后 pH 值有变化,用少量 50% 氢氧化钠溶液或浓盐酸调节,置冰箱保存。

附表26　　　　　柠檬酸-柠檬酸钠缓冲液(0.1mol/L)

pH 值	0.1mol/L 柠檬酸/ ml	0.1mol/L 柠檬酸钠/ ml	pH 值	0.1mol/L 柠檬酸/ ml	0.1mol/L 柠檬酸钠/ ml
3.0	18.6	1.4	5.0	8.2	11.8
3.2	17.2	2.8	5.2	7.3	12.7
3.4	16.0	4.0	5.4	6.4	13.6
3.6	14.9	5.1	5.6	5.5	14.5
3.8	14.0	6.0	5.8	4.7	15.3
4.0	13.1	6.9	6.0	3.8	16.2
4.2	12.3	7.7	6.2	2.8	17.2
4.4	11.4	8.6	6.4	2.0	18.0
4.6	10.3	9.7	6.6	1.4	18.6
4.8	9.2	10.8			

柠檬酸 $C_6H_8O_7 \cdot H_2O$，Mr = 210.14，0.1mol/L 溶液为 21.0lg/L；柠檬酸钠 $Na_3C_6H_5O_7 \cdot 2H_2O$，Mr = 294.12，0.1mol/L 溶液为 29.4lg/L。

附表27　　　　　　　　醋酸-醋酸钠缓冲液

pH 值 (18℃)	0.2mol/L NaAc/ ml	0.2mol/L HAc/ ml	pH 值 (18℃)	0.2mol/L NaAc/ ml	0.2mol/L HAc/ ml
3.6	0.75	9.25	4.8	5.90	4.10
3.8	1.20	8.80	5.0	7.00	3.00
4.0	1.80	8.20	5.2	7.90	2.10
4.2	2.65	7.35	5.4	8.60	1.40
4.4	3.70	6.30	5.6	9.10	0.90
4.6	4.90	5.10	5.8	9.40	0.60

$NaAc \cdot 3H_2O$ 相对分子质量 136.09；0.2mol 溶液含 27.22g/L

(二)酸度计用的标准缓冲液的配制

酸度计用的标准缓冲液要求有较大的稳定性,较小的温度依赖

性,其试剂易于提纯。常用标准缓冲液(表)的配制方法如下:

1. pH = 4(10～20℃):将邻苯二甲酸氢钾在105℃干燥1小时后,称取5.07 g加重蒸水溶解至500 ml。

2. pH = 6.88(20℃):取在130℃干燥2小时的3.401 g磷酸二氢钾(KH_2PO_4),8.95 g磷酸氢二钠($Na_2HPO_4 \cdot 12H_2O$)或3.549 g无水磷酸氢二钠(Na_2HPO_4),加重蒸水溶解至500 ml。

3. pH = 9.18(25℃):取3.8144 g四硼酸钠($Na_2B_4O_4 \cdot 10H_2O$)或2.02 g无水四硼酸钠($Na_2B_4O_7$),加重蒸水溶解至100 ml。

九、常用酸碱指示剂(附表28)

附表28　　　　　　　常用酸碱指示剂

指示剂名称		配制方法	颜色		变色 pH
中文	英文	0.1 g 溶于250 ml 下列溶剂	酸	碱	值范围
甲酚红(酸范围)	cresol red (acid range)	水,含2.62 ml 0.1 mol/L NaOH	红	黄	0.2～1.8
间苯甲酚紫(酸范围)	m-cresol purple (acid range)	水,含2.72 ml 0.1 mol/L NaOH	红	黄	1.0～2.6
麝香草酚蓝(酸范围)	thymol blue (acid range)	水,含2.15 ml 0.1 mol/L NaOH	红	黄	1.2～2.8
金莲橙 OO	tropeolin OO	水	红	黄	1.3～3.0
甲基黄	methyl yellow	90%乙醇	红	黄	2.9～4.0
溴酚蓝	bromophenol blue	水,含1.49 ml 0.1 mol/L NaOH	黄	紫	3.0～4.6
四溴酚蓝	tetrabromophenol blue	水,含1.0 ml 0.1 mol/L NaOH	黄	蓝	3.0～4.6
刚果红	Congo red	水或80%乙醇	紫	红橙	3.0～5.0

续表

指示剂名称		配制方法	颜色		变色 pH
中文	英文	0.1 g 溶于 250 ml 下列溶剂	酸	碱	值范围
甲基橙	methyl orange	游离酸:水 钠盐:水,含 3 ml 0.1 mol/L HCl	红	橙黄	3.1~4.4
溴甲酚绿（蓝）	bromocresol green（blue）	水,含 1.43 ml 0.1 mol/L NaOH	黄	蓝	3.6~5.2
甲基红	methyl red	钠盐:水 游离酸:60% 乙醇	红	黄	4.2~6.3
氯酚红	chlorophenol red	水,含 2.36 ml 0.1 mol/L NaOH	黄	紫红	4.8~6.4
溴甲酚紫	bromocresol purple	水,含 1.85 ml 0.1 mol/L NaOH	黄	紫	5.2~6.8
石蕊精（石蕊）	azolitmin（litmus）	水	红	黄	5.0~8.0
溴麝香草酚蓝	bromothymol blue	水,含 1.6 ml 0.1 mol/L NaOH	黄	蓝	6.0~7.6
酚红	phenol red	水,含 2.82 ml 0.1 mol/L NaOH	黄	红	6.8~8.4
中性红	neutral red	70% 乙醇	红	橙棕	6.8~8.0
甲酚红（碱范围）	m-cresol purple（basic range）	水,含 2.62 ml 0.1 mol/L NaOH	黄	红	7.2~8.8
间苯甲酚紫（碱范围）	m-cresol purple（basic range）	水,含 2.62 ml 0.1 mol/L NaOH	黄	红紫	7.6~9.2
麝香草酚蓝（碱范围）	thymol blue（basic range）	水,含 2.15 ml 0.1 mol/L NaOH	黄	蓝	8.0~9.6
麝香草酚酞（百里酚酞）	thymolphthalein	90% 乙醇	无色	蓝	9.3~10.5
茜黄	alizarin yellow	乙醇	黄	红	10.1~12.0
金黄橙 O	tropeolin O	水	黄	橙	11.1~12.7

指示剂通常用 0.1 mol/L NaOH 或 0.1 mol/L HCl 调节至中间色调。

十　层析技术有关介质性质及数据

（一）离子交换纤维素（附表 29）

附表 29	常见离子交换剂的活性基团	
离子交换剂	活性基团	结构
	阴离子交换剂	
中等碱性		
AE	氨基乙酸	$-OCH_2CH_2NH_2$
强碱性		
DEAE	二乙基氨基乙基	$-OCH_2CH_2N(C_2H_5)_2$
TEAE	三乙基氨基乙基	$-OCH_2CH_2N(C_2H_5)_3$
GE	胍基乙基	$-OCH_2CH_2NHC(NH)-NH_2$
弱碱性		
PAB	对氨基苄基	$-OCH_2-(C_6H_4)-NH_2$
中等碱性	三乙醇胺经甘油和多聚甘油链	
ECTEOLA	偶联于纤维素的混合基团	
DBD	苄基化的 DEAE 纤维素	
BND	苄基化萘酰化的 DEAE 纤维素质	
PEL	聚乙烯亚胺吸附于纤维素或较弱	
	磷酰化的纤维素	

离子交换剂	活性基团	结构
阳离子交换剂		
弱酸性　CM	羧甲基	$-OCH_2COOH$
中等酸性 P	磷酸	$-H_2PO_4$
强酸性		
SE		
SP-	磺酸乙基	$-OCH_2CH_2SO_2OH$
Sephadex	磺酸丙基	$-C_3H_6SO_2OH$
弱碱性		
QAE-Sephadex	二乙基(2-羟丙基)季胺	$-C_2H_4N+(CH_2CHoHCH_3)$ $(C_2H_5)_3$

（二）常见离子交换树脂的有关性质（附表 30）

附表 30　　　　常见离子交换树脂的性质

类型	商品名称	特性	总交换量（约值）	
			毫克当量/克	毫克当量/ ml
磺酸型（强酸性阳离子交换剂）	732	聚苯乙烯	≥4.5	
	734	聚苯乙烯		
	Amberlite IR-112	聚苯乙烯	4.2	2.0
	Zerolit 225	聚苯乙烯		
	Dowex 50	聚苯乙烯	4.6	2.0
	Zerolit 215	酚醛		
	华东强酸 42#	酚醛	2.0~2.2	

类型	商品名称	特性	总交换量(约值)	
			毫克当量/克	毫克当量/ml
羧酸型(弱酸性阳离子交换剂)	101	交联聚甲基丙烯酸		8.5
	724	丙烯酸	1	≥9
	AmberliteIRC-50	丙烯酸	10.0	4.2
	ZEO Karb226	丙烯酸	10.0	2.3
	122	苯酚甲醛缩聚体	3~4	
季胺型(强碱性阴离子交换剂)	711	聚苯乙烯	≥3	
	717	聚苯乙烯	3.5	
	AmberliteIRA-400	聚苯乙烯	3.0	
	Dowex1	聚苯乙烯	2.5	1.1
	Dowex2	聚苯乙烯	2.6	1.2
	201(多孔强碱)	聚苯乙烯	2.5~3.0	
伯促季胺型(弱碱性阴离子交换剂)	321	间苯二胺-多乙烯多胺-甲醛缩合体	4~6	
	701	多乙烯多胺,环氧氯丙烷缩合体	≥9	
	AmberliteIR-4B	苯酚	10	2.5
	Dowex3	聚苯乙烯	6.0	2.7
	301	聚苯乙烯	1.0~3.0	
	330	多乙烯多胺,环氧丙烷缩合体	8.5	
	羧甲基纤维素(CMC)	纤维素	0.3~0.7	(弱阳性阳离子交换剂)
	二乙基氨基乙基纤维素 DEAE-C	纤维素	0.9	(弱碱性阴离子交换剂)
	三乙基氨基乙基-纤维素 TEAE-C	纤维素		(弱酸性阳离子交换剂)
	CM-Sephadex A25,A50	葡聚糖		弱酸性阳离子交换剂)
	DEAE-Sephadex A25,A50	葡聚糖		(弱碱性阴离子交换剂

(三)葡聚糖凝胶的有关技术数据(附表31)

附表31　　　　　　　　葡聚糖凝胶的技术数据

分子筛类型	干颗粒直径(μm)	分子量分级的范围		床体积(毫升/克干分子筛)	溶胀最少平衡时间(h)	
		肽及球形蛋白质	葡聚糖(线性分子)		室温	沸水浴
SephadexG-10	40~120	~700	~700	2~3	3	1
SephadexG-15	40~120	~1500	~1500	2.5~3.5	3	1
SephadexG-25						
粗级	100~300	1000~5000	100~5000	4~6	6	2
中级	50~150					
细级	20~80					
超细	10~40					
SephadexG-50						
粗级	100~300	1500~30000	500~10000	9~11	6	2
中级	50~150					
细级	20~80					
超细	10~40					
SephadexG-75	40~120	3000~70000	1000~50000	12~15	24	3
超细	10~40					
SephadexG-100	40~120	4000~15000000	1000~100000	15~20	48	5
超细	10~40					
SephadexG-150	40~120	5000~400000	1000~150000	20~30	72	5
超细	10~40			18~22		
SephadexG-200	40~120	5000~800000	1000~200000	30~40	72	5
	10~40			20~25		

（四）聚丙烯酰胺凝胶的有关技术数据（附表32）

附表32　　　　　　　聚丙烯酰胺凝胶的技术数据

型号	排阻下限 （分子量）	分级分离范围 （分子量）	膨胀后的床体积 （ml/g 干凝胶）	膨胀所需进间 （室温,h）
Bio-gel-P-2	1 600	200 ~ 2 000	3.8	2 ~ 4
Bio-gel-P-4	3 600	500 ~ 4 000	5.8	2 ~ 4
Bio-gel-P-6	4 600	1 000 ~ 5 000	8.8	2 ~ 4
Bio-gel-P-10	10 000	5 000 ~ 17 000	12.4	2 ~ 4
Bio-gel-P-30	30 000	20 000 ~ 50 000	14.9	10 ~ 12
Bio-gel-P-60	60 000	30 000 ~ 70 000	19.0	10 ~ 12
Bio-gel-P-100	100 000	40 000 ~ 100 000	19.0	24
Bio-gel-P-150	150 000	50 000 ~ 150 000	24.0	24
Bio-gel-P-200	200 000	80 000 ~ 300 000	34.0	48
Bio-gel-P-300	300 000	100 000 ~ 400 000	40.0	48

注:上述各种型号的凝胶都是亲水性的多孔颗粒,在不和缓冲溶液中很容易膨胀。生产厂家为 Bio-Rad Laboratories,Richmond,California,USA.

（五）琼脂糖凝胶的有关技术数据（附表33）

附表33　　　　　　　琼脂糖凝胶的技术数据

名称、型号	凝胶内琼脂糖百分含量(W/W)	排阻下限 （分子量）(U)	分级分离范围 （分子量）(U)	生产厂商
Sepharose4B	4		$0.3 \times 10^6 \sim 3 \times 10^6$	Pharmcia,
Sepharose2B	2		$2 \times 10^6 \sim 25 \times 10^6$	Uppsala,Sweden
Sagavac10	10	2.5×10^5	$1 \times 10^4 \sim 2.5 \times 10^5$	Seravac Labo-
Sagavac8	8	7×10^5	$2.5 \times 10^4 \sim 7 \times 10^5$	ratories,
Sagavac6	6	2×10^6	$5 \times 10^4 \sim 2 \times 10^6$	Maidenhead,
Sagavac4	4	15×10^6	$2 \times 10^5 \sim 15 \times 10^6$	England
Sagavac2	2	150×10^6	$5 \times 10^5 \sim 15 \times 10^7$	

名称、型号	凝胶内琼脂糖百分含量(W/W)	排阻下限（分子量）(U)	分级分离范围（分子量）(U)	生产厂商
Bio-gelA-0.5M	10	0.5×10^6	$< 1 \times 10^4 \sim 1.5 \times 10^6$	
Bio-gelA-1.5M	8	1.5×10^6	$< 1 \times 10^4 \sim 1.5 \times 10^6$	Bio-Rad La-
Bio-gelA-5M	6	5×10^6	$1 \times 10^4 \sim 5 \times 10^6$	boratories,
Bio-gelA-15M	4	15×10^6	$4 \times 10^4 \sim 15 \times 10^6$	California,
Bio-gelA-50M	2	50×10^6	$1 \times 10^5 \sim 50 \times 10^6$	USA
Bio-gelA-150M	1	150×10^6	$1 \times 10^6 \sim 150 \times 10^6$	

　　琼脂糖是琼脂内非离子型的组分,它在 $0 \sim 40$℃,pH4~9 范围内是稳定的。

(六)各种凝胶所允许的最大操作压(附表 34)

附表 34　　　　各种凝胶所允许的最大操作压

凝胶	最大操作压(cmH$_2$O)	凝胶	最大操作压(cmH$_2$O)
Sephadex		Bio-gel	
G-10	100	P-100	60
G-15	100	P-150	30
G-25	100	P-200	20
G-50	100	P-300	15
G-75	50	Sepharose	
G-100	35	2B	1/cm 胶长度
G-150	15	4B	1/cme 胶长度
G-200	10	Bio-gel	
Bio-gel		A-0.5M	100
P-2	100	A-1.5M	100
P-4	100	A-5M	100
P-6	100	A-15M	90
P-10	100	A-50M	50
P-30	100	A-150M	30
P-60	100		